U0293298

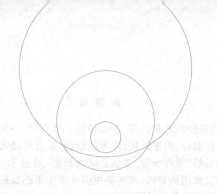

鞠慧敏　主　编
梁爱华　何　娟　副主编

21世纪计算机科学与技术实践型教程

丛书主编　陈明

计算机基础
实践导学教程（第2版）
(Windows 7+Office 2010)

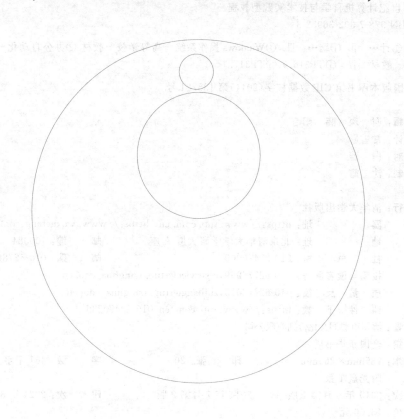

清华大学出版社

北京

<h1 style="text-align:center">内 容 简 介</h1>

本书以实践导学为主线来组织教学内容，全书包括 7 章内容，分别是 Windows 7 的使用、信息获取、文档制作与处理、演示文稿的制作、数据处理、图形的绘制、综合与提高，每章设置多个导学实验，每个导学实验包括实验任务、实验目的、操作步骤、实验总结与反思，通过学习导学实验，学生能有效地使用计算机处理实际问题，达到学以致用的目的；在实验中引导学生不断反思，突破单纯讲解操作的藩篱，从更深层次理解技术及其使用，提高学生的迁移能力。

本书内容贴近学生学习和工作的实际，使学生能将所学知识和技能很快应用到今后的学习和工作中；本书中设计的导学实验，能兼顾不同起点学生的需求；通过学习本书中的导学实验，可有效提高学生运用计算机处理问题的能力和实践能力。本书提供导学实验文件和素材，便于教师的教学和学生的自学。

本书既可作为高等学校各专业计算机基础课程的教材，也可作为各种培训的计算机公共教材，还可作为各类人员的自学用书。

图书在版编目(CIP)数据

计算机基础实践导学教程：Windows 7＋Office 2010/鞠慧敏主编. —2 版. —北京：清华大学出版社，2014(2024.8 重印)
21 世纪计算机科学与技术实践型教程
ISBN 978-7-302-36952-3

Ⅰ. ①计… Ⅱ. ①鞠… Ⅲ. ①Windows 操作系统—高等学校—教材 ②办公自动化—应用软件—高等学校—教材 Ⅳ. ①TP316.7 ②TP317.1

中国版本图书馆 CIP 数据核字(2014)第 135721 号

责任编辑：谢　琛　薛　阳
封面设计：常雪影
责任校对：白　蕾
责任印制：沈　露

出版发行：清华大学出版社
　　网　　　址：https://www.tup.com.cn，https://www.wqxuetang.com
　　地　　　址：北京清华大学学研大厦 A 座　　　　　邮　　编：100084
　　社　总　机：010-83470000　　　　　　　　　　　邮　　购：010-62786544
　　投稿与读者服务：010-62776969，c-service@tup.tsinghua.edu.cn
　　质　量　反　馈：010-62772015，zhiliang@tup.tsinghua.edu.cn
　　课　件　下　载：https://www.tup.com.cn，010-83470236
印　装　者：涿州市般润文化传播有限公司
经　　　销：全国新华书店
开　　　本：185mm×260mm　　　　印　　张：20　　　　字　　数：461 千字
　　　　　　附光盘 1 张
版　　　次：2010 年 6 月第 1 版　　2014 年 7 月第 2 版　　印　　次：2024 年 8 月第 8 次印刷
定　　　价：56.00 元

产品编号：059205-02

前　言

　　信息技术的发展使得对个人计算机素养的要求不断提升,大学计算机基础课程也要与时俱进。由学生的知识技能起点水平、兴趣等的不同形成了个性差异,要想在共性教学中兼顾这些个性差异,就需要在"实践"中实现真正的因材施教。

　　教材是教学内容的集中体现,是达到教学目标的重要载体。好的教材不仅能帮助教师有效地达到教学目标的要求,更能带动课程教学的革新;教材是教学实践经验的总结和升华。根据教育部高等学校计算机科学与技术教学指导委员会提出的《关于进一步加强高等学校计算机基础教学的意见》中关于"加强实践教学,注重能力培养"的指导思想,2006 年我们提出了"实践导学"的教学模式,并相继编写了《大学计算机基础导学》和《计算机基础实践导学教程》两本教材,在不断实践和完善"实践导学"的基础上,编写了本书。本书在更新相关内容的基础上,将操作系统平台由 Windows XP 升级为 Windows 7,Office 各个组件也由 2003 升级为 2010。

　　1. 本书的指导思想——学以致用,实践导学

　　计算机基础作为一门基础通用性学科,其着重培养通用工作能力。这就要求教材必须从实际工作出发,以提高学生工作能力,真正做到学以致用。同时,对于没有机会接触办公室工作的学生,则要以实际中可能遇到的问题作为实例,引导和启发学生对于实际问题的解决思路与方法,并在导学中使学生养成良好的工作习惯和工作意识。让学生在今后的工作中可以凭借出众的工作能力达到个人整体素质的展现——授人以识,不如授人以智。

　　2. 本书实验设计思路

　　(1) 满足不同起点学生的需求。保证不同层次的学生在同一课堂学习中均有提高,强调个性化教学,突破了学生入学起点不一致所引起的困境。

　　(2) 体现循序渐进的发展理念。前后实验环环相扣,使学生在逐步深化的问题中发现问题、解决问题,激发学生的求知欲;在多种情境中应用同一类知识和技能,强化运用意识。

　　(3) 体现学以致用的理念。以将来的工作和学习需求为出发点,设计真实、应用性强的实验。

　　3. 本书的特色

　　(1) 内容体系:以实际工作流程作为主线,从计算机获取信息、处理信息的视角设置章节,从而使学生获得"信息获取与处理"的能力。

(2) 实践层面:以实验案例展开导学,使学生循序渐进地学习和进步。通过导学实验学生可以在操作中获取知识、提高实际操作能力。

(3) 实验内容:根据教育部高等学校计算机科学与技术教学指导委员会对计算机基础实验层次设置的指导,本书设计了基础与验证型实验、设计与开发型实验和研究与创新型实验,以满足不同使用者、不同专业、不同阶层的需求,目的在于让学习者快速适应并胜任办公室计算机工作的大部分需求。

(4) 教材配套资源:本书光盘提供了全书的导学实验文件和素材,导学实验文件是在所学习软件界面下结合软件自身特点制作的,使学生在学习时免去书本和电子媒介之间的转换,为学生自主学习提供了便利。配套资源中还提供了大量拓展的导学实验,以供学生开阔视野,起到延伸课堂教学的作用。

本书以实践导学为主线来选择和组织教学内容,全书共包括 7 章,分别是 Windows 7 的使用、信息获取、文档制作与处理、演示文稿的制作、数据处理、图形的绘制、综合与提高,每章设置多个与学生学习和工作密切相关的导学实验,每个导学实验包括实验任务、实验目的、操作步骤、实验总结与反思等,通过导学实验,学生能有效使用计算机处理实际问题,达到学以致用的目的;在实验中引导学生不断反思,突破单纯讲解操作的藩篱,从更深层次理解技术及其使用,提高学生的迁移能力。

本书是在付钪等编著的《计算机基础实践导学教程》(清华大学出版社,2010 年 6 月出版)基础上由鞠慧敏、梁爱华、何娟、穆艳玲等共同编写的,其中,鞠慧敏负责编写前言、第 1 章、第 2 章和第 4 章,并对全书初稿进行审阅和修改;梁爱华负责编写第 3 章和第 6 章;何娟负责编写第 5 章;穆艳玲负责编写第 7 章。特别感谢付钪对本书编著所提供的指导建议和实验素材,也感谢张利霞为本书提供了部分实验素材。

由于编者水平有限,书中难免存在不妥之处,敬请各位读者批评指正。

本书中的所有内容、所使用的一切素材,未经版权所有者同意不得擅自用于商业用途。

作　者

2014 年 5 月

目 录

第1章 Windows 7 的使用

本章学习目标

掌握 Windows 7 的基本操作；能对文件、磁盘和系统进行有效的管理；学会使用 Windows 的帮助；通过 Windows 7 操作系统的学习，掌握其他类似操作系统的使用。体验 Windows 7 的新功能，感受并设想操作系统的发展方向和趋势。

1.1 认识 Windows 7

Windows 7 是微软公司于 2009 年发布的操作系统，Windows 7 的多个版本（家庭普通版、家庭高级版、专业版、企业版、旗舰版等）能满足个人、家庭、企业等不同用户的需求。与原有的操作系统相比，Windows 7 操作系统的设计更体现出便于用户使用的理念，它具有启动和响应更快速、操作更简单、使用更方便、设备管理更便捷等特点。通过 Windows 7 操作系统可以设置个性化的工作环境和界面，有效地管理本地计算机系统中的软硬件资源，而且还可以访问网络中的其他计算机，并使用它们的软硬件资源。操作系统是计算机硬件和用户进行交互的接口。

启动 Windows 7 后的桌面如图 1-1 所示，它由桌面图标、"开始"按钮、任务栏组成。

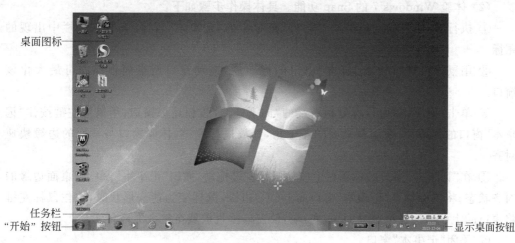

图 1-1　Windows 7 的桌面

与其他 Windows 操作系统相比,Windows 7 桌面的最大变化体现在其任务栏上。为了使用户更轻松地访问和管理相关文件和程序,在 Windows 7 操作系统中对任务栏进行了重新设计和改进,这些改进主要体现在以下几个方面:改观的任务栏图标、快捷的 Aero Peek 预览功能、便捷的跳转列表、整洁的通知区域、独特的显示桌面按钮等。

为了更轻松地组织和管理打开的多个窗口,并对桌面进行个性化的设置,在 Windows 7 中新增了一些桌面功能,如 Snap 功能(通过简单地移动鼠标就可以排列桌面上的窗口并调整其大小)、Shake 功能(快速最小化桌面上除正在使用的窗口外的所有打开窗口)、Aero Peek 功能(在无须最小化所有窗口的情况下快速预览桌面)、小工具功能、以幻灯片方式显示的多个图片作为桌面背景等。

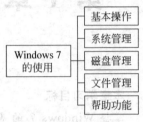

图 1-2　本章内容导图

图 1-2 列出了本章要介绍的内容。

1.2　Windows 7 的基本操作

1.2.1　Windows 导学实验 01——体验 Windows 7 的新功能

实验目的

体验 Windows 7 的特色新功能。

实验步骤

(1) 移动任务栏中的图标。在任务栏中要移动的图标上按住鼠标左键并在任务栏上拖动鼠标,到希望的位置后释放鼠标左键,即可实现在任务栏上移动图标的操作。

(2) 体验 Windows 7 的 Snap 功能。具体操作步骤如下。

① 执行"开始"|"所有程序"|"附件"菜单中的"记事本"程序,查看任务栏中出现的图标。

② 用鼠标左键按住"记事本"窗口的标题栏,拖动窗口至桌面顶部即可最大化该窗口。

③ 单击"记事本"窗口标题栏右端的"向下还原"按钮还原窗口;用鼠标左键按住"记事本"窗口的标题栏,拖动至桌面的左上角,释放鼠标左键,体验窗口与桌面的边缘快速对齐。

④ 在"记事本"窗口的标题栏上按住鼠标左键拖动,撤销"记事本"窗口与桌面边缘的对齐状态;将鼠标移至"记事本"窗口的上(下)边缘,鼠标变为箭头形状时,按住鼠标左键将窗口的上(下)边缘拖至桌面顶(底)端,使窗口垂直扩展至整个屏幕高度。

⑤ 关闭"记事本"窗口。

(3) 使用 Windows 7 的 Shake 功能快速最小化桌面上除正在使用的窗口外的所有打开窗口。具体操作步骤如下。

① 运行"开始"|"所有程序"|"附件"菜单中的"记事本"、"画图"、"写字板"程序。

② 保留"画图"窗口、最小化"记事本"、"写字板"窗口。操作方法是单击要保持打开状态的窗口("画图"窗口)的标题栏,在该窗口的标题栏上按住鼠标左键快速前后拖动(或晃动)该窗口,其他窗口就会最小化。

③ 在该窗口的标题栏上再次按住鼠标左键晃动该窗口,可以打开已经最小化的窗口。

④ 关闭所有打开的窗口。

(4) 使用 Windows 7 的 Aero Peek 功能快速查看某个窗口的内容。具体操作步骤如下。

① 运行"开始"|"所有程序"|"附件"菜单中的"记事本"、"画图"程序;打开随书光盘中"Windows 导学实验\导学实验 01-Windows 7 的使用"文件夹,分别双击打开"Windows 徽标键.dotx"、"Windows 7 版本类型.dotx"。保持这些窗口都处于打开状态。

② 将鼠标指向任务栏中打开窗口的图标上,与该图标关联的所有打开窗口的缩略图预览都将出现在任务栏的上方,单击要查看窗口的缩略图就可以切换到该窗口。

③ 关闭所有打开的窗口。

(5) 使用跳转列表打开最近使用过的项目。

固定到任务栏上的程序和当前正在运行的程序,都会存在"跳转列表",跳转列表是最近打开或频繁打开的项目(如文件、文件夹等)列表。

右键单击任务栏上的图标来查看某个程序的跳转列表,然后在跳转列表中单击某一列表项可打开相应的项目。

(6) "显示桌面"按钮的使用,"显示桌面"按钮在 Windows 7 桌面任务栏的最右端。具体操作步骤如下。

① 运行"开始"|"所有程序"|"附件"菜单中的"记事本"、"画图"、"写字板"程序,保持各个窗口处于打开状态。

② 实现所有窗口的最小化和打开状态的切换,单击"显示桌面"按钮可以最小化所有打开的窗口,以显示桌面;再次单击"显示桌面"按钮可以打开所有最小化的各个窗口。

③ 快速查看桌面,将鼠标指向"显示桌面"按钮(不用单击),这时所有打开的窗口都会淡出视图,这样可以临时查看或快速查看桌面;将鼠标移开"显示桌面"按钮,可以再次显示这些窗口。

④ 关闭所有打开的窗口。

(7) 在桌面上显示小工具。在桌面的空白区域单击鼠标右键,在弹出的快捷菜单中单击"小工具"菜单项,在打开的窗口(见图 1-3)中双击任意一个小工具图标,即可在桌面上显示该小工具,单击桌面上显示的小工具右上角的"关闭"按钮,可以关闭打开的小工具。

图 1-3   "小工具"选择界面

实验总结与反思

(1) 使用 Windows 7 的 Snap 功能、Shake 功能、Aero Peek 功能、跳转列表功能、"显示桌面"按钮等,能快速执行相应的操作,提高工作效率。

(2) Snap 功能使用的情境:比较两个文档、在两个窗口之间复制或移动文件、展开较长的文档以便于阅读并减少滚动操作等。

(3) 使用"小工具"菜单项可以设置个性化的桌面。

1.2.2　Windows 导学实验 02——设置任务栏

实验目的

熟练设置任务栏的属性,并使用任务栏。

实验步骤

(1) 在任务栏的空白区域单击鼠标右键,在弹出的快捷菜单中单击"属性"菜单项,打开"任务栏和「开始」菜单属性"对话框,如图 1-4 所示。

① 设置任务栏的属性。在"任务栏"选项卡中设置"自动隐藏任务栏"、"使用小图标"、"屏幕上的任务栏位置"、"任务栏按钮"的合并状态。

② 自定义"开始"菜单。如在"开始"菜单中添加"运行"菜单项,操作方法是单击"「开始」菜单"选项卡中的"自定义"按钮,打开"自定义「开始」菜单"对话框,选中"运行命令"复选框,如图 1-5 所示,依次单击"确定"按钮关闭各对话框,打开"开始"菜单查看其中是否出现"运行"项。

(2) 调整系统的日期和时间设置。单击任务栏右侧的日期和时间按钮,在打开的界面中单击"更改日期和时间设置",在"日期和时间"对话框的"日期和时间"选项卡中可以更改系统的日期和时间、时区,在"附加时钟"选项卡中可以设置显示两个其他时区的附加时钟,之后可以单击任务栏"日期和时间"按钮查看添加的附加时钟。

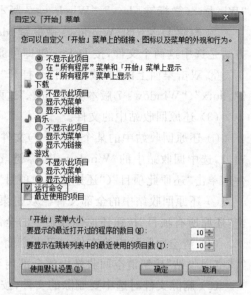

图 1-4 "任务栏和「开始」菜单属性"对话框　　　图 1-5 "自定义「开始」菜单"对话框

实验总结与反思

任务栏中显示打开文件的图标,用户打开多个应用程序,在任务栏中就会显示多个图标;用户也可以将某一程序图标锁定到任务栏,方法是用鼠标左键按住某一图标,拖动至任务栏合适的位置,释放鼠标左键,就可以将该程序图标锁定到任务栏中;在任务栏中也可以解除某一图标的锁定,方法是右键单击任务栏中的该图标,在弹出的快捷菜单中单击"将此程序从任务栏解锁"命令,即可从任务栏中移除该图标。

1.2.3　Windows 导学实验 03——回收站的使用

实验目的

熟练设置回收站的属性;还原回收站中的文件;清空回收站中的文件。

实验步骤

(1) 设置回收站属性,具体要求如下。

① 用鼠标右键单击桌面上的"回收站"图标,在弹出的快捷菜单中单击"属性"项,打开"回收站属性"对话框。

② 在"回收站属性"对话框中自定义各位置回收站的最大空间。

③ 设置回收站的属性,使得删除时"不将文件移到回收站中",而是移除文件后立即将其删除。

④ 设置回收站使删除文件时"显示删除确认对话框"。

(2) 删除文件。在计算机中删除文件时,被删除的文件通常会保留在回收站中。

① 将随书光盘中"Windows 导学实验\导学实验 01-Windows 7 的使用"文件夹中的"Windows 徽标键. dotx"、"Windows 7 版本类型. dotx"两个文件复制到 D:\下。

② 删除 D:\下的"Windows 徽标键. dotx"、"Windows 7 版本类型. dotx"两个文件,方法是选中这两个文件,按 Delete 键即可删除选中的文件。

③ 双击桌面上的"回收站"图标,打开"回收站"窗口,观察其中是否有"Windows 徽标键. dotx"、"Windows 7 版本类型. dotx"这两个文件。

(3) 还原回收站中的文件。

① 还原回收站中的某个(或多个)文件。双击桌面上的"回收站"图标,打开"回收站"窗口,选中回收站中的"Windows 徽标键. dotx"文件(和"Windows 7 版本类型. dotx"文件),单击"还原此项目"("还原选定的项目")恢复选定的一个(或多个)文件。

② 还原回收站中的全部文件。双击桌面上的"回收站"图标,打开"回收站"窗口,单击"还原所有项目"按钮还原回收站中的全部内容。

(4) 清空回收站中的文件。双击桌面上的"回收站"图标,打开"回收站"窗口,单击"清空回收站"按钮清空回收站中的全部内容。

(5) 删除文件时选中要删除的文件,按 Shift+Delete 键,单击"删除文件"对话框中的"是"按钮,到回收站中查看是否存在该文件。

实验总结与反思

(1) 如果不修改回收站属性的设置,用户删除的文件、文件夹通常都会放置在回收站中,这些文件、文件夹是可以还原的;从回收站中清空的文件将不能再被恢复。

(2) 移动存储设备,如 U 盘、移动硬盘上的文件执行删除操作后会直接删除,并不暂存于回收站中。

1.2.4　Windows 导学实验 04——建立快捷方式

实验目的

学会在某一位置创建应用程序的快捷方式。

实验要求

(1) 在桌面上建立字处理程序 WINWORD. EXE 快捷方式,快捷方式名为"文字处理"。

(2) 在 D:\下创建"画图"(mspaint. exe)程序的快捷方式。

(3) 在"开始"菜单中添加 OFFICE 文件夹,其中包含 Word、Excel、PowerPoint 的快捷方式。

操作步骤

(1) 在"开始"菜单的搜索框中输入 WINWORD. EXE,搜索结果会即时显示在"开始"菜单中,在查找到的搜索结果上按住鼠标左键拖动至桌面上,释放鼠标左键,

"WINWORD.EXE"文件的快捷方式就会出现在桌面上,在桌面上更改快捷方式的名称,方法是在快捷方式图标上单击鼠标右键,在弹出的快捷菜单中单击"重命名"菜单项,在选中的快捷方式名称处输入"文字处理",按回车键即可。

(2) 在 D:\下创建"画图"程序快捷方式的操作步骤如下。

① 打开计算机的 D:\,使该窗口处于打开状态。

② 在"开始"菜单的搜索框中输入 mspaint.exe,搜索结果会即时显示在"开始"菜单中,在查找到的搜索结果上按住鼠标左键拖动至打开的 D:\盘的窗口中,之后释放鼠标左键,mspaint.exe 文件的快捷方式就会出现在 D:\盘上,更改快捷方式的名称即可。

(3) 在"开始"菜单中添加 OFFICE 文件夹,其中包含 Word、Excel、PowerPoint 的快捷方式,操作步骤如下。

① 在桌面上新建文件夹,命名为 OFFICE。

② 将 Word、Excel、PowerPoint 的快捷方式拖动到该文件夹中。

③ 选中 OFFICE 文件夹,按住鼠标左键将该文件夹拖动到"开始"按钮上,在打开的"开始"菜单中的合适位置释放鼠标左键,即在"开始"菜单中添加了包含 Word、Excel、PowerPoint 快捷方式的 OFFICE 文件夹。

实验总结与反思

(1) Windows 桌面上有多个图标,其中有些图标是在安装操作系统的时候自动生成的,如"计算机"、"回收站"等;有些图标是在安装应用软件时自动添加到桌面的,如 Word 软件的快捷方式等;有些图标是用户通过创建快捷方式的方法在桌面上添加的。

(2) 快捷方式是 Windows 提供的一种快速启动程序、打开文件或文件夹的方法,它是应用程序的快速连接,快捷方式一般存放在桌面上、"开始"菜单和任务栏上的"快速启动区"等位置。快捷方式的扩展名为 lnk。

1.3　系　统　管　理

如果用户要对计算机进行个性化的设置,如设置自己喜欢的桌面主题、屏幕保护程序、调整系统日期和时间格式、删除不需要的程序、在系统中装载某种字体、添加打印机等,所有的这些设置都可以通过控制面板来实现。控制面板是 Windows 图形用户界面的一部分,通过控制面板用户可以查看并改变系统的设置。

在 Windows 7 中通过执行"开始"|"控制面板"打开控制面板窗口,控制面板中的选项如图 1-6 所示。

1.3.1　Windows 导学实验 05——设置桌面的外观属性

实验目的

学会修改桌面的外观属性,包括桌面的主题、图片、屏幕保护效果等,创建个性化的桌面外观效果。

图 1-6　控制面板

实验要求

　　设置桌面主题为"自然";设置桌面背景为 6 张"自然"图片无序播放的状态;将屏幕保护程序设置为"三维文字",内容为"大学计算机基础";设置窗口的半透明效果为"天空"。

操作步骤

　　(1) 在"控制面板"窗口中,单击"外观和个性化"项,打开"外观和个性化"设置选项窗口,如图 1-7 所示,通过其中的各项设置桌面效果和窗口效果。

图 1-7　"外观和个性化"选项窗口

（2）设置桌面主题为"自然"。在"外观和个性化"设置选项窗口中，单击"更改主题"项，打开"个性化"窗口，在其中单击"自然"项，如图1-8所示。

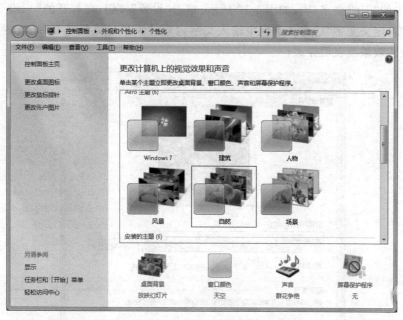

图1-8　更改"桌面主题"窗口

（3）将桌面背景设置为6张自然图片无序播放的效果。在"外观和个性化"设置选项窗口中，单击"更改桌面背景"项，打开设置"桌面背景"窗口，如图1-9所示，选中"自然"项下的6张图片，设置图片在桌面中的位置及更改图片的时间间隔，并选中"无序播放"复选框。

图1-9　更改"桌面背景"窗口

（4）使用三维文字作为屏幕保护程序。在"外观和个性化"设置选项窗口中，单击"更改屏幕保护程序"项，打开"屏幕保护程序设置"对话框，选择该对话框中"屏幕保护程序"下拉列表中的"三维文字"项，如图 1-10 所示，单击"设置"按钮，在打开的"三维文字设置"对话框中"自定义文字"后的文本框中输入文字内容（"大学计算机基础"）、设置文字的字体、动态旋转效果及表面样式。

图 1-10　"屏幕保护程序设置"对话框

也可以使用个人照片作为屏幕保护程序。方法是在"屏幕保护程序设置"对话框中，在"屏幕保护程序"下拉列表中选择"照片"项，单击"设置"按钮打开"照片屏幕保护程序设置"对话框，单击其中的"浏览"按钮选择作为屏幕保护的图片，并设置幻灯片放映的速度；在"屏幕保护程序设置"对话框中"等待"后的框中输入或更改显示屏幕保护程序的等待时间。

（5）设置窗口的半透明效果为"天空"。在"外观和个性化"设置选项窗口中，单击"更改半透明窗口颜色"项，打开"窗口颜色和外观"窗口，如图 1-11 所示，在该窗口中选择窗口边框的颜色类型，设置是否"启用透明效果"选项，单击"保存修改"按钮保存设置。

实验总结与反思

（1）通过控制面板中的"外观和个性化"项设置个性化的桌面显示效果。

（2）Windows 7 中的主题是桌面的整体外观效果，包括桌面背景、窗口的颜色、声音方案和屏幕保护程序等。

（3）在 Windows 7 中可以用一张图片作为桌面的背景，也可以选择多张图片创建一个幻灯片作为桌面的背景。

（4）屏幕保护是为了保护显示器而设计的一种专门的程序，设计的初衷是为了防

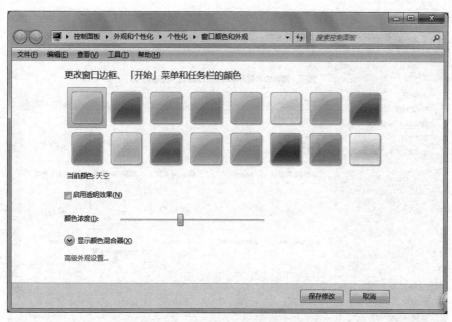

图 1-11　更改"窗口边框颜色"窗口

止计算机因无人操作而使显示器长时间显示同一个画面,导致显示器老化而缩短其寿命。虽然屏幕保护并不是专门为省电而设计的,但一般 Windows 中的屏幕保护程序都比较暗,它能降低屏幕亮度,有一定的省电作用。在 Windows 7 中也可以将屏幕保护程序设置为"变幻线"、"彩带"、"气泡"等效果。屏幕保护程序对不同显示器有不同影响。

1.3.2　Windows 导学实验 06——在系统中添加字体

实验目的

熟练在系统中添加新字体,创造与众不同的文字效果。

实验要求

将"简启体"加入计算机中,并用"简启体"修饰文字。

操作步骤

(1) 打开随书光盘中"Windows 导学实验\导学实验 01-Windows 7 的使用"文件夹下的"字体文件"文件夹,复制其中的字体文件"26-简启体. TTF"。

(2) 在"控制面板"的"外观和个性化"设置选项窗口中,单击"预览、删除或者显示和隐藏字体"项,打开"字体"窗口,如图 1-12 所示,该窗口中显示计算机中已有的字体。

(3) 在"字体"窗口的空白区域单击鼠标右键,单击弹出快捷菜单中的"粘贴"项,即可在系统中添加"简启体"。

图 1-12 "字体"窗口

（4）在应用程序中查看添加的新字体，并用该字体修饰文字。打开随书光盘中"Windows 导学实验\导学实验 01-Windows 7 的使用"文件夹中的"Windows 徽标键.dotx"文档，查看"开始"选项卡"字体"组中的"字体"下拉列表框中是否出现了"简启体"；选中打开文档中的要用该字体修饰的内容，单击"开始"选项卡"字体"组中的"字体"下拉列表框中的"简启体"，观察用"简启体"修饰的内容的效果。

实验总结与反思

（1）在本实验中也可以通过以下两种方法在系统中安装新字体。

① 双击"C:\Windows"下的 Fonts 文件夹，也可以打开"字体"窗口，将新字体复制到该窗口即可。

② 双击要安装的新字体，在打开的窗口中单击"安装"按钮，也可以将该字体添加到系统中。

由此可见，在 Windows 操作系统中，可以通过多种途径和方法达到同一功能要求。

（2）在系统中添加多种字体的操作方法与添加一种字体相似，差别是在复制字体时，需要复制多种字体，然后将其粘贴到"字体"窗口中。

（3）在本实验中是通过"复制-粘贴"的方法来安装新字体的，Windows 操作系统中的复制操作是借助于剪贴板实现的。剪贴板是在内存中预留出来的一块存储空间，它用来暂时存放在 Windows 应用程序间要交换的数据，这些数据可以是文本、图像、声音或应用程序等。剪贴板是信息的中转站，通过它可以在不同的磁盘或文件夹之间实现文件（或文件夹)的移动或复制。剪贴板只能保留一份数据,每当新的数据传入后,旧的数据便会被覆盖掉。注意,关闭计算机后剪贴板中的信息会自动清除。

1.3.3　Windows 导学实验 07——删除"WinRAR"程序

实验目的

掌握在 Windows 7 操作系统中卸载应用程序的正确方法,并删除系统中不需要的应用程序。

实验要求

删除计算机中的"WinRAR"程序。

操作步骤

(1) 在控制面板中单击"程序"下的"卸载程序"项,打开"程序和功能"窗口。

(2) 删除应用程序。在"程序和功能"窗口中选中要删除的应用程序 WinRAR,用鼠标右键单击该应用程序,在弹出的快捷菜单中单击"卸载"项,删除该应用程序。

(3) 修复应用程序。在"程序和功能"窗口中选中要修复的应用程序,单击"修复"按钮即可修复该应用程序。

实验总结与反思

(1) 在 Windows 操作系统中卸载程序的正确方法是执行控制面板"程序"下的"卸载程序"实现,或通过"开始"菜单中相关程序级联菜单中的"卸载"菜单项实现。

(2) 直接删除桌面或其他位置的应用程序的快捷方式并不能从系统中删除该应用程序。

1.3.4　Windows 导学实验 08——设置系统的日期、时间和数字格式

实验目的

熟练设置和更改系统的日期、时间、数字样式。

操作步骤

(1) 在控制面板中单击"时钟、语言和区域",打开"时钟、语言和区域"窗口;单击其中的"更改日期、时间或数字格式"项,打开"区域和语言"对话框。

(2) 在"区域和语言"对话框中单击"其他设置"按钮,打开"自定义格式"对话框,在该对话框中可以设置系统的数字、货币、时间和日期格式,如图 1-13 所示。

(3) 在"数字"选项卡中设置小数位数、数字分组、负数格式等。

(4) 在"货币"选项卡中设置货币符号、货币正数格式、货币负数格式等。

(5) 在"时间"选项卡中设置短时间、长时间、AM 符号及 PM 符号等的格式。

图1-13　"自定义格式"对话框

(6) 在"日期"选项卡中设置短日期、长日期的格式及一周的第一天等。

1.3.5　Windows导学实验09——添加打印机

实验目的

能快速将打印机添加到系统中。

操作步骤

(1) 在控制面板中单击"硬件和声音"中的"查看设备和打印机"项,打开"设备和打印机"窗口。

(2) 在"设备和打印机"窗口中单击"添加打印机"按钮,在弹出的"添加打印机"对话框中按照提示向导逐步添加打印机,在提示向导中主要选择或设置以下内容:要安装的打印机的类型、打印机端口、打印机的厂商与型号、打印机的名称等。

实验总结与反思

(1) 通过上述方法添加打印机时,可以添加虚拟打印机,此时没有与计算机相连的打印机;也可以添加与计算机直接相连的打印机(此时在安装打印机时,需要选择正确的打印机型号),以实现打印功能;如果计算机联入网络,也可以添加网络打印机,实现使用网络中的打印机打印文档。

(2) 在Windows 7操作系统中,提供了更好的设备管理功能,通过"设备和打印机"这一功能项,就可以实现连接、管理和使用打印机、传真等设备,方便设备的管理和设置。

1.3.6　Windows 导学实验 10——设置鼠标属性

实验目的

熟练设置鼠标的属性。

操作步骤

(1) 打开"鼠标属性"对话框。单击控制面板中的"硬件和声音",打开"硬件和声音"窗口,单击其中的"鼠标"项,打开"鼠标属性"对话框。

(2) 在"鼠标属性"对话框的"鼠标键"选项卡中调整鼠标双击速度;在"指针"选项卡中选择指针方案;在"指针选项"选项卡中设置鼠标的移动、对齐及可见性效果。

1.3.7　Windows 导学实验 11——用户账户的设置

实验目的

创建一个新账户,更改已有账户的名称、密码、图片等。

操作步骤

(1) 在控制面板中单击"用户账户和家庭安全"中"添加或删除用户账户"项,打开"管理账户"窗口。

(2) 创建新账户。在"管理账户"窗口中单击"创建一个新账户",在打开的页面中输入账户名称,并选择账户类型,单击"创建账户"按钮即可创建一个新账户。

(3) 更改账户。在"管理账户"窗口中单击要更改的账户,打开"更改账户"窗口,按照提示可依次更改账户的名称、密码、图片、账户类型以及删除账户。

1.3.8　Windows 导学实验 12——注册表的使用

实验目的

了解注册表的作用及注册表的备份、恢复以及用注册表清除木马程序。

知识点

注册表是存储计算机的配置信息和运行信息的数据库,它包括计算机的硬件、安装的程序及设置、每个用户账户的配置文件等信息。

注册表中的信息一旦被破坏,系统就不能正常运行甚至瘫痪,因此 Windows 每天会自动备份注册表。用户也可修改注册表,但修改前一定要先做备份。当注册表信息被破坏后,可使用备份的注册表文件恢复注册表。

操作步骤

1. 注册表的备份

(1) 单击"开始"|"运行",打开如图 1-14 所示的"运行"对话框,在其中的输入框中输入 regedit 或 regedit32,启动注册表编辑器窗口,如图 1-15 所示。

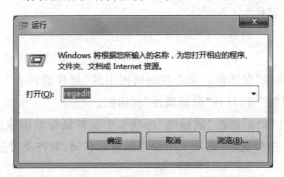

图 1-14 "运行"对话框

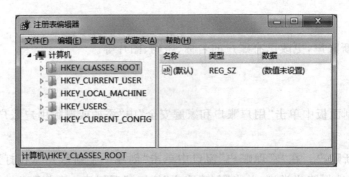

图 1-15 "注册表编辑器"窗口

(2) 在注册表编辑器中,选择"文件"|"导出"菜单项,打开"导出注册表文件"对话框,指定保存位置和文件名,系统自动生成扩展名为 reg 的注册表备份文件,完成备份。

2. 恢复注册表

需要恢复注册表时,在注册表编辑器中,选择"文件"|"导入"菜单项,选中已备份的注册表文件,单击"打开"按钮即可恢复注册表。

提示:若忘记文件位置,可通过搜索 *.reg 类型的文件找到注册表备份文件。

3. 利用注册表手动清除木马程序

许多木马程序在开机时就会自动运行,虽然删除了它们,但重新开机后这些木马程序会再次出现,原因是木马程序修改了注册表中的关键值,因此需要手动将注册表中的关键值改回原来的值,操作方法是:打开注册表编辑器,选择"编辑"|"查找",在打开的"查找"对话框中"查找目标"输入框中输入木马程序文件名,单击"查找下一处"按钮,找到后将其删除即可。

建议:进行此操作前需要提前备份注册表。

实验总结与反思

如果"开始"菜单中没有"运行"菜单项,则可以打开"任务栏和「开始」菜单属性"对话框,将其添加到"开始"菜单中。

1.4　磁盘管理

磁盘管理包括格式化磁盘、清理磁盘、磁盘碎片整理、磁盘备份、检查磁盘等操作。

1.4.1　Windows 导学实验 13——格式化 U 盘

实验目的

能熟练地对磁盘进行格式化处理,了解磁盘格式化的作用。

实验要求

格式化 U 盘。

操作步骤

(1) 将要格式化的 U 盘插入计算机上。

(2) 双击桌面上的"计算机"图标(或右击"开始"菜单,在弹出的快捷菜单中单击"打开 Windows 资源管理器"),在打开的窗口中找到 U 盘盘符。

(3) 右击 U 盘盘符,在弹出的快捷菜单中单击"格式化…"菜单项,打开"格式化 可移动磁盘"对话框,进行相应的选择和设置,如选择磁盘的文件系统、设置磁盘的卷标等,单击"开始"按钮进行格式化 U 盘的操作,如图 1-16 所示。

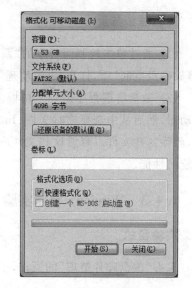

图 1-16　"格式化 可移动磁盘"对话框

实验总结与反思

(1) 格式化是指对磁盘或磁盘中的分区进行初始化的一种操作,这种操作通常会清除现有的磁盘或分区中所有的文件,在磁盘中建立磁道和扇区,以便存储数据和文件。在格式化磁盘的过程中,系统也会扫描磁盘以检查其中是否有坏扇区。

(2) 只有经过格式化操作之后才能使用磁盘,未经格式化的磁盘不能存储数据和文件。

(3) 在"格式化"对话框中有"快速格式化"这一选项,格式化与快速格式化有所不同,快速格式化比普通格式化要快得多,它只是删除磁盘上的文件,不会扫描磁盘以查看磁盘是否有坏扇区。只有在该磁盘以前曾被格式化过,并且该磁盘未被破坏的情况下才能使用"快速格式化"这一选项。

(4) 在对磁盘进行格式化处理之前,要确保磁盘中的有用文件已经备份过。

1.4.2　Windows 导学实验 14——使用"磁盘清理"程序清理磁盘

实验目的

了解磁盘清理的作用,掌握清理磁盘的操作过程。

操作步骤

(1) 选择"开始"|"所有程序"|"附件"|"系统工具"菜单中的"磁盘清理"菜单项,打开"磁盘清理"对话框,如图 1-17 所示,选择要清理的磁盘,单击"确定"按钮后,系统会计算该磁盘上可以释放的空间大小。

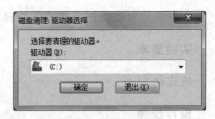

(2) 在后续弹出的"磁盘清理"对话框中选中要删除的文件类型的复选框,单击"确定"按钮后,弹出"磁盘清理"对话框以确认是否要永久删除这些文件,单击"删除文件"按钮删除文件以进行磁盘清理。

图 1-17　"磁盘清理"对话框

实验总结与反思

(1) 通过单击控制面板中的"系统和安全"项,在打开的窗口中单击"管理工具"下的"释放磁盘空间"项,打开"磁盘清理"对话框清理磁盘。

(2) 磁盘清理程序是一个垃圾文件清除工具,进行磁盘清理时会选择要清理的磁盘驱动器,然后从中选择临时文件、Internet 缓存文件、可以安全删除的不需要的程序文件等,删除这些文件以释放这些文件所占的硬盘驱动器空间,保持计算机系统的整洁,提高系统的性能。

1.4.3　Windows 导学实验 15——使用"磁盘碎片整理程序"整理 C:盘

实验目的

掌握"磁盘碎片整理"的操作,了解磁盘碎片整理的作用。

操作步骤

(1) 选择"开始"|"所有程序"|"附件"|"系统工具"|"磁盘碎片整理程序",打开"磁盘碎片整理程序"窗口,如图 1-18 所示。

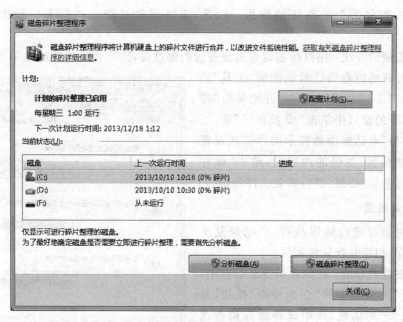

图 1-18 "磁盘碎片整理程序"窗口

（2）选择要进行碎片整理的磁盘（C:盘）后，单击"分析磁盘"按钮对磁盘进行分析，以确认是否有必要进行磁盘碎片整理，完成分析磁盘后，可以在"上一次运行时间"列中检查磁盘上碎片的百分比，如果百分比高于10%，则应该对磁盘进行碎片整理。

（3）如果需要对磁盘进行碎片整理，则单击"磁盘碎片整理"按钮对磁盘进行碎片整理。进行磁盘碎片整理时，用户可以通过"磁盘碎片整理程序"窗口中的"进度"列查看碎片整理的进度。

实验总结与反思

（1）通过单击控制面板中的"系统和安全"项，在打开的窗口中单击"管理工具"下的"对磁盘进行碎片整理"项，也可以打开"磁盘碎片整理程序"窗口对磁盘进行碎片整理。

（2）在计算机中，由于文件被分散保存到磁盘的不同地方，而不是连续地保存在磁盘连续的簇中，因此就会产生磁盘碎片。磁盘碎片过多会使系统在读文件的时候来回寻找，引起系统性能的降低，而且过多的磁盘碎片有可能导致存储文件的丢失，因此需要对磁盘进行碎片整理。

（3）磁盘碎片整理程序是将计算机硬盘上的碎片文件和文件夹合并在一起，使其占据单个和连续的空间，以有效地利用磁盘空间。

（4）定期的硬盘碎片整理能减少硬盘的磨损，但如果硬盘已经到了它生命的最后阶段，进行碎片整理则有可能会导致硬盘崩溃。

补充

1. 磁盘备份

万一硬盘上的原始数据被意外删除、覆盖或由于硬盘故障而无法访问时，可使用磁盘备份程序恢复丢失或损坏的数据。因此,需要预先对磁盘进行备份操作,以恢复数据。

磁盘备份的方法:用鼠标右键单击要备份的磁盘盘符,在弹出的快捷菜单中单击"属性"项,在打开的磁盘属性对话框的"工具"选项卡中(如图 1-19 所示),单击"开始备份"按钮后,在打开的窗口中单击"设置备份"项,按照"设置备份"对话框中的提示向导依次设置保存备份的位置、备份的内容后,单击"保存设置并运行备份"按钮,进行磁盘文件备份。

2. 检查磁盘

通过对磁盘进行错误检查,自动修复文件系统错误,扫描并恢复坏扇区。

检查磁盘的方法:在磁盘属性对话框中,单击"工具"选项卡中的"开始检查"按钮,打开"检查磁盘"对话框,从中选择磁盘检查选项,单击"开始"按钮后检查并修复磁盘中的错误。

图 1-19   磁盘属性对话框

1.5   文 件 管 理

文件是一个完整的、有名称的信息集合,如程序、程序所使用的一组数据或用户创建的文档等都是文件。文件是基本存储单位,它使计算机能够区分不同的信息组。文件是数据集合,用户可以对这些数据进行检索、更改、删除、保存或发送到一个输出设备(如打印机或电子邮件程序等)。

文件夹是图形用户界面中存储程序和文件的容器,它是在磁盘上组织程序和文档的一种手段,文件夹中既可包含文件,也可包含其他文件夹。

1.5.1   Windows 导学实验 16——显示文件的扩展名

实验目的

按照要求设置文件或文件夹的各项属性;掌握文件名的构成规则。

知识点

文件名是文件的标识,操作系统根据文件名对文件进行控制和管理。文件名包括两部分:主文件名和扩展名,二者之间以"."分隔,如"计算机基础.DOCX",系统约定以文件的扩展名来表示文件的类型以及创建或打开文件的程序。表 1-1 列出了一些常用的文件扩展名及其代表的文件类型。

表1-1　扩展名及其文件类型列表

扩展名	文件类型	扩展名	文件类型
EXE	可执行文件	BMP	位图文件
DOCX	文档文件	C	C语言源程序文件

操作步骤

（1）打开计算机中任意一个非空且内有文件的文件夹。

（2）在打开的文件夹窗口中，单击"工具"|"文件夹选项"（或单击"组织"按钮，在打开的菜单中单击"文件夹或搜索选项"），在打开的"文件夹选项"对话框的"查看"选项卡中将"隐藏已知文件类型的扩展名"前的对钩去掉（如图1-20所示），单击"应用"或"确定"按钮，观察打开的文件夹窗口中文件名的变化情况。

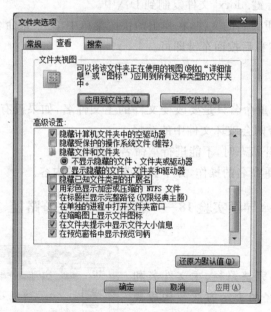

图1-20　"文件夹选项"对话框

实验总结与反思

（1）文件名包括主文件名和扩展名，两者之间以"."隔开，扩展名决定着打开文件所使用的软件。

（2）在"文件夹选项"对话框中也可以设置是否"显示隐藏的文件、文件夹和驱动器"，以查看计算机中的隐藏文件和文件夹。"隐藏"是文件和文件夹的属性之一，文件和文件夹还具有"只读"属性。设置文件或文件夹属性的操作方法是：在文件或文件夹上单击鼠标右键，在弹出的快捷菜单中单击"属性"项，在打开的对话框中设置"只读"或"隐藏"属性。

1.5.2　Windows 导学实验 17——重命名文件

实验目的

熟练修改文件的名称,了解文件重命名的要求和注意事项。

实验要求

将随书光盘中"Windows 导学实验\导学实验 01-Windows 7 的使用"文件夹中的"Windows 徽标键.dotx"文件的名称改为"徽标键.dotx"。

操作步骤

(1) 首先将随书光盘中"Windows 导学实验\导学实验 01-Windows 7 的使用"文件夹中的"Windows 徽标键.dotx"文件复制到 D:\中。

(2) 右键单击要重命名的文件,在弹出的快捷菜单中单击"重命名"项,此时文件名处于选中状态,输入新名称后按回车键即可。

实验总结与反思

(1) 对文件来说,重命名只是要改变文件的主文件名,如果没有特殊要求,尽量不要修改文件的扩展名,否则会破坏文件中的数据。

(2) 文件处于打开状态时,不能进行重命名的操作。

(3) 对文件进行重命名的操作,并不会修改文件中的内容。

1.5.3　Windows 导学实验 18——获取文件的完整路径、主文件名和扩展名

实验目的

快速获取文件的完整路径、主文件名和扩展名;掌握文件路径的表示方法及构成规则,能写出一个文件的路径。

操作步骤

通过文件属性对话框可以获取文件的完整地址和文件名。

(1) 打开文件属性对话框。用鼠标右键单击某个文件,在弹出的快捷菜单中单击"属性"项,打开文件属性对话框。

(2) 在文件属性对话框的"位置"项后显示文件的完整路径,按住鼠标左键拖动以选中文件路径(如图 1-21 所示),在选中的路径

图 1-21　文件属性对话框

文字上单击鼠标右键,在弹出的快捷菜单中单击"复制"命令,在 Word 文档(VB 代码窗口或其他需要的地方)中执行"粘贴"操作,即可得到文件的路径。

(3) 在文件属性对话框中选中文件图标后文本框中的文件名,用鼠标右键单击选中内容,在弹出的快捷菜单中单击"复制"项,即得到主文件名及其扩展名;用\将文件路径和文件名两者相连,得到该文件的完整路径及文件名。

实验总结与反思

(1) 在 Windows 操作系统中使用树状结构组织计算机中的文件、文件夹、磁盘驱动器和其他资源。

(2) 每一个文件或文件夹在计算机中都有一个位置,这个位置就是文件或文件夹的路径,路径就是用来标识文件或文件夹在磁盘中的位置。文件或文件夹的路径可表示为:

盘符:\文件夹名\文件夹名

如 C:\计算机基础导学实验\多媒体素材\GIF 动画素材\鳄鱼.GIF。

1.5.4 Windows 导学实验 19——搜索文件

实验目的

能熟练利用 Windows 的搜索功能找到需要的文件。

操作步骤

(1) 查找"WINWORD. EXE"文件,并记下其位置。操作步骤如下。

① 在"开始"菜单的"搜索程序和文件"输入框中输入搜索文件的名称"WINWORD. EXE",查找到的文件会即时出现在"开始"菜单中。

② 右键单击搜索到的程序和文件,在弹出的快捷菜单中单击"属性"项,即可查看该文件的位置。

(2) 查找 C 盘中所有的 Word 文件(即 * . docx)。操作步骤如下。

① 在"开始"菜单的"搜索程序和文件"输入框中输入" * . docx",在"开始"菜单中即时显示桌面上满足条件的文件。

② 单击"开始"菜单中的"查看更多结果",打开"搜索结果"窗口,如图 1-22 所示。

③ 单击"搜索结果"窗口中的"自定义"按钮,在打开的"选择搜索位置"对话框中选中 C 盘,单击"确定"按钮即可进行搜索。

(3) 在 C:\Windows 中查找大小在 100KB～1MB 之间的 bmp 文件。操作步骤如下。

① 在"开始"菜单的"搜索程序和文件"输入框中输入" * . bmp",单击"开始"菜单中的"查看更多结果",打开"搜索结果"窗口。

② 单击"搜索结果"窗口右上角的搜索筛选器,在弹出的筛选项中单击"大小",在提供的选项中选择"中(100KB～1MB)"。

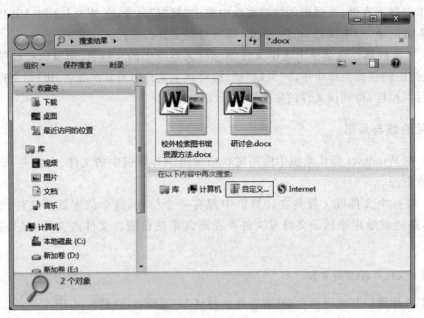

图 1-22　搜索结果窗口

③ 单击"搜索结果"窗口中的"自定义"按钮,在打开的"选择搜索位置"对话框中选中
C:\Windows 前的复选框,单击"确定"按钮即可进行搜索。

(4) 在 C 盘中查找上星期修改过的 txt 文件。操作步骤如下。

① 在"开始"菜单的"搜索程序和文件"输入框中输入" * .txt",单击"开始"菜单中的
"查看更多结果",打开"搜索结果"窗口。

② 单击"搜索结果"窗口右上角的搜索筛选器,在弹出的筛选项中单击"修改日期"
项,在提供的选项中单击"上星期"。

③ 单击"搜索结果"窗口中的"自定义"按钮,在打开的"选择搜索位置"对话框中选中
C 盘前的复选框,单击"确定"按钮即可进行搜索。

实验总结与反思

(1) 文件和文件夹的基本操作包括:复制、移动、删除、搜索、备份文件、压缩文件及
文件夹等。在计算机中搜索某个或多个文件时,可使用通配符 * 和"?",其中 * 代表任意
多个字符,"?"代表任意一个字符。

(2) 在搜索窗口中对搜索到的文件进行打开、复制、删除、重命名等操作。

(3) 通过搜索操作可以获得相关文件的位置。

1.5.5　Windows 导学实验 20——设置共享文件夹

实验目的

掌握设置共享文件夹的方法,了解文件共享的作用。

实验要求

将随书光盘中"Windows 导学实验\导学实验 01-Windows 7 的使用"文件夹设置为共享。

操作步骤

（1）将随书光盘中的"Windows 导学实验\导学实验 01-Windows 7 的使用"文件夹复制到 D:\盘中。

（2）在 D:\盘的"Windows 导学实验\导学实验 01-Windows 7 的使用"文件夹上单击鼠标右键，在弹出的快捷菜单中单击"属性"项，打开文件夹属性对话框，如图 1-23所示。

（3）在文件夹属性对话框的"共享"选项卡中单击"高级共享"按钮，打开"高级共享"对话框，如图 1-24 所示，在该对话框中首先选中"共享此文件夹"复选框、设置共享名及同时共享的用户数量限制；单击其中的"权限"按钮，在打开的权限对话框中设置网络用户对该文件的访问权限。

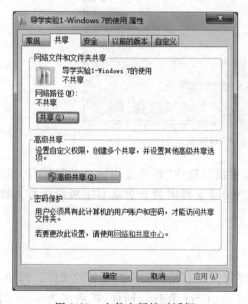

图 1-23　文件夹属性对话框

图 1-24　"高级共享"对话框

实验总结与反思

（1）共享文件夹允许网络上其他用户使用另一台计算机上的文件夹或文件。

（2）文件的共享是借助于文件夹实现的，即先将要共享的文件放到一个文件夹中，然后共享该文件夹，以便网络用户使用该文件夹中的文件。

（3）共享的权限包括"完全控制"、"更改"、"读取"，其中的"读取"权限允许网络用户查看共享文件夹中的内容，但网络用户无权修改共享文件夹中的内容。

1.5.6 Windows 导学实验 21——建立 Word 文档与写字板程序的关联

实验目的

学会用一个应用程序打开相应的文件。

操作步骤

(1) 在"计算机"中找到任意一个 Word 文件,注意不要打开该文件。

(2) 用鼠标右键单击该文件,在弹出的快捷菜单中单击"打开方式"|"选择默认程序"项,打开"打开方式"对话框,如图 1-25 所示。

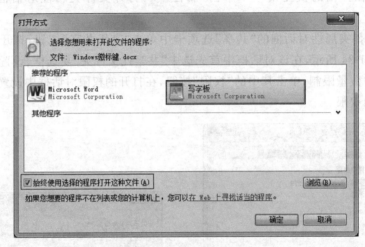

图 1-25 "打开方式"对话框

(3) 在"打开方式"对话框中,单击选择"写字板",选中"始终使用选择的程序打开这种文件"复选框,单击"确定"按钮。这样,双击 Word 文件时就会启动写字板程序打开该文件。

实验总结与反思

文件关联是指 Windows 始终使用相同程序打开具有相同文件扩展名的文件。例如,当双击一个扩展名为 jpg 的文件时,一般会启动 ACDSee 程序。同样,扩展名为 docx 的文档文件和 Word 程序之间建有关联。若要用其他程序打开有关联的文件,则要在"打开方式"对话框中重新选择程序。

1.6 使用 Windows 的帮助功能

任何一本计算机基础的教材都不可能面面俱到地介绍有关操作系统的各项功能和操作细节,如果用户想了解 Windows 的相关操作和功能,可以借助于 Windows 操作系统提供的帮助功能(当然,这是每个商业软件都应具备的一个功能),有效利用帮助功能,不仅可以及时地解决遇到的问题,而且会发现 Windows 更多的、更有特色的功能。

1.6.1　Windows 导学实验 22——有效利用 Windows 的帮助功能

实验目的

学会使用软件的帮助功能。

操作步骤

(1) 选择"开始"|"帮助和支持",打开"Windows 帮助和支持"窗口,如图 1-26 所示。

图 1-26　"Windows 帮助和支持"窗口

(2) 在"Windows 帮助和支持"窗口的"搜索帮助"输入框中输入要查找的帮助信息,按回车键即可显示相应的帮助条目。

(3) 单击搜索结果中相应的帮助条目查看有关帮助信息。

第 2 章　信 息 获 取

本章学习目标

　　熟练掌握通过计算机或网络获取文本、图像、声音、应用软件等的方法；根据实际需要合理选择获取信息的工具，并能运用所选择的工具有效地获取所需要的信息。

2.1　概　　述

　　信息获取是处理信息和使用信息的前提，信息获取能力是学生必须具备的基本能力，也是大学计算机基础课程的教学目标之一。所谓信息的获取，是指根据用户的需求和所要解决的问题，选择最佳的信息获取途径获取完成任务所需要的信息。信息来源的技术特点不同，信息获取的方法也会多种多样，人们可以从图书馆获得文本信息、通过与他人交流中获得口头信息、通过看电视获得及时信息。计算机和网络已成为信息获取的一种重要途径，尤其是因特网提供了丰富多彩的信息供用户选择、处理和使用。

　　利用计算机获取的信息包括文本、图像、视频、音频等。文本信息可以借助字处理软件（如 Word、记事本等）通过键盘直接录入到计算机中供用户处理和使用，也可以从网络中搜索需要的文本信息直接复制到个人计算机中；图像信息可以通过图像处理软件（如 Photoshop 等）制作，也可以通过抓图软件（如 SnagIt 等）抓取等，还可以从网络上搜索需要的图片直接保存到计算机中。本章中主要介绍利用 SnagIt 软件抓取图像，通过网络搜索引擎搜索文本、图像、文件，并下载到个人计算机中。

　　图 2-1 为本章主要内容导图，下面通过导学实验逐个学习如何获取不同的信息。

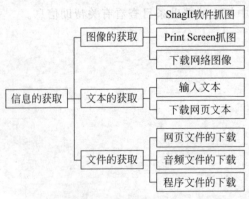

图 2-1　本章内容导图

2.2　利用 SnagIt 软件获取图像、文本和视频

在使用计算机处理信息时,有时会需要将桌面、窗口或其中的某些对象(如菜单、图标等)保存成图片,以便演示或使用。将整个计算机桌面作为图片保存起来,最简单的方法是按键盘上的 Print Screen 键,然后打开相应的软件如 Word,将获取的桌面图片粘贴到 Word 中;如果要将桌面中的当前活动窗口保存为图片则可以使用 Alt＋Print Screen 键实现。如果要抓取某个应用程序的菜单项、按钮等,就需要使用抓图软件来完成。本书中使用的抓图软件是 SnagIt,用 SnagIt 软件可以快速抓取图像、视频、图标、文本等信息。

2.2.1　信息获取导学实验 01——用 SnagIt 抓图

实验目的

了解使用 SnagIt 软件抓取图像的工作过程,并熟练掌握用 SnagIt 软件抓取图像、文本、图标、视频等的操作。

实验要求

使用 SnagIt 软件抓取桌面上的"计算机"图标;捕获"Windows 导学实验\导学实验 01-Windows 7 的使用"文件夹下各文件及文件夹名称文本;捕获 C:\Windows\Fonts 窗口中所有图标图像;记录某一操作过程;捕获某一网页上的所有图片。

操作步骤

(1) 了解 SnagIt 软件界面。

启动 SnagIt,熟悉 SnagIt 软件的界面。启动 SnagIt 软件后的界面如图 2-2 所示。从捕获方案中可以看到 SnagIt 软件能捕获范围、窗口、屏幕、滚动窗口、对象、窗口文本等。

(2) 利用 SnagIt 软件进行捕获的操作步骤。

① 设置输入和输出方式。

在图 2-2 中的方案设置区域中设置捕获的输入和输出方式。SnagIt 软件提供的输入和输出方式分别如图 2-3 和图 2-4 所示,在输入方式中选择要抓取的内容,如屏幕、窗口、范围、对象、菜单等;在输出方式中选择输出的方式,如剪贴板、文件等;在效果区中设置抓取图像的效果,如色彩、边框、标题、水印等。

② 选择捕获模式。

单击图 2-2 中的红色"捕获"按钮左边的三角形下拉按钮选择捕获模式,以确定进行图像捕获、文本捕获、视频捕获还是 Web 捕获。

"图像捕获"——捕获用不同输入方式选定范围内的图像,并可进行编辑、打印,或可复制到剪贴板上以粘贴到其他应用程序中或保存为不同格式的图像文件。

"文本捕获"——捕获用不同输入方式选定范围内的文字。

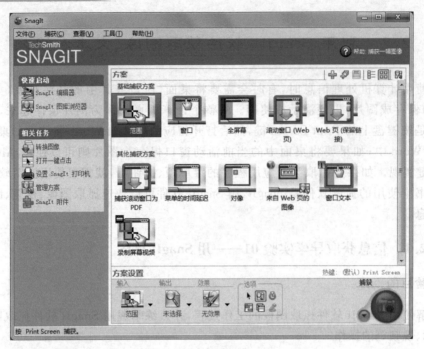

图 2-2　SnagIt 软件界面

图 2-3　输入方式

图 2-4　输出方式

"视频捕获"——记录用不同输入方式选定范围内的活动内容,并保存为.avi 视频文件。在录制期间可随意添加语音。

"Web 捕获"——从选择的网页中捕获图像并保存。

③ 进行捕获。

单击图 2-2 中的红色"捕获"按钮,进行捕获。

（3）用 SnagIt 捕获桌面上的"计算机"图标，并将抓取的图标复制到 Word 文件中。

捕获方案设置如下：输入中选择"对像"，输出中选择"剪贴板"，模式中选择"图像捕获"；单击"捕获"按钮捕获后，将鼠标移至捕获的对象（桌面的"计算机"图标）上，要捕获的对象用方框圈中，此时单击即可捕获该对象，同时捕获的图像会显示在"SnagIt 捕获预览"窗口中，如图 2-5 所示，单击该窗口中工具栏上的 Word 图标后的三角形按钮，打开下拉列表选择将捕获图像存放在新建文档中还是当前打开的 Word 文档中。

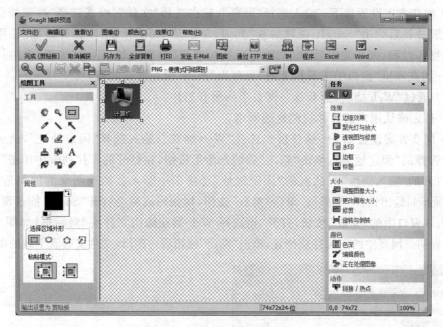

图 2-5 "SnagIt 捕获预览"窗口

（4）用 SnagIt 捕获文本。

使用 SnagIt 捕获随书光盘中"Windows 导学实验\导学实验 01-Windows 7 的使用"文件夹下的文件及文件夹名称文本，并将捕获的文字保存为 txt 文件。

① 打开随书光盘中"Windows 导学实验\导学实验 01-Windows 7 的使用"文件夹。

② 捕获方案设置如下：输入选择"窗口"，输出选择"文件"，模式选择"文本捕获"；单击"捕获"按钮进行文本捕获，同时捕获到的文本会显示在"SnagIt 捕获预览"窗口中，单击该窗口中工具栏上的"另存为"按钮，将捕获的文本保存为 txt 文件。

（5）捕获滚动窗口。

使用 SnagIt 捕获 C:\Windows\Fonts 窗口中所有图标图像，并将捕获的图像保存为 jpg 格式的图像文件。

① 打开 C:\Windows\Fonts 窗口。

② 捕获方案设置如下：输入选择"滚动/自动滚动窗口"，输出选择"文件"，模式选择"图像捕获"；单击"捕获"按钮进行滚动窗口捕获，同时捕获到的滚动窗口会显示在"SnagIt 捕获预览"窗口中，单击该窗口中工具栏上的"另存为"按钮，在打开的"另存为"对话框中选择文件的保存类型为"JPG-JPEG 图像"，输入文件名，单击"保存"按钮，将捕

获的窗口保存为 jpg 格式的图像文件。

（6）捕获视频。

使用 SnagIt 捕获下述过程：使用压缩软件 WinRAR 压缩 D：盘下以你的姓名命名的文件夹，将该压缩文件复制到 C：盘根目录下，并进行解压，并将这一操作过程保存为 avi 格式的视频文件。

① 在 D：盘下新建文件夹，文件夹的名称是读者的姓名。

② 捕获方案设置如下：输入选择"屏幕"，输出选择"文件"，模式选择"视频捕获"；单击"捕获"按钮后弹出"SnagIt 视频捕获"界面，单击其中的"开始"按钮开始捕获，用户执行上述操作过程，操作完成后单击"SnagIt 视频捕获"界面中的"停止"按钮，单击打开的"SnagIt 捕获预览"窗口中工具栏上的"另存为"按钮，保存捕获的视频。

（7）通过"Web 捕获"捕获某一网页上的所有图片。

① 首先确认用户的计算机能连通网络。

② 捕获方案设置如下：捕获模式选择"Web 捕获"；输入选择"固定地址"，然后单击输入中选择的"固定地址"，单击"输入"后的三角形按钮，在打开的下拉列表中单击"属性"项，在打开的"输入属性"对话框的"固定地址"选项卡中输入要捕获图像的网页地址（如图 2-6 所示）；输出选择"文件"。单击"捕获"按钮，捕获完成后会打开"SnagIt 捕获预览"窗口，单击该窗口中的"完成"按钮，打开"请选择 Web 捕获输出文件夹"对话框（如图 2-6 所示），设置捕获网页中的图像存放位置，单击"确定"按钮后，打开该文件夹查看下载的图像。

图 2-6 设置捕获地址及输出文件夹

实验总结与反思

除了使用 SnagIt 软件进行抓图外，还可以通过其他方法进行抓图，如也可以使用 QQ 进行抓图。读者可以自行查询其他的抓图方法并体验其使用。

2.3 网络信息的获取

随着网络技术的普及和发展，网络正在改变着人们的行为方式和思维方式，网络是信息化时代人们获取信息的重要途径和手段，利用网络搜索引擎提供的搜索功能，用户可以更容易、更准确地查找到所需的信息。网络上提供的信息包括文本信息、图像、视频、音频等,从网络上搜索信息需要使用 Internet Explorer(简称 IE 浏览器),IE 浏览器是微软公司开发的综合性的网上浏览软件,是用户访问 Internet 必不可少的一种工具。

2.3.1　信息获取导学实验 02——使用 IE 浏览器

实验目的

熟练掌握 IE 浏览器的基本操作。

实验要求

启动 IE 浏览器,了解 IE 浏览器中各个按钮的作用,并根据需要配置 IE 浏览器。

操作步骤

(1) 启动 IE 浏览器。

单击任务栏中的 Internet Explorer 图标,打开 IE 浏览器,在 IE 浏览器的地址栏中输入相应的网址,如图 2-7 所示,按回车键即可进入相应的网站。

图 2-7　IE 浏览器地址栏

(2) 熟悉 IE 浏览器上各个按钮的作用,并配置 IE 浏览器。

"后退"按钮 ：单击该按钮可返回到前一个访问的页面。

"前进"按钮 ：单击该按钮可进入下一个页面;只有在通过 IE 浏览器已逐个访问过多个页面且执行过"返回"操作时,该按钮才可用。

"刷新"按钮 ：单击该按钮更新当前网页的内容。

"停止"按钮 ×：单击该按钮中断当前网页的连接和下载。

"收藏夹"按钮 收藏夹 ：单击该按钮查看本机中收藏夹的内容,如图 2-8 所示,单击其中的"添加到收藏夹"按钮,可以将当前页面加入到收藏夹中;单击"添加到收藏夹"后面的三角形箭头按钮,通过选择菜单项以整理收藏夹、导入和导出收藏夹中的内容。

"主页"按钮 ：单击该按钮可跳转到所设定的主页上。

"安全"按钮：单击该按钮打开菜单,通过执行该菜单中的"删除浏览的历史记录"可以删除已访问过网页的列表、Internet 临时文件、表单数据等。

"工具"按钮：单击该按钮,单击打开菜单中的"Internet 选项"命令,打开"Internet 选项"对话框,如图 2-9 所示。在"常规"选项卡中可以创建主页选项卡、删除浏览历史记录、更改网页在选项卡上的显示方式、更改浏览器的外观等;在"安全"选项卡中可以设置浏览器的安全级别;在"连接"选项卡中可设置拨号连接或局域网设置;在"高级"选项卡中列出了浏览、多媒体、安全等方面的选项,设置时可以选中加快浏览速度的选项,例如,选中"显示图片"复选框,而不选"在网页中播放动画"、"在网页中播放声音"等复选框,以加快浏览网页下载的速度。

图 2-8　收藏夹列表

图 2-9　"Internet 选项"对话框

2.3.2　信息获取导学实验 03——搜索引擎的使用

实验目的

熟练使用搜索引擎查找需要的信息,并将查找到的信息整理成规范的文献。

知识点

搜索引擎(Search Engine)是在 Internet 上提供信息搜索功能的专门网站,这些网站可以对主页进行分类与搜索。在搜索引擎中搜索信息时输入一个特定的搜索词,搜索引擎就会自动进入索引清单,将所有与搜索词相匹配的内容找出,并显示一个指向存放这些信息的连接清单网页。常见的搜索引擎有 Google(http://www.google.com)、Yahoo(http://cn.yahoo.com)、百度(http://www.baidu.com)等。

按搜索引擎的工作方式可将搜索引擎分为三种,分别是全文搜索引擎、目录索引类搜索引擎和元搜索引擎。全文搜索引擎通过从互联网上提取的各个网站的信息(以网页文字为主)以建立数据库,从中检索与用户查询条件匹配的相关记录,然后按一定的排列顺序将结果返回给用户,Google、百度等都属于全文搜索引擎。目录索引类搜索引擎实际上是按目录分类的网站链接列表,用户查询时完全可以不用关键词,仅靠分类目录就可找到需要的信息,最具代表性的目录索引类搜索引擎是 Yahoo。元搜索引擎在接受用户查询请求时,同时在多个搜索引擎上进行搜索,并将结果返回给用户,中文元搜索引擎中具有代表性的是搜星搜索引擎。

在使用搜索引擎进行搜索信息时,应选择合适的、优化的关键词进行搜索,同时也可以使用多个关键词进行搜索,这样可以使搜索结果更有针对性、更能符合用户的需求。搜索引擎还提供了相应的搜索技巧和策略以使搜索结果更贴近用户的需求,如在搜索时为了避免出现带有某个词语的搜索结果,输入搜索关键词时在该词语前面加一个减号(一,英文字符),注意减号前需要有一个空格,这样可以排除搜索结果中的无关资料;输入搜索关键词时,如果用英文双引号将搜索关键词引起来,用双引号引起来的关键词在搜索结果中会以一个整体出现,这样可以实现搜索结果的精确匹配,这一方法在查找名言警句或专有名词时特别有效。

操作步骤

下载文本作业的主题和要求参见随书光盘中的"信息获取导学实验\网络浏览下载题目.dotx"。

1. 打开搜索引擎页面

启动 IE 浏览器,在地址栏中输入"http://www.baidu.com",进入百度搜索引擎,如图 2-10 所示。从百度首页中可以看出,该搜索引擎提供了网页、音乐、图片、视频等内容的搜索功能,默认的搜索形式是网页,在文本框中输入搜索的关键词,如"计算机网络",单击"百度一下"按钮,会出现搜索结果页面,结果页面中以清单的形式列出与搜索关键词相关的页面超链接,如图 2-11 所示。

图 2-10 百度搜索引擎首页

2. 下载文本内容

单击搜索结果中符合要求的超链接,打开含有搜索关键词的页面,拖动鼠标选中需要

图 2-11　搜索结果页面

的文本内容,单击鼠标右键,在弹出的快捷菜单中单击"复制"菜单项,打开 Word 软件,在"开始"选项卡中"剪贴板"组中,单击"粘贴"下的三角形按钮,从打开的下拉列表中单击"选择性粘贴"命令,在"选择性粘贴"对话框中选择"无格式文本"的形式将复制的内容粘贴到 Word 文档中,以方便用户的编辑。

如果要保存整个页面(包括其中的文本、图片等),可在打开的网页中单击"文件"菜单中的"另存为"菜单项,打开"另存为"对话框,选择文件保存的位置,输入文件名称,单击"保存"按钮即可保存该网页文件。

3. 将网页文字存储到 txt 文件中

对于无法选中的网页文字,可在网页中单击"文件"菜单中"另存为"菜单项,将保存类型设置为"文本文件(＊.txt)",输入文件名,可将网页上的全部文字存到该文本文件中。

4. 编辑文本内容

从网络上下载的文本的格式通常是不统一的、不规范的,为了提高下载文本的可读性,可以按照一定的要求编辑成用户需要的格式,本书中对下载文本的编辑格式要求如下。

(1) 将下载的各文章复制到 Word 软件中。

(2) 文档各自然段的格式均设置为:正文、宋体、五号、首行缩进 2 字符、段后 6 磅。

(3) 各文章大标题格式为:标题 1、居中显示。各文章的章节标题格式为:标题 2、标题 3……居中显示。

（4）在第一篇文章各段前加项目符号"☏"（添加新项目符号的操作方法是：单击"开始"选项卡"段落"组"项目符号"后的三角形按钮，在打开的下拉列表中单击"定义新项目符号"命令，在打开的"定义新项目符号"对话框中单击"符号"按钮，在"符号"对话框中的字体列表中选择 Wingdings 2，从中选择需要的符号，依次单击"确定"按钮即可）；将第二篇文章及最后一篇文章分成"两栏"显示；将每篇文章第一自然段进行"首字下沉"两行的设置。

（5）在文章中插入页码。

（6）根据文章内容制作数据表格、插入合适的图片或自行绘制示意图。

（7）在文档开始处设置包括各文章大标题超链接的目录；在各文章结束处添加"返回"超链接，以返回到文档开始的目录位置（提示：需要在文档目录位置添加书签）。

（8）加入适当的脚注、尾注、批注。

下载文章的排版操作可以在学完 Word 应用软件后完成，排版效果参见随书光盘中的"信息获取导学实验"中"Internet 排版参考.dotx"文档的效果。

2.3.3 信息获取导学实验 04——下载网页上的图片

实验目的

能快速从网络上找到需要的图片并下载。

实验要求

根据要求从网络上下载图片，并保存到计算机中相应的位置或插入到 Word 文档中。

操作步骤

1. 打开百度搜索引擎搜索图片

在百度首页上，单击"图片"超链接，进入图片搜索状态，在文本框中输入要搜索的图片名称，如"北京欢迎你"，单击"百度一下"按钮，会在搜索结果页面中显示出搜索到的含有该名称的图片的超链接，如图 2-12 所示。

2. 下载图片并将其保存到计算机中

单击搜索结果页面的图片缩略图，打开含有该图片的页面，如果要保存该图片，则在图片上单击鼠标右键，在弹出的快捷菜单中单击"图片另存为"菜单项，如图 2-13 所示，打开"保存图片"对话框，指定图片保存的位置和图片的名称，单击"保存"按钮即可保存图片。

3. 从源地址下载图片

对于网页中无法下载的图片，可单击浏览器中"查看"菜单中的"源"命令，在打开的源文件中查找.jpg，即可找到图片文件所在的网页地址，将源文件中代码 objURL 或 img src＝或 src＝后双引号内的地址复制后粘贴到浏览器的地址栏中，即可直接访问源图片文件并下载。

图 2-12　图片搜索结果页面

图 2-13　保存图片的操作

2.3.4　信息获取导学实验05——下载音频文件

实验目的

掌握从网络上下载音频文件的方法,能有效地从网络上下载所需要的音频文件。

实验要求

从网络上下载需要的音频文件,并保存到相应的位置。

操作步骤

1. 打开百度搜索引擎搜索音频文件

在百度首页中,单击"音乐"超链接,进入音频文件的搜索状态,在文本框中输入要搜索的音频文件的名称,如"北京欢迎你",单击"百度一下"按钮,会在结果页面中出现搜索到含有该名称的音频文件的超链接,如图 2-14 所示。

图 2-14　音频文件的搜索结果页面

2. 下载音频文件

在搜索结果页面中,单击歌曲名称右边的下载标记(或单击歌曲名称,在打开的页面中单击"下载"按钮),在打开的"下载_百度音乐"窗口中单击"下载"按钮下载该音频文件,选择合适的保存位置以在计算机中保存该音频文件。

2.3.5   信息获取导学实验 06——下载软件

实验目的

掌握从网络上下载免费软件的方法,并能从权威网站中下载软件。

实验要求

从网络上下载免费软件,并在计算机中安装该软件。

操作步骤

1. 打开百度搜索引擎搜索软件

在百度首页的网页搜索状态下,在文本框中输入要搜索的软件名称,如压缩软件
"WinRAR 下载",单击"百度一下"按钮,打开搜索结果页面,如图 2-15 所示。

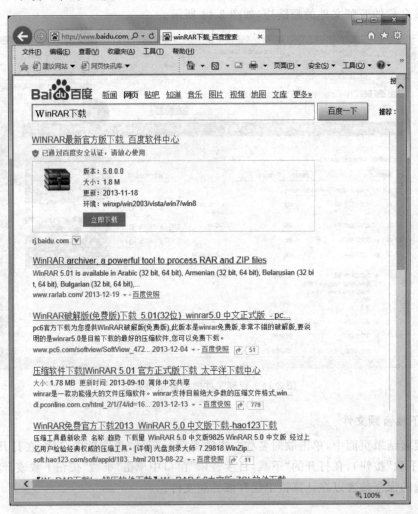

图 2-15   WinRAR 搜索结果页面

2. 下载软件

在搜索结果页面中,单击第一个搜索结果超链接的"立即下载"按钮(或单击其他搜索到的结果页面超链接,在新打开的页面中找到"下载"按钮,并单击下载)进行下载,下载前先选择文件保存的位置。

3. 安装软件

下载完毕后,双击该文件在计算机中安装该软件。

实验总结与反思

从网络上下载软件时,应从可靠的网站中下载,以确保下载软件的安全性和可靠性。

2.3.6 信息获取导学实验07——指定下载文件类型

很多有价值的资料都是以文件的形式存在于互联网上的。百度搜索引擎支持对 Adobe PDF 文档、Word、Excel、PowerPoint、RTF 文档进行全文搜索。

实验目的

掌握从网络上下载指定类型文件的方法。

实验要求

从网络上下载有关"图像格式"的 PPT 文件。

操作步骤

(1) 打开百度搜索引擎。

(2) 单击百度搜索引擎中的"文库"链接,进入百度文库搜索界面,在搜索输入框中输入搜索关键词"图像格式",在文件类型中选择文档格式为 PPT,如图 2-16 所示,单击"百度一下"按钮即可找到符合条件的 PPT 文件,如图 2-17 所示。

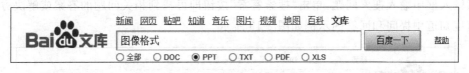

图 2-16　百度文库搜索设置

(3) 在搜索结果页面中,单击需要的搜索结果的超链接,在新窗口中打开搜索结果文档并查看,如果需要保留该文档,则单击该页上的"下载"按钮下载该文档。

通过百度文库搜索到的文档中有些是可以免费下载的,有些则需要注册为百度用户,登录百度文库并需要相应的财富值才能下载。

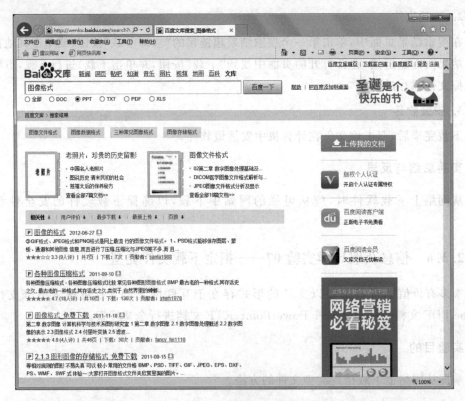

图 2-17　指定文件类型的搜索结果

2.3.7　信息获取导学实验 08——利用问答类工具提问获取信息

在网络上有时会找不到一些问题的现成答案,此时可以使用问答类工具寻求网友帮助。百度知道就是一种基于提问和回答的方式获取信息的工具,利用"百度知道"获取问题答案或问题解决方案的操作过程如下。

(1) 打开百度搜索引擎。

(2) 单击百度搜索引擎中的"知道"链接,进入百度知道搜索界面,如图 2-18 所示,在搜索输入框中输入搜索问题,单击"搜索答案"按钮即可找到相关问题的答案或解决方案。在百度知道中提问和回答的示例如图 2-19 所示。

图 2-18　百度知道搜索界面

2.3.8　信息获取导学实验 09——提取图片上的文字

在文档处理中有时会需要将图片上的文字内容复制出来进行编辑,若参照图片内容

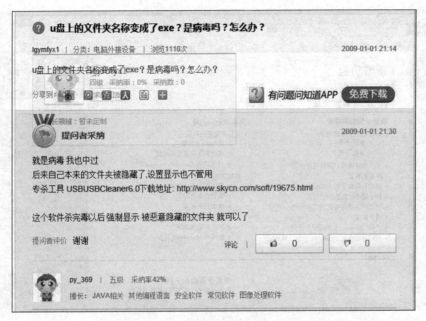

图 2-19 百度知道中的提问和回答

录入文字,不仅费时费力还易出错,这时可以利用 Microsoft Office 2010 所带的工具软件 Microsoft OneNote 2010 轻松地将图片上或数码照片上的文字转换为文本文字。

实验目的

掌握提取图片上文字的方法。

实验要求

实验素材为随书光盘中"信息获取导学实验\文字图片.jpg",提取"文字图片.jpg"上的文字。

操作步骤

(1)启动 Microsoft OneNote 2010。

选择"开始"|"所有程序"|Microsoft Office|Microsoft OneNote 2010,打开 Microsoft OneNote,如图 2-20 所示。

(2)新建页面。单击图 2-20 中"新页"后的三角形箭头按钮,在打开的下拉列表中单击"新建页面"命令,新建一个页面。

(3)插入要提取文字的图片。在新建页面中,单击"插入"选项卡中"图像"组的"图片",打开"插入图片"对话框,从中选择随书光盘中"信息获取导学实验\文字图片.jpg",单击"插入"按钮,可将带文字的图片插入到新建页面中。

(4)提取图片上的文字。选中插入的带文字的图片,在该图片上单击鼠标右键,在弹出的快捷菜单中单击"复制图片中的文本"命令,如图 2-21 所示,打开 Word 软件,新建一

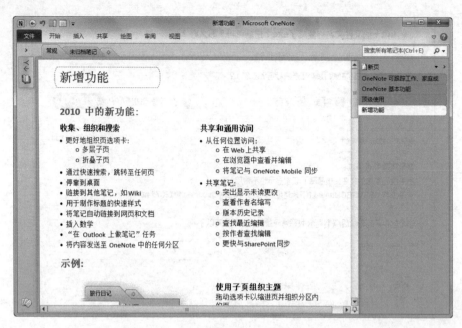

图 2-20　Microsoft OneNote 窗口

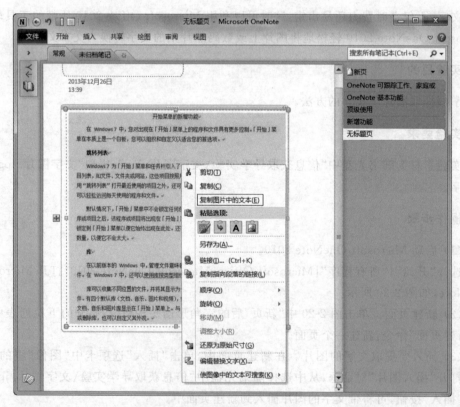

图 2-21　提取文字的操作

个 Word 文档,单击"开始"选项卡的"剪贴板"组的"粘贴"下的三角形按钮,在打开的列表中单击"只保留文本"命令,即可将图片中的文字复制到 Word 文档中。

注意:从图片中提取出来的文本信息可能与图片上的文字有些差异,因此需要用户仔细校对从图片中提取的文字信息。

小　　结

本章主要介绍了利用 SnagIt 软件抓取图像(包括窗口中的对象、菜单、区域等)、窗口中的文本、视频等信息的方法;也介绍了通过搜索引擎下载文本、图像、音频、软件等的基本方法。抓图方法和搜索引擎有很多,由于篇幅限制,这里不一一介绍,读者可以通过网络或其他书籍了解相关工具的使用,并根据需要,选择合适的工具达到既定的目标要求。

第 3 章　文档制作与处理

本章学习目标

理解 Word 中的基本概念；掌握基础文字处理及排版操作；掌握长文档、论文类工作文件的排版方法；掌握 Word 2010 中的多种元素，如表格、数学公式、自选图形、文本框、项目符号和编号、题注和交叉引用的操作方法；根据应用场景使用主控文档、邮件合并的功能，并掌握对应的操作方法。

3.1　Word 概述

Word 是 Microsoft Office 办公套装软件的重要成员之一，是一个集编辑、排版和打印于一体，且"可见即可得"的文字处理系统。作为目前最流行的文档处理工具，熟练掌握其常用功能的使用是学习和工作的必备技能。

Word 不仅可以进行文字的处理，还可以将文本、图像、图形、表格、图表混排于同一文件中，创建出一个美观的、符合用户要求的文稿。与之前的版本相比，Word 2010 还增加了包括 Backstage 视图以及为文本图形提供艺术效果等多种新功能。

在 3.3 节中通过 12 个实用的导学实验，介绍了 Word 2010 的基本功能及操作流程，以便轻松快速地掌握 Word 2010 的使用方法和基本操作技能。

3.1.1　Word 工作界面

(1) 启动 Word 后，便出现了 Word 窗口——工作界面，如图 3-1 所示。

(2) Word 2010 工作界面由标题栏、快速访问工具栏、功能区、文档编辑区、滚动条、状态栏、视图切换和缩放滑块等组成，启动 Word 后的默认选项卡包括"文件"、"开始"、"插入"、"页面布局"、"引用"、"邮件"、"审阅"、"视图"等。

① 标题栏：显示正在编辑的文档的文件名以及所使用的软件名。

② 快速访问工具栏：常用命令位于此处，例如"保存"、"撤销"、"打印预览"等，通过其中的 ▼ 按钮可将常用命令添加到该工具栏中。

③ 功能区：工作时需要用到的命令位于此处。功能区的命令与其他软件中的"菜单"或"工具栏"相同，根据打开的选项卡不同，功能区的命令也不同。

打开"文件"选项卡可查看 Backstage 视图，在其中可以管理文件，包括创建、保存、检查隐藏元数据或个人信息以及设置选项等。

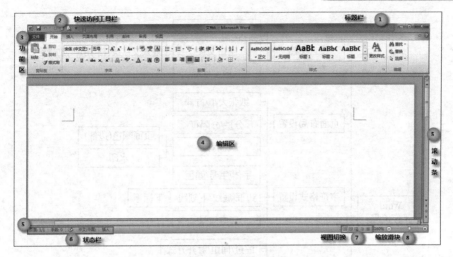

图 3-1　Word 2010 界面

④ 编辑区：显示正在编辑的文档。

⑤ 滚动条：包含水平滚动条和垂直滚动条。

⑥ 状态栏：显示正在编辑的文档的相关信息，包括页码、字数统计信息以及输入法等。

⑦ 视图切换按钮：用于更改当前的显示视图，视图类型包括页面视图（默认）、阅读版式视图、Web 版式视图、大纲视图、草稿。

⑧ 缩放滑块：调整正在编辑的文档的显示比例设置，分别单击⊖和⊕按钮，可以缩小或放大当前的显示比例，单击百分比可打开"显示比例"对话框更精确地设置显示比例。

3.1.2　创建 Word 文档的基本流程

创建 Word 文档的基本流程如图 3-2 所示。

1. 新建文档

在 Word 2010 中新建文档可通过以下三种方法实现。

（1）启动 Word 时，Word 会自动建立一个文件名为"文档 1.docx"的空白文档。

（2）单击"文件"|"新建"命令，选择空白文档，单击右下方的"创建"按钮。

（3）单击 Word 软件左上角快速访问工具栏中的"新建文档"按钮📄。

"文件"选项卡的"新建"项提供了众多模板，包括报表、表单、合同、信函等，用户可以根据需要基于已有模板建立文档，这样可以大大提高效率。

在 Word 2010 中输入文字时常用的文本编辑按钮在"开始"选项卡和快速访问工具栏中。

① 选取文本：拖动鼠标选中文本块。

② 移动：先"剪切✂"文本块，再"粘贴📋"到指定位置。

③ 复制：先"复制📋"文本块，再"粘贴📋"到指定位置。

④ 删除：按 BackSpace 键删除光标前的字符，按 Delete 键删除光标后的字符。

⑤ 撤销：撤销错误的操作↩。

⑥ 恢复：更正撤销操作↪。

⑦ 文本的查找和替换——位于"开始"选项卡的"编辑"工具栏，查找可以分别进行简

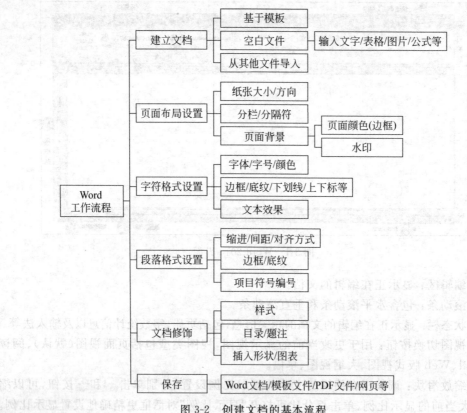

图 3-2　创建文档的基本流程

单查找、高级查找及定位,执行高级查找和"替换"操作将自动打开"查找和替换"对话框。

2. 页面布局设置

打开"页面布局"选项卡,显示页面设置和背景设置的工具栏,如图 3-3 所示,可以分别单击"文字方向"、"页边距"、"纸张方向"、"纸张大小"、"分栏"等各项下方的下拉箭头进行设置,也可以直接单击右下方的 按钮打开"页面设置"对话框进行设置。

图 3-3　"页面设置"工具栏

该选项卡中还包含"页面背景"工具栏,在其中可以分别设置页面颜色、页面边框、水印等。

3. 字符格式设置

打开"开始"选项卡,在"字体"工具栏(如图 3-4 所示)中分别设置:字体、字号、字体颜色、下划线、着重号、上下标等内容,或单击右下角按钮打开"字体"对话框,进行更详细的设置。与以前的版本相比,Word 2010 提供了多种文本效果供用户选择,用户还可以自定义文本效果。

4. 段落格式设置

打开"开始"选项卡,在"段落"工具栏(如图 3-5 所示)中分别设置:项目符号和编号、缩进格式、对齐方式、行距、段前段后间距等内容,或单击右下角的按钮打开"段落"对话框,进行更全面的设置。

图 3-4 "字体"工具栏 　　　　　　　图 3-5 "段落"工具栏

5. 文档修饰

在 Word 文档编辑完成后还可以通过标题样式、插入目录/题注、插入形状和图表等修饰文档,样式在"开始"选项卡中,用户可以选择已有样式或自定义标题样式。在长文档或论文管理中需要插入目录或题注,插入目录或题注的命令在"引用"选项卡中。为使文档达到图文并茂的效果,可以通过"插入"选项卡,在文档中插入多种形状或图表等来修饰文档。以上这些修饰技能在后续导学实验中均提供了专项训练导学实验。

6. 保存文档

(1) 首次保存或编辑过程中保存文档,选择"文件"|"保存"命令或单击快速访问工具栏中的"保存"按钮█。

(2) 更改名称、位置或类型,选择"文件"|"另存为"命令,打开"另存为"对话框,如图 3-6 所示,在其中分别设置保存位置、文件名、保存类型。在 Word 2010 中还可以直接将文档保存为 PDF、XPS、网页等多种类型。

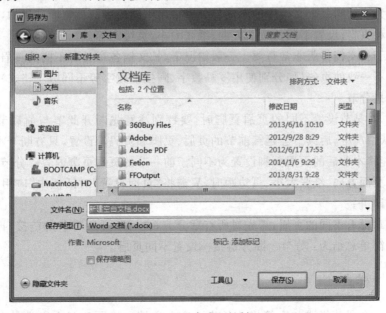

图 3-6 "另存为"对话框

3.2　Word 基本知识

3.2.1　页眉、页脚

页眉和页脚通常显示文档的附加信息,如时间、日期、页码、单位名称、徽标等。其中,页眉在页面的顶部,页脚在页面的底部。

打开"插入"选项卡,从"页眉和页脚"组中可以选择插入页眉、页脚或页码。插入页眉页脚时正文区域的文字变为灰色,表示不可编辑,在页眉或页脚编辑区域可以输入文字和字符、插入 Logo 图片等。在编辑页眉和页脚时,会自动出现"设计"选项卡,单击该选项卡中的"关闭页眉和页脚"按钮,返回正文编辑状态,此时页眉页脚文字变为灰色,不可编辑。再次编辑页眉页脚时,只需双击任意一页页眉页脚处的灰字区域即可。

在 Word 中还可以为奇偶页设置不同的页眉页脚,并可以做到首页不同。在"设计"选项卡的"选项"组勾选对应的选项设置即可。如果要在文档不同位置设置不同的页眉页脚,则需要首先进行分节操作,3.2.2 节将具体介绍分节的概念。

页码是 Word 中的域,它会根据文档大小自动显示页号,页码一般插入在页眉或页脚的某个位置,注意不要自己输入,否则页码不会自动按页数更新。

3.2.2　分隔符

Word 中的分隔符包括分页符、分栏符、分节符。分页符是标记一页的终止,开始下一页的点,即将其之后的内容强行分到下一页。分栏符指示其后的文字从下一栏开始,分栏符适用于已进行分栏后的文档。

分节是为了对同一个文档中的不同部分可采用不同的版面设置而采用的,例如,设置不同的页眉和页脚;设置不同的页面方向、纸张大小、页边距等。

分节对于长文档排版非常重要。一般情况下,长文档各章具有不同的页眉,前言和正文分别采用不一致的页码(如分别使用罗马数字、阿拉伯数字等不同数字格式),实现这些工作的前提是分节。

分节后,对某节设置不同的页眉页脚时,要特别注意先断开此节与前后节的链接关系,因为默认情况下,后续节会延续前节的页眉、页脚和页码等设置,只有断开本节与前节的链接,才能将本节后的页眉页脚设置为不同于前一节的页眉页脚内容。分节后,对某节设置不同的页面方向、纸张大小、页边距时,只需将"页面设置"对话框中"应用于"选项设置为"本节"即可。

如果每章都有不同的页眉,需先对所有章分节,之后断开所有节的链接,再设置各节页眉内容。简单总结为:分节—断开链接—设置不同页眉。

3.2.3　样式

样式是一套段落格式和字符格式的集合。在文档中标题和正文通常具有不同的格式,为保持整个文档排版统一,同级标题格式应相同,此时就可以使用样式。

使用样式可以使排版工作事半功倍,主要表现在以下几点。

(1) 省时省力——用样式修饰文字,一次完成若干操作的集合(如字体、字号、字形、颜色、缩进、行间距、段前段后距离、对齐方式、边框、底纹、加粗等)。

(2) 省心——由于样式会一直保存在文档中,即使若干年后再处理以前的文档,还可使用该样式。

(3) 快速更改——若想改变一本书稿中所有节标题的字体或字号,直接修改修饰节标题所用的样式即可更改所有使用该样式的标题。若在文档中手动查找更改,不仅费时费力,而且极易漏改。

(4) 步调一致——若干人合作的文档,若使用了相同的样式,统稿至一个文档时不仅方便、快捷,不必重新修改,更重要的是风格相同,整齐划一。

Word 中提供了很多样式,打开"开始"选项卡,在"样式"组显示了默认的推荐样式,用户可以直接选择所需样式,也可直接在原有样式上单击右键修改,或者自定义样式。

3.2.4　模板

模板是一种特殊的文件。它提供了一个集成的环境,供格式化文档使用。模板可以包含样式、宏、域、自动图文集、自定义工具栏等元素。前面讨论了使用样式的众多益处,如果要将一整套自定义的样式保存下来,供以后处理同类文档使用,模板则是一个最佳载体。

使用模板可以高效地排版和管理文档,主要表现在以下几点。

(1) 规范化管理的手段——如一个企业,可以将标书、企划报告、工作汇报、各种报表等按要求格式自定义样式后保存为模板文件发给下属部门,经各部门撰写并按指定样式修饰后,返回的文件显示或打印出来均为统一的风格,体现了企业的规范性。

(2) 高效率工作的保障——基于模板编写的文档,由于其格式统一,因此汇总后的文档格式整齐划一,可以有效提高工作效率,避免修改格式的重复性劳动。

(3) 保护源文件不被改写——打开模板文件时,系统会自动生成新文档,不会由于误操作导致模板文件被更改。模板文件区别于普通文件的标志是文件类型,即一般用文件扩展名区分,模板文件的扩展名为 dotx,而普通文档的扩展名为 docx。本书提供的导学实验中的文件均以模板文件类型保存。

3.3　Word 导学实验

3.3.1　Word 导学实验 01——制作简单 Word 文档(字符、段落等)

实验文件

存放于随书光盘"Word 导学实验\Word 导学实验 01-邀请函"文件夹中。

实验目的

通过制作一个简单的邀请函文档,熟悉 Word 的工作界面,了解创建文档的过程,掌握基本的文本编辑和排版操作、插入图片以及设置图片格式的方法。

实验要求

制作如图 3-7 所示的一份邀请函,具体操作要求如下。

图 3-7 "邀请函"样例

(1) 页面设置为 A5,横向;页边距为 2cm。

(2) 标题"邀请函"为"华文行楷"、初号字、加粗、居中,文本效果为"填充-红色,强调文字颜色 2,双轮廓";其余文字为"华文新魏"、二号字、加粗、紫色;正文中的被邀请人姓名"张三"添加"下划线"。落款文字右对齐。

(3) 第 2、3 段,首行缩进 2 字符。

(4) 插入图片,设置图文叠加效果,调整图片大小。

(5) 设置"艺术型"页面边框。

解决思路

新建一个空白 Word 文档。输入文字内容,按操作要求,分别进行页面、字符及段落格式设置,并通过插入图片及增设页面边框等技术来美化文档,预览文档整体效果并保存文档。

操作步骤

1. 新建空白 Word 文档

随书光盘里提供了包含文字的邀请函文档,用户可直接基于该文档完成后续步骤。

2. 页面设置

单击"页面布局"选项卡"页面设置"组右下角的 按钮，打开"页面设置"对话框，如图 3-8 和图 3-9 所示，设置纸张大小、页边距及方向。用户也可以分别单击"页面设置"组中的"页边距"、"纸张方向"、"纸张大小"进行逐一设置。

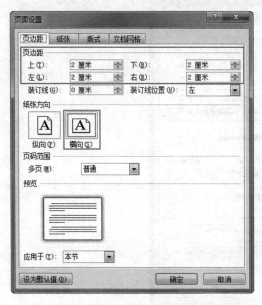

图 3-8 设置页边距及纸张方向

图 3-9 设置纸张大小

3. 字符格式设置

利用"字体"工具栏，如图 3-10 所示，完成文本格式的设置，当鼠标置于该工具栏的不同按钮上时会自动显示提示文字。

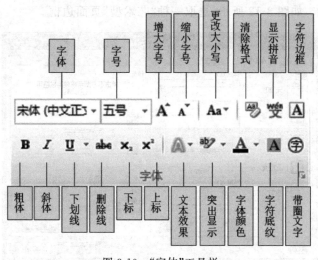

图 3-10 "字体"工具栏

4. 段落格式设置

选中第2、3段,单击"开始"选项卡"段落"组右下角按钮打开"段落"对话框,如图3-11所示,在"特殊格式"列表中单击"首行缩进",磅值设置为2字符。

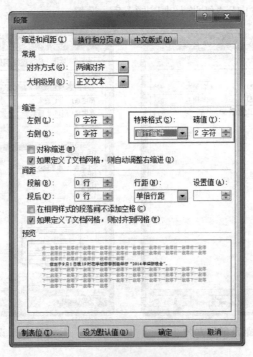

图 3-11   首行缩进

5. 设置页面边框。

单击"页面布局"选项卡"页面背景"组中的"页面边框",打开"边框和底纹"对话框的"页面边框"选项卡,如图3-12所示,选取一种"艺术型"页面边框。

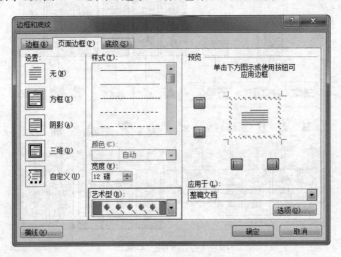

图 3-12   页面边框

6. 插入图片实现图文混排的效果

（1）打开"插入"选项卡，单击"插图"组的"图片"按钮，打开"插入图片"对话框，如图 3-13 所示，选取图片文件，将其插入到本文档中（简便的方法：选中图片图标，右键单击"复制"命令，回到 Word 文档中进行粘贴）。

（2）选中文档中的图片，打开"格式"选项卡，单击"排列"组的"自动换行"按钮，选择"衬于文字下方"的环绕方式，如图 3-14 所示。

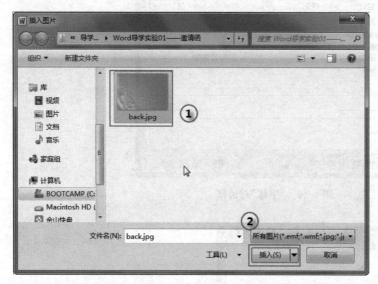

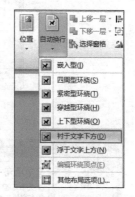

图 3-13　选取图片文件　　　　　图 3-14　设置图片环绕方式

（3）用鼠标拖动图片四周的控制点来调整插入图片的大小及位置。

7. 打印预览文档的效果

通过快速工具栏中的"打印预览"按钮，对照样例图片，观察文档的制作效果。

实验总结与反思

1. 文本效果的设置

在 Word 2010 中除了提供多种文本效果供用户选择外，用户还可以分别从轮廓、阴影、映像、发光等方面自行设置文本效果，丰富的设置选项可以实现更好的视觉效果，如图 3-15 所示。

单击"字体"组右下角的按钮打开"字体"对话框，如图 3-16 所示，单击"文字效果"按钮，打开"设置文本效果格式"对话框，如图 3-17 所示，可通过左侧的 7 个选项，对文本效果进行更详尽的设置。图 3-18 显示了一个文本效果示例，该示例的文本填充为"红日西斜"，并设置了阴影、映像、发光效果的预览效果。

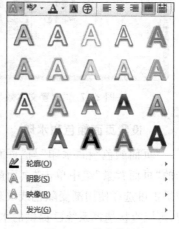

图 3-15　文本效果

图 3-16 "字体"对话框

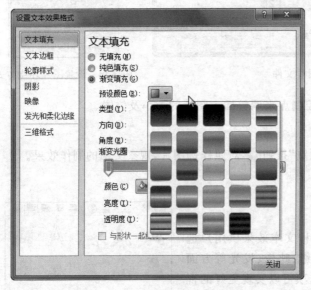

图 3-17 "设置文本效果格式"对话框

图 3-18 文本效果预览

2. 设置页面颜色和水印

"页面颜色"和"水印"与"页面边框"同属于页面背景的设置类别,在"页面布局"选项卡的"页面背景"组中单击"页面颜色",如图 3-19 所示,可以设置不同的页面颜色,在填充效果中可选择使用渐变颜色或纹理、图片等作为页面颜色。单击"页面背景"组的"水印"按钮,可以直接选择系统已提供的水印样式,也可以单击"自定义水印"按钮,打开如图 3-20 所示的"水印"对话框,从中设置使用图片水印还是文字水印,以及水印的显示格式。

图 3-19　设置页面颜色

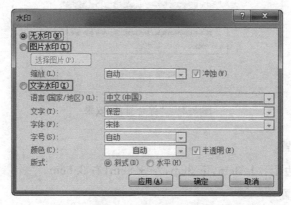

图 3-20　"水印"对话框

如果用同一张图片作为页面背景图或水印图片,二者显示出的效果是不同的。背景图片会按原图显示,而水印图片则按已经过处理的效果显示,会比原图颜色更浅。

3.3.2　Word 导学实验 02——综合排版技术(图文混排、艺术字等)

实验文件

存放于随书光盘"Word 导学实验\Word 导学实验 02-乌鸦喝水"文件夹中。

实验目的

此实验为 Word 综合排版实验。在了解和掌握了 3.3.1 节所述的基本排版技术的基础上,增加了对图文混排、艺术字的要求。通过综合排版训练,全面掌握 Word 排版技术,学会综合运用页面、版面、字符、段落、页眉、图片及艺术字等技术手段修饰美化文档。

实验要求

对照如图 3-21 所示的样文,进行下列格式设置。

图 3-21　"综合排版"效果

1. 页面格式设置

纸张为 A4,页边距:上 3cm,下 3cm,左 3.5cm,右 3.5cm。

2. 字符格式设置

(1) 全文字号为"四号",最后一个自然段字体为"隶书",其余自然段字体为"楷体"。

(2) 第 2 自然段中的"迫不及待"加着重号。

(3) 第 3 自然段中的"涨高"提升 3 磅,"灵机一动"加边框和 15％的底纹。

(4) 第 4 自然段中"最甘甜的水"下方加蓝色波浪线。

3. 段落格式设置

(1) 全文所有自然段首行缩进两个字符。

(2) 第 1 自然段段前、段后各空 1 行。

(3) 第 3 自然段的首字下沉两行。

(4) 第 5 自然段左、右各缩进 2.5 字符,并加阴影边框。

4. 版面格式设置

(1) 第 2～4 自然段分为两栏,栏间距为两个字符。

(2) 添加页眉文字"寓言故事"。

5. 图文混排

(1) 插入图片,并按样文所示调整其位置和大小。

(2) 将标题"乌鸦喝水"设置为艺术字:选择"艺术字库"中第 4 行第 1 列式样,字体为

"华文新魏",加粗;文字环绕方式改为"紧密型环绕";形状为"左牛角形";文本填充为"碧海青天",逆时针旋转。

解决思路

打开已有 Word 文档。按操作要求,进行页面、字符、段落、边框和底纹等格式设置,将指定段落设置为分栏版面,插入图片并设置为图文混排效果,将文章题目文字制作为艺术字效果,预览文档整体效果并保存文档。

操作步骤

(1) 打开已有 Word 文档(原文位于 Word 导学实验\Word 导学实验 02-乌鸦喝水.dotx)。

(2) 页面格式设置。

打开"页面布局"选项卡,通过"页面设置"组进行页边距(上 3cm,下 3cm,左 3.5cm,右 3.5cm)和纸张的设置(Word 默认纸张大小为 A4 且"纵向"),方法与 3.3.1 节所述相同。

(3) 字符格式设置。

利用"开始"选项卡"字体"组的对应按钮完成正文文字的"字号"、"字体"、"加粗"等格式设置。

着重号和文本提升效果均通过"字体"对话框设置,方法是单击"字体"组右下角的 按钮打开"字体"对话框,在"字体"选项卡中设置着重号,如图 3-22 所示;在"高级"选项卡中设置文本提升效果,如图 3-23 所示。

图 3-22 设置着重号

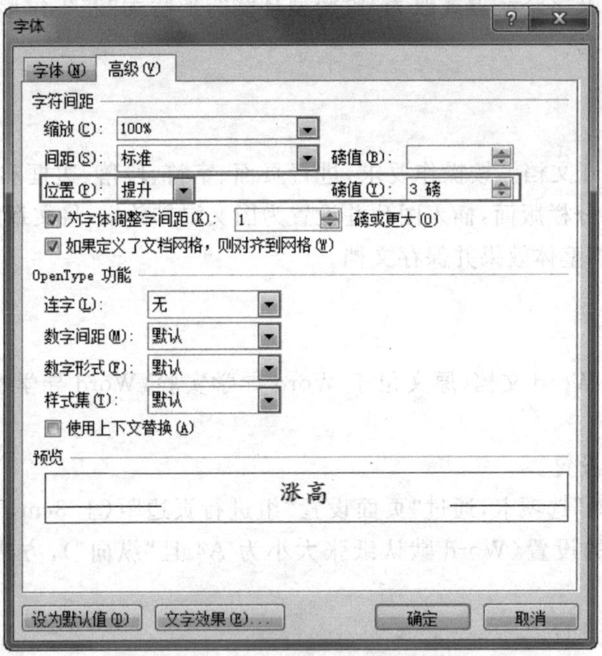

图 3-23　设置文本提升效果

设置字符的边框和底纹需打开"页面布局"选项卡,单击"页面背景"组的"页面边框"按钮,打开"边框和底纹"对话框,在"边框"选项卡中设置边框格式,如图 3-24 所示,在"底纹"选项卡中设置底纹样式,选择"深色 15％",如图 3-25 所示。

图 3-24　设置字符边框

为文字添加蓝色波浪形下划线,打开"开始"选项卡,单击"字体"组的"下划线"按钮右侧的三角形箭头按钮,即可从中设置下划线的类型及颜色,如图 3-26 所示。

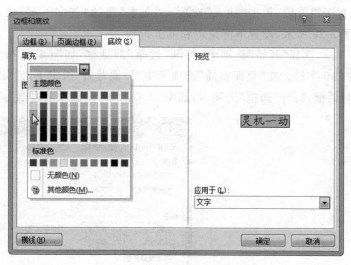

图 3-25　设置字符底纹

（4）段落格式设置。

① 首行缩进格式设置通过单击"开始"选项卡"段落"组的右下角按钮，打开"段落"对话框，在"特殊格式"中设置，与 3.3.1 节实验中所用方法相同。

② 光标置于第 1 段，选择"开始"选项卡，打开"段落"对话框，如图 3-27 所示，设置间距：段前 1 行，段后 1 行。

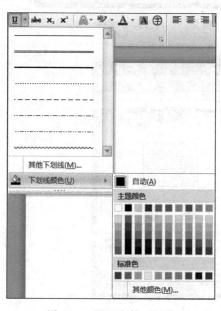

图 3-26　设置字符下划线

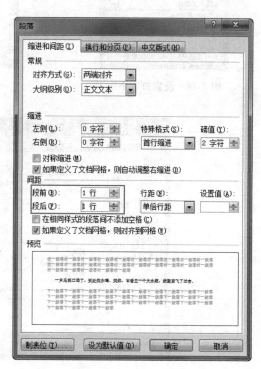

图 3-27　设置段间距

③ 将光标置于第 3 段，单击"插入"选项卡"文本"组的"首字下沉"项，打开"首字下沉"对话框，如图 3-28 所示，设置下沉位置和下沉行数。

④ 选中第 5 段，选择"开始"选项卡，打开"段落"对话框，如图 3-29 所示，设置缩进：左 2.5 字符，右 2.5 字符。在"页面布局"选项卡中"页面背景"组中单击"页面边框"，打开"边框和底纹"对话框，打开"边框"选项卡，如图 3-30 所示，设置段落边框为"阴影"。

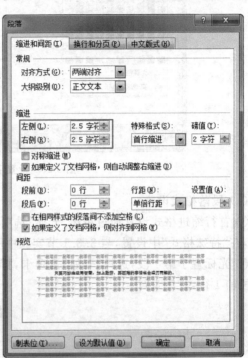

图 3-28 设置首字下沉

图 3-29 设置左右缩进

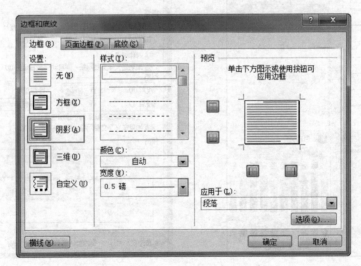

图 3-30 设置段落边框

（5）版面设置。

① 选中第 2～4 段，选择"页面布局"选项卡，在"页面设置"组中单击"分栏"打开"分栏"对话框，如图 3-31 所示，单击"预设"栏数为"两栏"，调整栏间距为"2 字符"。

图 3-31 "分栏"对话框

② 选择"插入"选项卡，在"页眉和页脚"组中单击"页眉"项，从打开的下拉列表中单击选择"空白"式页眉，进入页眉页脚的编辑状态，输入页眉文字"寓言故事"，如图 3-32 所示。设置完成后，单击"设计"选项卡中的"关闭页眉和页脚"按钮，退出页眉编辑状态。

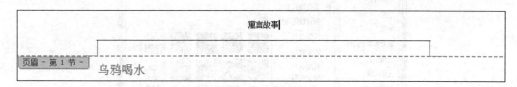

图 3-32 "页眉"编辑区

（6）图文混排。

① 单击"插入"|"插图"|"图片"命令，插入图片"乌鸦喝水.jpg"。选中图片，单击"页面布局"选项卡"排列"组中的"自动换行"按钮，在打开的下拉列表中选择"四周型环绕"方式，调整图片的大小及位置。

② 选中"乌鸦喝水"文字。单击"插入"|"文本"|"艺术字"命令，在"艺术字库"下拉列表框中，选取预设样式（第 4 行，第 1 列）；设置字体为：华文新魏、加粗。

③ 单击选中文档中的艺术字，选择"格式"选项卡，在"艺术字样式"组中单击"文本效果"|"转换"命令，选择"左牛角形"，如图 3-33 所示。在"排列"组中单击"自动换行"按钮，选择"紧密型环绕"方式，如图 3-34 所示。

选中艺术字，单击"艺术字样式"组右下角的按钮，在打开的"设置文本效果格式"对话框中设置"文本填充"为预设样式中的"碧海青天"，如图 3-35 所示，选中艺术字，鼠标置于上方绿色旋转按钮处，拖动鼠标完成逆时针旋转，如图 3-36 所示。

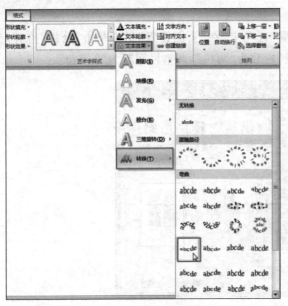

图 3-33 设置艺术字形状　　　　　　　　　　图 3-34 设置"艺术字"的环绕方式

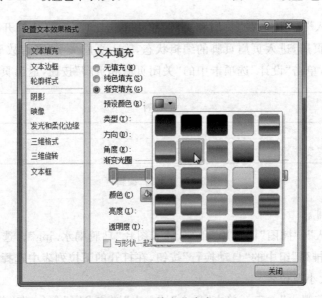

图 3-35 填充艺术字

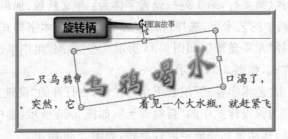

图 3-36 旋转艺术字

实验总结与反思

1. 艺术字的图片填充

Word 2010 中的艺术字格式包含形状和文本两个方面,可分别从这两方面进行设置,例如形状填充和文本填充等。插入艺术字后并选中该艺术字,打开"格式"选项卡,通过"艺术字样式"组的"文本填充"设置不同的填充色,但无法填充图片。通过"形状样式"组的"形状填充"则可以填充图片。

例如,在空白文档中插入艺术字"荷塘月色",将其文本填充效果设置为预设的"彩虹出岫Ⅱ",如图 3-37 所示;运用形状填充,设置填充为图片"荷花.jpg",得到如图 3-38 所示的效果,图片填充了艺术字的背景,而不是艺术字本身。

图 3-37 文本填充效果

图 3-38 形状填充为图片

那么如何得到如图 3-39 所示用图片填充的艺术字呢? 由于在 Word 2003 中可以设置艺术字的填充效果为图片,因此可以采用变通的方法达到预期效果。操作步骤如下。

(1) 新建一个 Word 空白文档,单击"文件"|"另存为"命令,如图 3-40 所示,选择保存类型为"Word 97-2003 文档(*.doc)"。

(2) 打开新保存的空白文档(扩展名为 doc),单击"插入"|"文本"|"艺术字"命令,可以看到如图 3-41 所示的艺术字库,从中单击需要的样式后,打开"编辑艺术字文字"对话框,如图 3-42 所示,在其中输入"荷塘月色",设置为字体为"华文行楷",加粗。

图 3-39 图片艺术字的效果

(3) 选中艺术字,打开"格式"选项卡,单击"艺术字样式"组中"形状填充"后的三角形按钮,在打开的下拉列表框中单击"图片",打开"选择图片"对话框,从中选择"荷花.jpg",即可实现图片填充效果的艺术字。

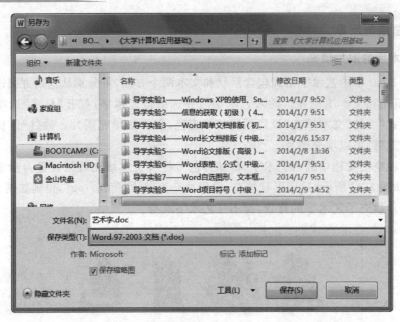

图 3-40 "另存为"对话框更改保存类型

图 3-41 艺术字字库

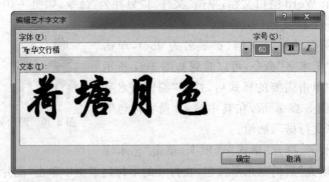

图 3-42 "编辑艺术字文字"对话框

2. 查找和替换

如果要为上述文档中的"乌鸦"添加一个英文说明,即将"乌鸦"改为"乌鸦(crow)",该如何操作呢?由于文档中的"乌鸦"一词出现了很多次,如果人工查找工作量大,而且极易漏改,此时可以使用查找和替换功能。

打开"开始"选项卡,在"编辑"组中单击"替换"按钮,打开如图 3-43 所示的"查找和替换"对话框,在"替换"选项卡中分别输入"查找内容"和"替换为"的内容,单击"替换"按钮逐一替换,单击"全部替换"按钮一次性完成全部替换。

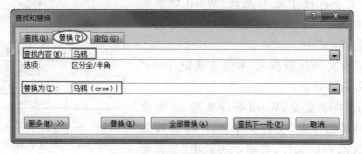

图 3-43 替换指定内容

注意:如果要求删除文中的某一个词,在"查找内容"处输入待删除的词,"替换为"处不输入字符即可达到删除的效果。

若查找指定的内容,则通过"查找"选项卡操作。"定位"选项卡可以按照页、节、书签等多种目标定位到指定位置,如图 3-44 所示,例如,只要选择"定位目标"为"页",然后输入对应的"页号"等即可完成快速定位。

图 3-44 查找和替换的"定位"选项卡

3.3.3 Word 导学实验 03——长文档排版

实际工作中遇到的小说排版、论文排版、标书排版以及书籍排版等都属于长文档排版。长文档排版都包括以下一些显著的特点:①不同的页眉(一般每章以该章的标题为页眉文字,便于读者快速查阅;书各章奇偶页的页眉不同,如奇数页眉为章标题,偶数页眉为书名;各章的首页不显示页眉页脚);②不同的页码(前言及目录部分页码用罗马数字,正文部分从第 1 页开始重新设置成阿拉伯数字,封面、封底没有页码);③有目录页;④有脚注或尾注;⑤标题文字与正文文字的字体、字号有所不同;⑥有不同的开本;⑦有插图。

利用文字处理软件对长文档排版时,需要根据文档中不同的页眉、页脚内容,对章节进行分节,然后分别插入不同的页眉文字或页码;为了提取目录,需对要在目录中出现的章节标题部分,用标题样式(如"标题1"～"标题9")进行修饰。

长文档排版步骤如图3-45所示。

实验文件

(1) 实验文字存放于随书光盘"Word 导学实验\Word 导学实验 03-长文档排版\Word 导学实验 03-木偶奇遇记.dotx"中。

(2) 参看"长文档排版参考-木偶奇遇记.dotx"文件,观察排版后的效果。

(3) "Word 导学实验\Word 导学实验 03-长文档排版\长文档排版作业"文件夹中包含 41 篇排版文字,按学号选取相应文件,参照本实验中"实验要求"或"Word 导学实验 03-长文档排版实验要求.dotx"独立完成长文档排版训练。

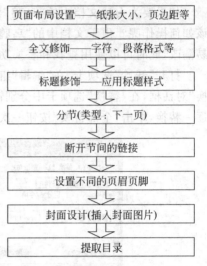

图 3-45　长文档排版主要步骤

实验目的

此实验为 Word 高级排版训练,通过对长篇文档的排版,了解分节的作用,掌握包括不同页眉、页脚、页码的设置方法,标题样式的应用,封面设计、目录的制作,添加超链接、尾注及脚注等排版技术。

实验要求

1. 页面设置

纸型:32 开;

页边距:上 2cm;下 1.7cm;左 1.5cm;右 1.5cm;

应用于:整篇文档。

2. 字符、段落格式

全文为楷体、小四号字;所有自然段首行缩进 2 字符;段前 0.5 行。

3. 修饰标题

用样式"标题1"修饰章标题(文档中已用红字标出),用样式"标题2"修饰节标题(文档中已用蓝字标出)。

4. 分节

在各不同部分间插入分节符,类型为:下一页。

5. 断开各节链接

为单独设置各部分的页眉、页脚做准备。

6. 设置不同页眉

不同章节设置不同的页眉文字,奇数页采用"章标题"作为页眉文字,偶数页采用文档标题作为页眉文字。

7. 添加不同页码

在页脚处添加页码(封面无页码;目录页码用罗马数字;正文页码用阿拉伯数字)。

8. 制作封面页

在封面上插入图片,将书名及作者名制作成艺术字置于图片之上,使封面图文并茂。

9. 插入目录页

自动生成对应的目录。

10. 制作文字或图片链接

在正文中每节内容结尾处,制作文字链接返回到目录页。

11. 插入脚注、尾注

在第1自然段结尾处插入脚注(或尾注),其文字为"你的中文姓名排版"(如张三排版)。

解决思路

打开长篇文档。按操作要求,依次进行如下操作:设置页面格式;设置字符和段落格式;用标题样式修饰标题文字;分节;断开页眉、页脚同前一节的链接;为各节添加不同的页眉和页码,页眉内容要与章节标题文字一致;设计封面页,其图片和艺术字为叠加效果;提取章节标题生成目录;利用书签和超链接实现本文档中文字间的跳转。

操作步骤

1. 页面设置

打开"页面布局"选项卡,按要求设置纸张大小和页边距。

2. 字符和段落格式设置

按要求设置文字字体、字号,段落缩进格式等。

3. 修饰标题

打开"开始"选项卡,在"样式"组中(如图 3-46 所示)选择用标题1样式修饰章标题文字。

图 3-46　样式组

4. 分节

长文档包括的区域有封面、目录、各章节。因此需要将这些区域分成不同的节,分节示意图如图 3-47 所示。

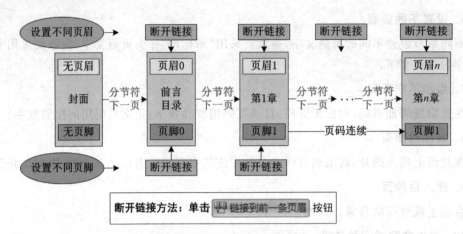

图 3-47　长文档分节及断开各节链接示意图

将光标定位到准备分节的位置,打开"页面布局"选项卡,在"页面设置"组中单击"分隔符"右侧下拉箭头,单击"分节符"中的"下一页",在目录和每章标题前插入分节符。

5. 断开各节链接

打开"插入"选项卡,单击"页眉和页脚"组中的"页眉",在打开的下拉列表中单击"编辑页眉"按钮,进入页眉和页脚的编辑状态,同时打开"设计"选项卡,如图 3-48 所示,选中"奇偶页不同"复选框,使其每章的奇数页和偶数页页眉不相同。

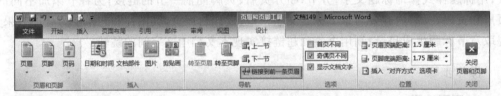

图 3-48　断开与上一节的链接

接下来完成断开链接操作,以便为单独设置各部分的页眉、页脚做准备。由于目录页与封面页的页眉、页脚均不同,因此在第 2 节的页眉和页脚处单击"链接到前一条页眉"按钮,去除"与上一节相同"的文字显示,这样即断开了与上节的链接。从小说内容开始仅奇数页页眉不同,因此第 3 节在奇数页和偶数页的页眉处需断开链接,之后每节仅在奇数页页眉处断开链接。

6. 不同章节设置不同的页眉文字

页眉文字的设置规则如下。

(1) 第 1 节为封面页,不设置页眉。

(2) 第 2 节为目录页,设置页眉文字为作者名"科洛迪"。

(3) 第 3 节为小说内容,奇数页页眉文字与章标题相同,偶数页页眉文字则为文档标题"木偶奇遇记"。

定位光标到不同节的页眉位置,按要求输入指定的页眉文字,文档内容部分每节的奇数页页眉需要重新指定,偶数页页眉则只需输入一次。

7. 添加页码

（1）第 1 节为封面内容，不设置页码。

（2）将光标置于第 2 节页脚处，在"插入"选项卡中，单击"页眉和页脚"组中的"页码"，选择在页面底端居中方式插入页码；在页脚中选中页码域，单击"页眉和页脚"组中的"页码"，在打开的下拉列表中单击"设置页码格式"命令，打开"页码格式"对话框，从中选择页码格式为罗马数字，起始页码从 1 开始，如图 3-49 和图 3-50 所示。

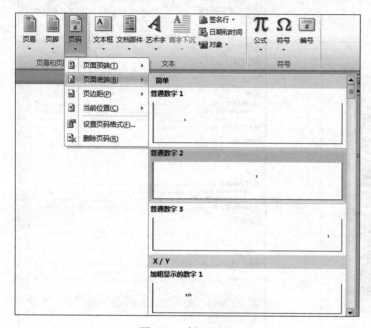

图 3-49　插入页码

图 3-50　设置"页码格式"

（3）将光标置于第 3 节页脚处，在"插入"选项卡中"页眉和页脚"组中单击"页码"，插入页码域。选中页码域，单击"页眉和页脚"组中的"页码"，在打开的下拉列表中单击"设置页码格式"命令，打开"页码格式"对话框，选页码格式 - 1 -，- 2 -，- 3 -，…，并选择"起始页码"单选按钮，使页码从"1"开始。

（4）后面各节页码连续，故不必断开链接，页码会自动接续前一节。

（5）单击"关闭页眉和页脚"按钮，回到正文编辑状态。

8. 封面设计

（1）将光标置于第 1 节，单击"插入"|"插图"|"图片"命令，打开"插入图片"对话框，从中选取相应的图片文件并插入，设置图片环绕为"衬于文字下方"，调整图片的大小及位置。

（2）单击"插入"|"文本"|"艺术字"命令，打开艺术字下拉列表，从中选取预设样式；编辑"艺术字"文字的内容，并设置字体、字号及字形。选中艺术字，通过"格式"|"排列"|"位置"命令将艺术字的环绕方式设为"浮于文字上方"，使艺术字与图片呈叠加效果，封面效果如图 3-51 所示。

9. 插入目录

（1）将光标置于第 2 页目录下的空行。

（2）在"引用"选项卡的"目录"组中单击"目录"下方的倒三角形按钮，单击"插入目录"命令，如图 3-52 所示，打开"目录"对话框，如图 3-53 所示，设置"显示级别"、"显示页码"及"前导符"等格式，这里保留默认设置，单击"确定"按钮。

图 3-51　封面设计效果

图 3-52　插入目录

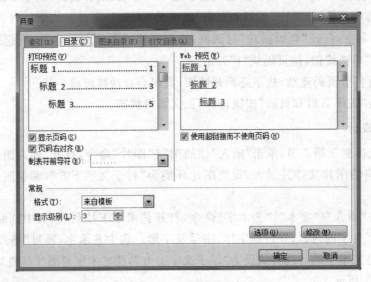

图 3-53　"目录"对话框

注意：目录与正文间存在链接关系，当文档内容、页数发生变化后，要更新目录，这时只需将光标置于目录中，右键单击目录，在打开的快捷菜单中单击"更新域"命令即可。

10. 制作书签

借助书签，实现返回目录页的超链接（若只做文字排版工作，不必完成该内容）。

（1）将光标置于目录页，单击"插入"|"链接"|"书签"命令，打开"书签"对话框，如图 3-54所示，输入书签名，如"目录页"，单击"添加"按钮。

（2）在每一节的结尾处，输入文字"返回目录"，选中该文字并右键单击，在打开的快捷菜单中单击"超链接"命令，打开"编辑超链接"对

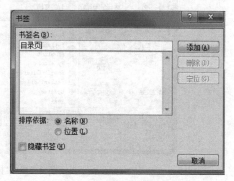

图 3-54 "书签"对话框

话框，如图 3-55所示，单击"本文档中的位置"，选择"书签"中的"目录页"，单击"确定"按钮，即可建立从输入文字到目录页的超链接。

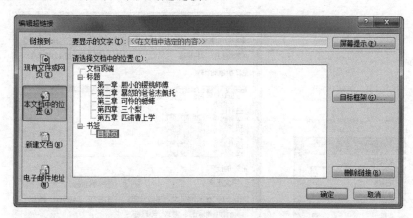

图 3-55 "编辑超链接"对话框

注意：除了链接到本文档的位置外，超链接还可以链接到网址、电子邮件或其他文档。例如，将文字链接到百度网址，可以选中文字"百度"，打开"插入"选项卡，在"链接"组中单击"超链接"按钮，打开"插入超链接"对话框，如图 3-56所示，在地址栏中输入网址后确定。

11. 脚注和尾注的插入

将光标置于封面页的作者名之后，打开"引用"选项卡，在"脚注"组中单击"插入脚注"，光标会自动定位到第一页末尾处，输入文字"意大利作家"。

将光标置于目录之后，单击"引用"|"脚注"|"插入尾注"命令，在文档末尾的"尾注"编辑区输入"发表于 1880年"。

实验总结与反思

（1）标题样式的管理。

"开始"选项卡"样式"组中默认的样式是按照推荐顺序排列显示的。用户可以自定义

图 3-56　"插入超链接"对话框

样式的显示,单击"样式"组右下角的按钮打开"样式"对话框,如图 3-57 所示,单击"选项…"按钮,可以设置显示的样式及排序方式。若选择要显示"推荐的样式",还可以单击"管理样式"按钮,打开"管理样式"对话框,通过显示和隐藏按钮进行更具体的设置。

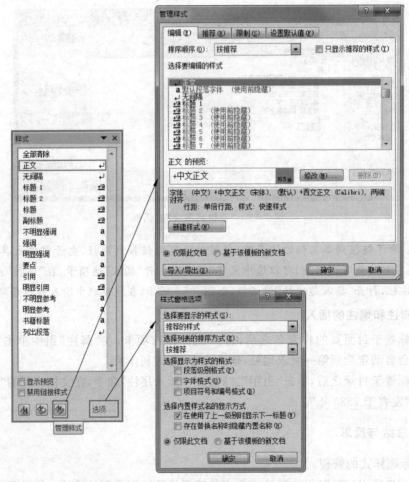

图 3-57　管理样式

（2）从上述的样例中可以看到有的章从奇数页开始，有的章则从偶数页开始。这是由于每章篇幅不同，因此每章不一定都从奇数页开始，在实际的书稿排版中通常要求每章均从奇数页开始，需要强制插入分页符，以保证每章均从奇数页开始。

（3）通常排版后的长文档小说是以 PDF 格式提供给读者阅读。Word 2010 可以很方便地将文档另存为 PDF 格式，单击"文件"|"另存为"命令，在"另存为"对话框中选择保存类型为"PDF（＊.pdf）"即可。

3.3.4　Word 导学实验 04——制作论文排版模板（自定义样式和模板）

学生在进行毕业论文排版时，面对论文格式要求的众多说明文件，常常手足无措，不知如何方便快捷地将要求的格式"套用"于自己的论文上，尽管学生在论文排版上花费了大量精力，但还难以达到标准。

如何方便快捷地完成论文（或标书类）的排版工作呢？本节导学实验将指导读者完成模板文件的制作，有了该模板文件，在任何时刻，只要双击该文件，即打开了拥有符合各种要求的一整套环境，只需在相应的部分输入论文内容，并用合适的样式修饰内容，即可高质量、高效率地完成论文排版工作。

实验文件

（1）本实验打开一个空白 Word 文档用于制作论文排版模板。

（2）参看随书光盘"Word 导学实验\Word 导学实验 04-制作论文排版模板\毕业论文排版参考.dotx"文件，观察论文排版的效果。

（3）"Word 导学实验\Word 导学实验 04-制作论文排版模板\毕业论文排版作业"文件夹中包含 42 篇排版文字，按学号选取相应文件，参照本实验中"实验要求"完成课后训练。

（4）打开文件夹中"拓展导学-党建模板.dotx"和"拓展导学-国庆 60 年模板.dotx"，分析该模板的制作过程。

实验目的

制作样式和模板——由于 Word 软件提供的样式不能满足论文格式要求，本实验根据论文格式要求创建相应的、全部的段落样式，并保存为模板文件。

使用样式和模板——课后用模板文件提供的环境修饰一篇论文，掌握模板和样式的使用方法，并体会模板和样式对管理工作的影响。

实验要求

（1）页面格式。

纸张大小：A4。

页边距：上 3cm、下 2.5cm、左 3cm、右 2.5cm。

装订线：1cm、左侧。

页眉：2cm。

页脚：1.7cm。

(2) 页眉、页脚格式设置。

① 页眉。

左侧内容为"北京联合大学"，格式：隶书、小五号、加粗。中间内容为"毕业设计"，格式：宋体、五号。

② 页码。

摘要和目录的页码格式为Ⅰ、Ⅱ等、字体为 Times New Roman、小五号、居中。正文内的页码格式为"-1-"、"-2-"等、字体为 Times New Roman、小五号、居中。

(3) 封面格式的效果，如表 3-1 所示。

表 3-1　毕业设计论文封面格式

设置对象	格　　式	
××××大学	华文行楷、二号、加粗、居中	
毕业设计(论文)	楷体_GB2312、初号、加粗、居中	
题目	宋体、小二、加粗、居中	
副标题	宋体、小二、加粗、居中	
××××大学图标	高度 6cm、宽度 6.05cm	
签名文字	宋体、小三、居中	
日期	数字字体为 Times New Roman、小三号 用阿拉伯数字填写 如：2010 年 7 月 1 日	

(4) 标题与正文格式，如表 3-2 所示。

表 3-2　各级标题和正文格式

自定义样式名	样　　式	说　　明
中文居中标题	宋体、小三、加粗、居中、段前 1 前、段后 1 行、行距 20 磅	套用于：摘要、引言、结论、致谢、注释、参考文献等标题文字
英文居中标题	Time New Roman、小三、加粗、居中、段前 1 行、段后 1 行、行距 20 磅	套用于：Abstract
论文一级标题	宋体、小三、加粗、段前 1 行、段后 1 行、行距 20 磅	套用于：1 ×××××
论文二级标题	宋体、四号、加粗、段前 0.5 行、段后 0.5 行、行距 20 磅	套用于：1.1 ×××××××

续表

自定义样式名	样　式	说　明
论文三四级标题	宋体、小四、加粗、段前 0.5 行、段后 0.5 行、行距 20 磅	套用于：1.1.1 ××××××× 套用于：1.1.1.1 ×××××××
论文内容	宋体、小四、首行缩进 2 字符、行距 20 磅	套用于：摘要、引言、结论、致谢、注释、参考文献等标题文字
英文内容	Time New Roman、小四、首行缩进 2 字符、行距 20 磅	套用于：英文摘要内容
中文关键词	宋体、小四、加粗、缩进 2 字符、行距 20 磅	套用于：中文关键词
英文关键词	Time New Roman、小四、加粗、缩进 2 字符、行距 20 磅	套用于：英文关键词

（5）表、图与注解格式，如表 3-3 所示。

表 3-3　图表和注解格式

名　称	格　式	说　明
表	居中、段后 1 行	表格居中，且表格与下文空一行
表名	宋体、小四、加粗、居左、段前 1 行、段后 0.5 行、行距 20 磅	表名居左，并位于表格上方，表编号可以全文统一编号，也可以分章编号，全文的表编号原则要一致。 如表 1-1　×××××
表内文字	宋体、小四、小平居中	
图	居中、段前 1 行	图居中，图与上文空一行
图名	宋体、小四、加粗、段前 1 行、段后 0.5 行、行距 20 磅	图名居中，并位于图下，图编号可以全文统一编号，也可以分章编号，全文的图编号原则要一致。 如图 1-1　×××××
公式	居左、缩进 2 个字符、Time New Roman、小四、段前 1 行、段后 1 段、行距 20 磅	公式编号可以全文统一编号，也可以分章编号，全文的公式编号原则要一致。公式上下分别要与正文空一行
公式编号	宋体、小四	公式编号在最右边列出（当有续行时，应标注于最后一行） 如（式 4.18）

解决思路

首先制作论文模板：①创建一个空白 Word 文档；②页面设置；③插入封面文件；④按不同页眉页脚的设置需要分节、断开链接、设置不同页眉页码；⑤按照论文格式的要求，更改标题样式以符合论文中各级标题文字、正文文字、图名、图等的格式；⑥将该文档保存为"毕业论文模板.dotx"。然后，新建基于"毕业论文模板"文件的 Word 文档，输入论文文本，并"套用"模板文件中自定义的样式。最后，经过全文图、表的格式整理，便可完成毕业论文的排版工作。

操作步骤

1. 创建论文模板文件

(1) 新建空白 Word 文档。

(2) 页面设置。

单击"页面布局"选项卡中"页面设置"组右下角的按钮,打开"页面设置"对话框,如图 3-58 和图 3-59 所示,设置页边距、装订线、页眉和页脚等。

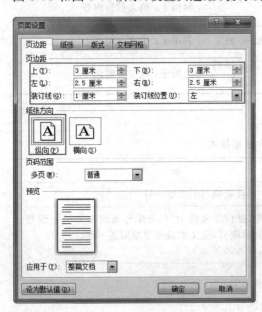

图 3-58　设置"页边距"

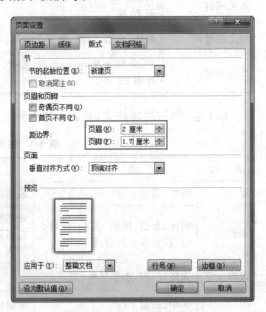

图 3-59　设置页眉页脚与边界距离

(3) 插入封面文件。

将光标置于第 1 页开始处,打开"插入"选项卡,单击"文本"组中"对象"右侧的下拉按钮,单击下拉列表中的"文件中的文字"命令,如图 3-60 所示,在"插入文件"对话框中,选取该导学实验文件夹下的"毕业论文封面.dotx",单击"插入"按钮,将文件中的内容插入到该文档中。

(4) 分节并预设各节内容。

通过阅读毕业论文要求文件,可总结出毕业论文几大部分对页眉页脚的要求,设置页眉页脚的示意图如图 3-61 所示。

① 光标置于封面末尾处插入分节符(单击"页面布局"选项卡"页面设置"组中的"分隔符"命令,单击"分节符类型"中的"下一页")。

② 第 2 节——在第 2 页开始处输入"摘要"两个字(提示使用模板者在该节输入中文摘要、英文摘要、目录等内容,因此可将第 2 节强行分为三页,将这三部分标题输入各页中)。

③ 将光标置于第 2 节末尾插入分节符。在第 3 节——开始处输入"引言"两个字(提示使用模板者在该节输入引言和正式的论文内容)。

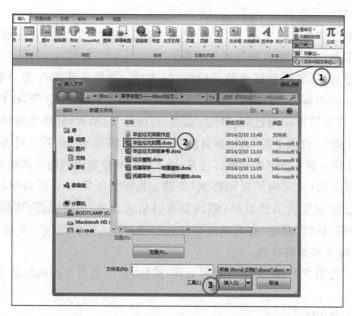

图 3-60　插入文件

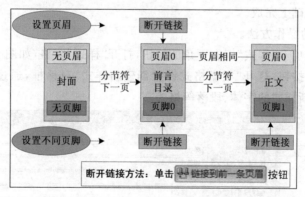

图 3-61　毕业论文分节设置不同页眉页脚

④ 设置页眉。

断开第 2 节与第 1 节的页眉链接,方法是:将光标置于第 2 节,在"插入"选项卡的
"页眉和页脚"组中单击"页眉",从打开的下拉列表中选择三栏式页眉,进入页眉页脚的编
辑状态,单击"页眉和页脚工具设计"选项卡"导航"组中的"链接到前一条页眉"按钮 ,
即取消页眉编辑区右下角处"与上一节相同"的文字显示。在页眉左侧输入"北京联合大
学",字体格式:隶书、小五号、加粗;在页眉中间输入"毕业设计",字体格式:宋体、五号,
如图 3-62 所示。

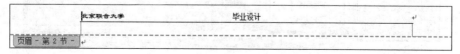

图 3-62　设置页眉

⑤ 设置页脚。

首先断开第2节与第1节间、第3节与第2节间页脚处的链接,方法与页眉类似。然后分别在第2节和第3节的页脚处插入页码。

设置第2节页码(摘要和目录的页码格式)方法:光标置于第2节页脚中,单击"插入"选项卡的"页眉和页脚"组中的"页码",首先单击"设置页码格式"项,在打开的"页码格式"对话框中选择页码格式为 I, II, III, … 、并选择"起始页码"单选按钮,使页码从"I"开始;然后单击"插入"选项卡的"页眉和页脚"组中的"页码"按钮,从下拉列表中选择在页面底端以居中形式插入罗马数字的页码。注意,插入页码和设置页码格式的顺序可以互换。

设置第3节页码(正文内的页码格式)方法:光标置于第3节页脚中,参照设置第2节页码的操作方法设置该节的页码,将该节页码格式设置为 - 1 -, - 2 -, - 3 -, … ,并选择"起始页码"从"1"开始,在页面底端以居中形式插入阿拉伯数字页码。

⑥ 退出页眉页脚编辑状态。

单击"设计"选项卡中的"关闭页眉和页脚"按钮,退出页眉页脚编辑状态,回到正文编辑状态。

(5) 自定义论文样式。

在 Word 2010 中除了通过新建样式自定义所需的样式类型外,还可以通过在直接修改原有标题样式基础上完成。

① 新建样式的操作方法。

单击"开始"选项卡"样式"组右下角的按钮,打开"样式"窗格,如图 3-63 所示,单击左下角的"新建样式"按钮,打开"根据格式设置创建新样式"对话框,通过其中的"格式"按钮,可以分别设置新样式的字体、段落等格式。

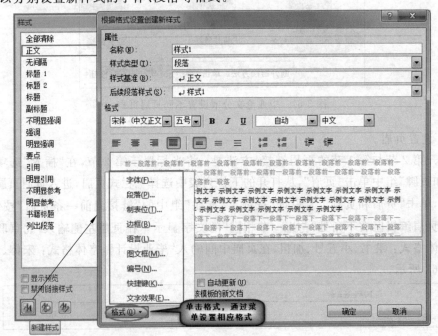

图 3-63　创建新样式

② 修改样式的操作方法。

- 在"开始"选项卡的"样式"组的快速样式中显示了常用的标题样式。
- 在对应的样式上单击鼠标右键,按照如图 3-64 所示,单击"修改"项,打开"修改样式"对话框对样式进行修改。

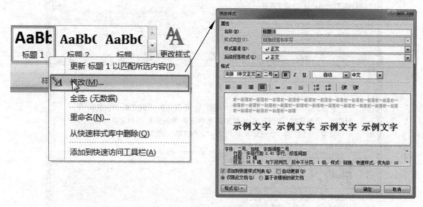

图 3-64 "修改样式"对话框

样式 1——论文内容　单击样式任务窗格中"新建样式"按钮,"论文内容"的样式为:宋体、小四、首行缩进 2 字符,行距为 20 磅,具体设置如图 3-65 所示。

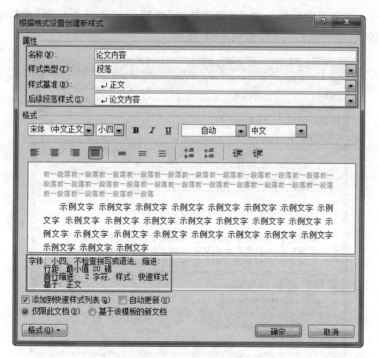

图 3-65　论文内容的样式

样式 2——英文内容　单击"新建样式"按钮,"英文内容"的样式为:Times New Roman、小四、首行缩进 2 字符,如图 3-66 所示。

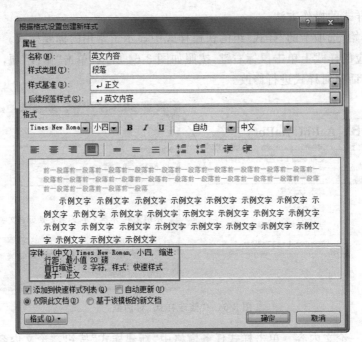

图 3-66　英文内容的样式

样式 3——中文居中标题　单击"新建样式"按钮,"中文居中标题"的样式为：宋体、小三、加粗、居中、段前段后 1 行,如图 3-67 所示。

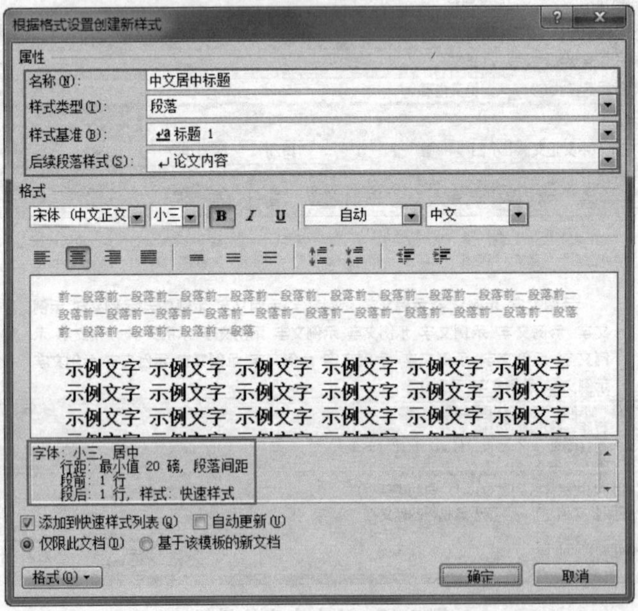

图 3-67　中文居中标题的样式

样式 4——中文关键词　单击"新建样式"按钮,"中文关键词"的样式为：宋体、小四、加粗、首行缩进 2 字符,如图 3-68 所示。

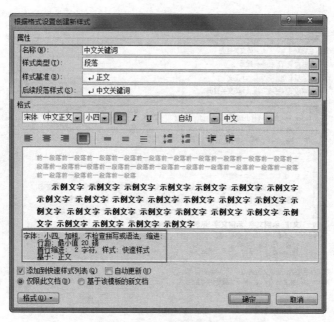

图 3-68 中文关键词的样式

样式 5——英文居中标题 单击"新建样式"按钮,"英文居中标题"的样式为:Times New Roman、小三、加粗、居中、段前段后 1 行,如图 3-69 所示。

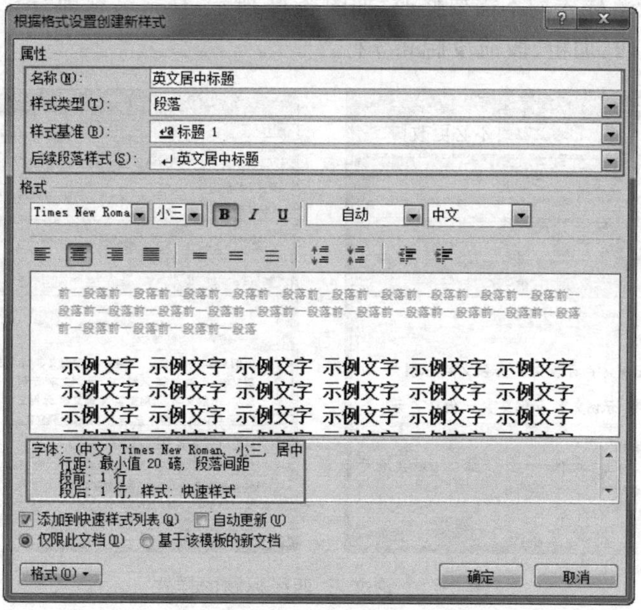

图 3-69 英文居中标题的样式

样式 6——英文关键词 单击"新建样式"按钮,"英文关键词"的样式为:Times New Roman、小四、加粗、首行缩进 2 字符,如图 3-70 所示。

样式 7~样式 9 采用在原有样式上修改的方式建立。

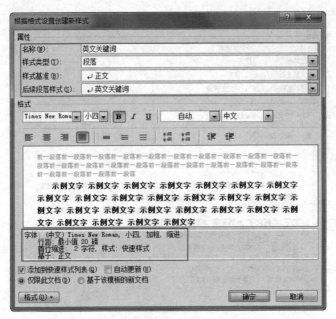

图 3-70　英文关键词的样式

　　样式 7——论文三、四级标题　在"标题 3"上右击单击"修改"命令,在"修改样式"对话框中直接修改字符和段落样式等即可。注意,"修改样式"对话框中的"样式类型"、"样式基准"和后续段落样式均不需要修改,如图 3-71 所示,样式名称为"论文三、四级标题",样式为:宋体、小四、加粗、段前段后 0.5 行。

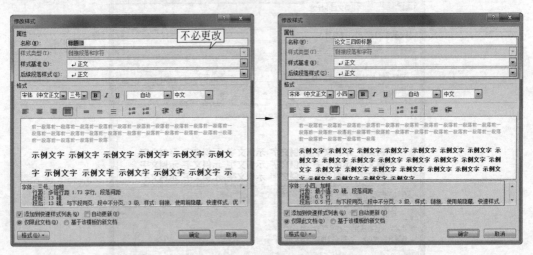

图 3-71　论文三、四级标题的样式

　　样式 8——论文二级标题　修改"标题 2",名称更改为"论文二级标题",样式为:宋体、四号、加粗、段前段后 0.5 行,如图 3-72 所示。

　　样式 9——论文一级标题　修改"标题 1",名称更改为"论文一级标题",样式为:宋体、小三、加粗、段前段后 1 行,如图 3-73 所示。

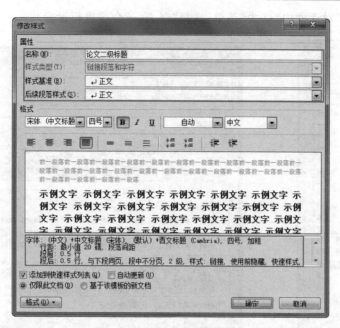

图 3-72　论文二级标题的样式

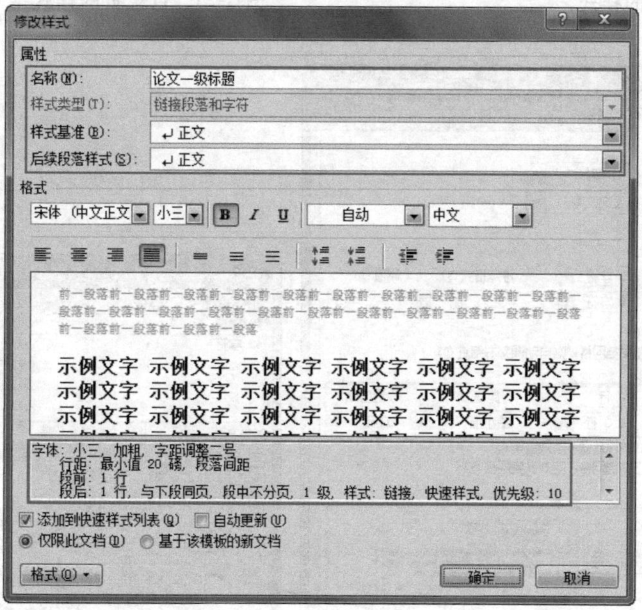

图 3-73　论文一级标题的样式

在原标题样式上更改标题名称后，原标题不会被删除，而是与更改后的样式一样，例如"标题1"和"论文一级标题"样式相同，如图 3-74 所示。

样式 10——目录　单击"新建样式"按钮，"目录"的样式为：宋体、小四、两端对齐、行距 20 磅、段后 0.5 行，如图 3-75 所示。设置完成段落格式后，单击"段落"对话框中"制表位"按钮，如图 3-76 所示，打开"制表位"对话框，设置其位置、对齐方式和前导符（也可以通过"新建样式"对话框中"格式"菜单,选择"制表位"命令进行设置)。

图 3-74 更改后的样式

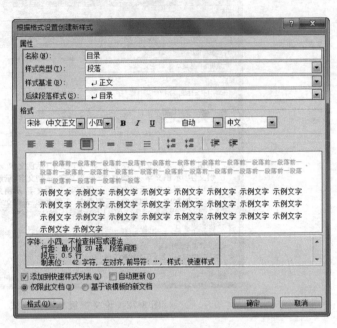

图 3-75 目录页的样式

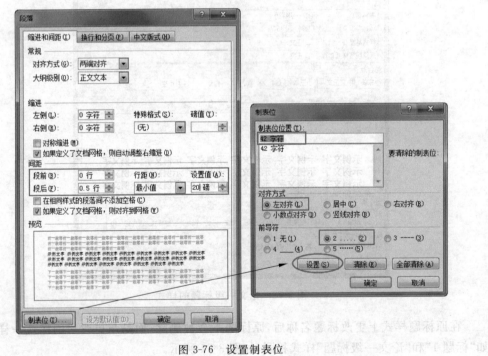

图 3-76 设置制表位

　　样式 11——图名　单击"新建样式"按钮,"图名"的样式为:宋体、小四、加粗、居中(图名中的数字、字母和符号为 Times New Roman 小四加粗)、段前 0.5 行、段后 1 行、行距 20 磅,图名所在段落之后就可以直接后接其他段落(论文正文),如图 3-77 所示。

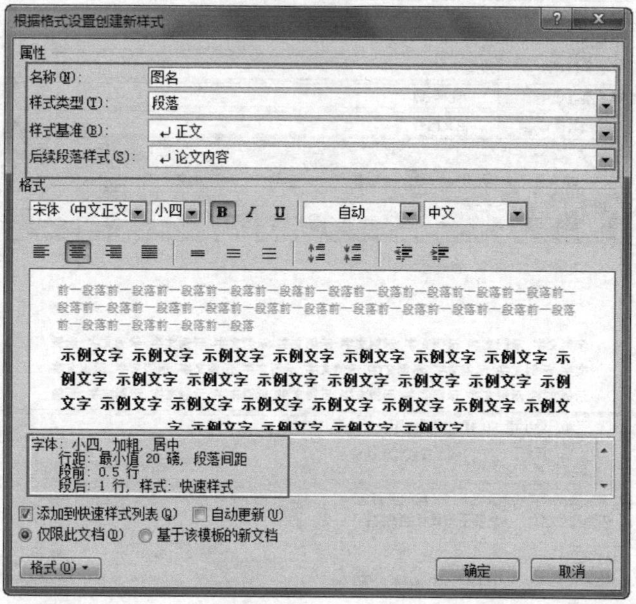

图 3-77 图名的样式

样式 12——图 单击"新建样式"按钮,"图"的样式为:图居中,与上文应空一行,图名位于图下,如图 3-78 所示。

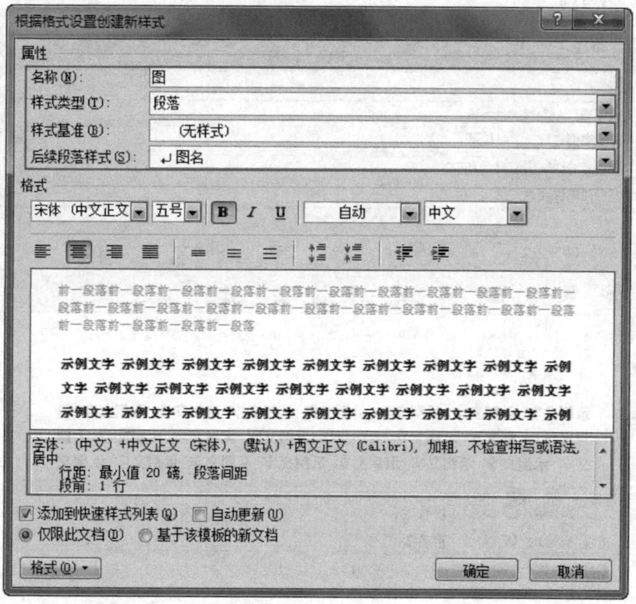

图 3-78 图的样式

样式 13——表 单击"新建样式"按钮,"表"的样式为:表居中,与下文应空一行,如图 3-79 所示。

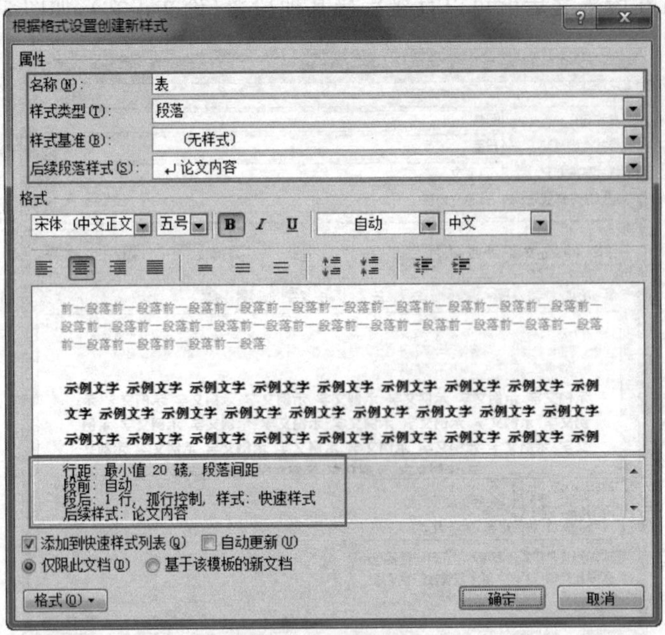

图 3-79　表的样式

样式14——表名　单击"新建样式"按钮，"表名"的样式为：宋体、小四、加粗、居左、段前1行、段后0.5行、行距20磅，表名位于表的上方，因此所在段落之后的后续段落样式是表，如图3-80所示。

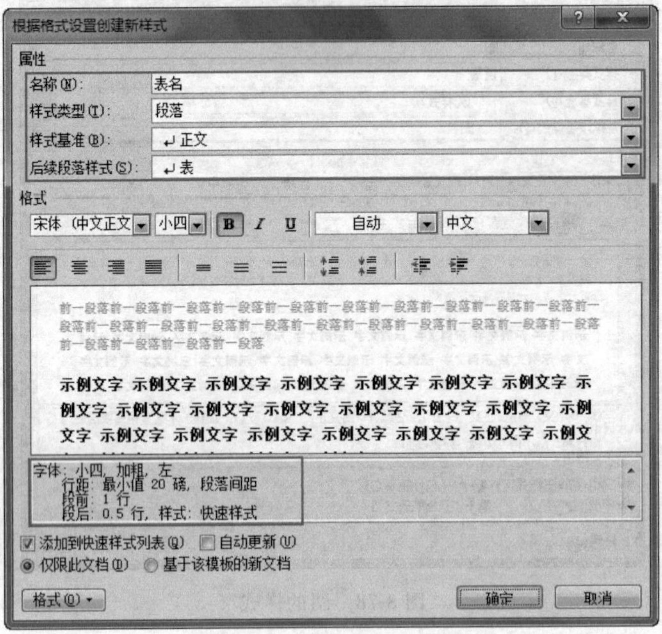

图 3-80　表名的样式

（6）保存模板文件。

单击"文件"|"另存为"命令，打开"另存为"对话框，如图 3-81 所示，在"保存类型"列表中，选择"Word 模板（*.dotx）"，然后选择保存位置并输入文件名，单击"保存"按钮。论文模板文件效果如图 3-82 所示。

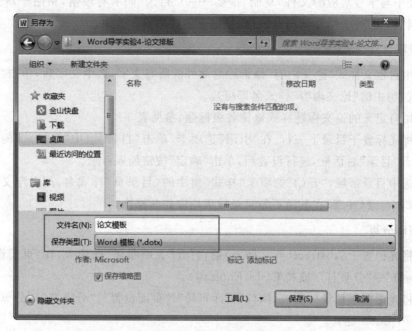

图 3-81　保存论文模板

图 3-82　保存后的模板文件

2. 应用论文模板文件

(1) 双击"毕业论文模板.dotx"文件,生成基于该模板的新 Word 文档。

(2) 打开"Word 导学实验\Word 导学实验 04-制作论文排版模板\毕业论文排版作业"文件夹中与学号对应的文件,复制"摘要"……"目录"间所有段落,粘贴于新文档第 2节中,复制"引文"……结尾间所有段落,粘贴于新文档第 3 节中。

3. 提取目录

(1) 用自定义样式"论文内容"修饰除封面外的所有文字(选中文字后,单击"开始"选项卡"样式"组中的"论文内容"样式名即可)。

(2) 用自定义的论文标题样式修饰各级标题,参见表 3-2。

(3) 将光标置于目录下一行,在"引用"选项卡,单击"目录"组中"目录"下的"插入目录"项,打开"目录"对话框,进行设置后,单击"确定"按钮插入目录。

(4) 选中目录区域,"开始"选项卡"样式"组中的"目录页"样式名,用自定义的"目录页"样式修饰目录(注意,在其后更新目录域后均应如此修饰)。

4. 强制分页

(1) 将光标置于 Abstract(英文摘要)前,打开"页面布局"选项卡,在"页面设置"组,单击"分隔符"中"分页符"(或按 Ctrl+Enter 键)。

(2) 将光标置于目录标题前,执行"页面布局"|"页面设置"|"分隔符"|"分页符"命令(或按 Ctrl+Enter 键)。

(3) 各章之间要强制分页,执行"页面布局"|"页面设置"|"分隔符"|"分页符"命令(或按 Ctrl+Enter 键)。

5. 更新目录

用鼠标右键单击目录区,在弹出的快捷菜单中单击"更新域"命令,打开"更新目录"对话框,如图 3-83 所示,单击"只更新页码"或"更新整个目录"单选按钮来根据需要对目录进行相应的更新。

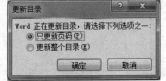

实验总结与反思

(1) 修改原有标题样式时,不需要对"样式类型"、样式基准和后续段落样式进行重新选择,只需更改文字和段落格式等即可。若对某一样式通过修改样式名称保存了

图 3-83　"更新目录"对话框

多个不同样式,则仅保留最后一个,如果需要基于某一样式保存多个不同的样式类型,就必须通过"新建样式"进行操作。例如,论文一级标题通过修改标题一的方式定义,那么中文居中标题和英文居中标题同样基于标题一样式,就不能再用修改的方法,只能重新定义样式。

(2) 用户自定义的样式可以直接保存到快速样式集 QuickStyles 中,下次使用时直接从中选取。方法是,定义好样式后,单击"样式"组中的"更改样式"按钮,选择"样式

集"|"另存为快速样式集"命令，如图 3-84 所示，直接保存到默认的 QuickStyles 文件夹中。下次编辑文档时，可以直接从"快速样式集"中选择已经存储的样式集，如图 3-85 所示。

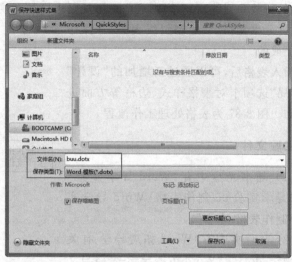

图 3-84　保存快速样式集

图 3-85　选择样式集

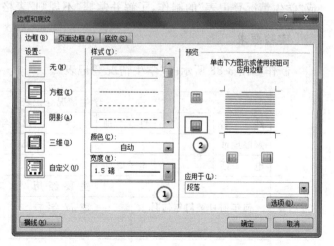

图 3-86　页眉线条设置

（3）更改页眉处的线条宽度：选中页眉文字，在"页面布局"选项卡的"页面背景"组中单击"页面边框"，在打开的"边框和底纹"对话框的"边框"选项卡中重新设置线条宽度，然后单击右侧预览窗口中的"下边框"按钮，单击"确定"按钮即可，如图 3-86 所示。

3.3.5 Word 导学实验 05——制作表格

在论文及工作文档中经常使用表格直观地显示所需信息。表格可以分为规则表格(一致的行数和列数)和不规则表格。不规则表格是在规则表格的基础上通过"合并单元格"、"拆分单元格"、"绘制斜线表头"等操作改造而成的。

插入表格后,可以通过新增加的"设计"和"布局"选项卡对表格样式、边框等方面进行修饰。图 3-87 为表格处理工作流程。

实验文件

(1) 随书光盘中有"Word 导学实验\Word 导学实验 05-制作表格\Word 导学实验 05-制作表格.dotx"。

(2) 文件夹中有"Word 拓展导学-有关表格操作.dotx"、"Word 拓展导学-表格与文本间的转换.dotx"、"Word 拓展导学-元素周期表.dotx"。

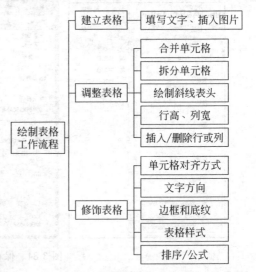

图 3-87　表格处理工作流程

实验目的

此实验是在 Word 中绘制与编辑表格的实验。利用 Word 提供的表格制作工具,完成"学生情况登记表"的制作,了解并掌握"不规则"表格的制作过程与方法。

实验要求

制作如图 3-88 所示的"学生情况登记表"。

学生情况登记表					
姓　　名		性　　别		出生年月	
家庭地址				邮　　编	
电　　话		电子邮件			
主 要 经 历					
何年何月至何年何月		就 读 学 校		证 明 人	
备注					

图 3-88　学生情况登记表

解决思路

首先按不规则表格的行数与列数创建规则表格,利用单元格的"合并"与"拆分"技术,将规则表格转化成不规则表格。但由于学生情况登记表中"主要经历"下的5行格式完全一样,可以插入一行,随后拆分得到。

操作步骤

打开文件"Word 导学实验 05-制作表格.dotx"。

(1) 制作一个 7 行×7 列的规则表格。

单击"插入"|"表格"命令,打开下拉列表,单击其中的"插入表格"命令,打开"插入表格"对话框,如图 3-89 所示,输入行数 7、列数 7,单击"确定"按钮。

(2) 对照效果图,进行单元格的合并或拆分,形成不规则表。

① 合并操作:选中连续的若干单元格,选择"布局"选项卡"合并"组中的"合并单元格",选中的单元格区域便合并为一个单元格,根据效果图显示,对前 5 行和最后 1 行中相应的单元格进行合并。

② 拆分操作:选中一个或若干个单元格,选择"布局"选项卡"合并"组中的"拆分单元格",打开"拆分单元格"对话框,输入拆分结果的行数、列数,单击"确定"按钮。选中第 6 行所有单元格,如图 3-90 所示,将其拆分成 5 行 3 列。

图 3-89 "插入表格"对话框

图 3-90 "拆分单元格"对话框

(3) 设置单元边框线。

选中整个表格,在"设计"选项卡中单击"表格样式"组"边框"后的三角形按钮,在打开的下拉列表框中单击"边框和底纹"命令,打开"边框和底纹"对话框,如图 3-91 所示,在"边框"选项卡中选择"自定义",选择外框线型为▬▬▬,单击预览窗口中外框设置外框线;选择线型为———,单击预览窗口中内框设置内框线。

(4) 输入单元格内容,并设置字体、字号。

(5) 设置对齐方式及文字方向。

第 5 行中的"主要经历"采用分散对齐方式,设置方法:选中该单元格中的内容,在"开始"选项卡的"段落"组中单击"分散对齐"按钮▤,单击"开始"选项卡"段落"组中的"中文版式",在打开的下拉列表中单击"调整宽度"命令,在"调整宽度"对话框中输入新文

图 3-91 "边框和底纹"对话框

字宽度,如图 3-92 所示,设置新文字宽度为 8 字符后单击"确定"按钮。

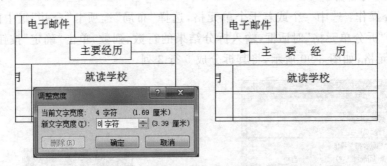

图 3-92 单行文字"分散对齐",调整文字总宽度

其他单元格中内容的对齐方式可以在"布局"选项卡的"对齐方式"组中,单击相应按钮设置水平和垂直的对齐方式。

对于类似"备注"内容的单元格,首先应该设置"文字方向",方法是先选中该单元格,在"布局"选项卡的"对齐方式"组中单击"文字方向"按钮,可以切换文字横排和竖排方向。

(6)插入照片。

① 将光标定位到"照片"单元格,执行"布局"|"单元格大小"|"自动调整"命令,在打开的下拉列表中单击"固定列宽"命令,这样可以防止表格随着图片大小改变。

② 执行"插入"|"插图"|"图片"命令,打开"插入图片"对话框,选取照片文件,单击"插入"按钮插入照片。

(7)执行"文件"|"打印预览"命令,观察文档的效果。

实验总结与反思

1. 绘制斜线表头

(1)添加单根斜线:将光标定位到第一个单元格,执行"设计"|"表格样式"|"边框"

命令,在打开的下拉列表中选择如图 3-93 所示的"斜下框线"或"斜上框线"命令。

(2)绘制两根或多根斜线:将光标置于第一个单元格,执行"插入"|"插图"|"形状"命令,根据需求绘制需要的斜线,如图 3-94 所示,单击"格式"|"形状样式"|"形状轮廓"命令,修改线条颜色,如图 3-95 所示。通过回车调整其中文字的位置。

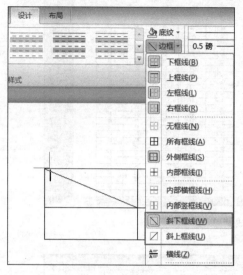

图 3-93 插入斜线表头

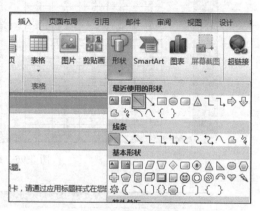

图 3-94 绘制多条斜线第一步

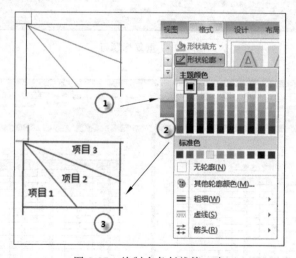

图 3-95 绘制多条斜线第二步

2. 重复标题行的应用

如图 3-96 所示的成绩单,由于行数较多,第 2 页表头没有显示,浏览时需要返回到首行去查找相应的标题很不方便,为此,Word 提供了重复标题行功能以在多页中重复显示标题行,实现标题行重复的操作方法是:①将光标置于表格第一行,即标题行;②单击"布局"|"数据"|"重复标题行"命令,如图 3-97 所示。观察设置后的效果,如图 3-98 所

示,即使进行过行的增删也不会影响标题行的位置。

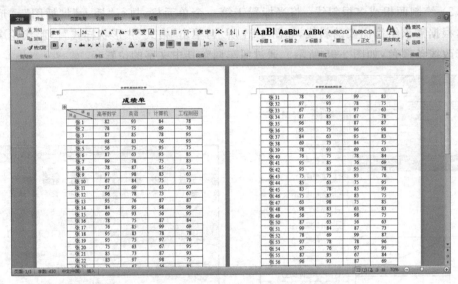

图 3-96　跨页成绩单

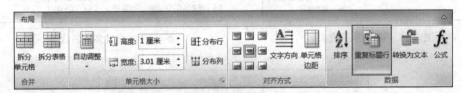

图 3-97　重复标题行

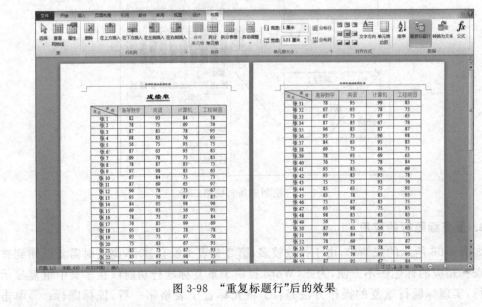

图 3-98　"重复标题行"后的效果

3.3.6 Word 导学实验 06——编辑数学公式

撰写科技类论文时，常常遇到一些数学、物理等公式，如根号、矩阵等，只用正文编辑无法解决。这就需要借助于 Office 软件的公式编辑器完成。

实验文件

实验文件存放于随书光盘"Word 导学实验\Word 导学实验 06-编辑数学公式"文件夹中。

实验目的

通过本实验掌握公式编辑器的使用方法。

实验要求

(1) 利用"公式编辑器"完成以下数学公式的制作。

① $1+\dfrac{1}{1+\dfrac{1}{1+a^2}}$
② $\begin{cases} 5x+y+z=1 \\ x^2-z=1 \\ 3\times(y+z)=15 \end{cases}$
③ $\lim\limits_{n\to 0}\dfrac{n+2}{n^2+1}$

④ $\sum\limits_{p=1}^{100} p^2$
⑤ $\begin{bmatrix} \lambda & 0 & 0 \\ 0 & \lambda^2 & 0 \\ 0 & 0 & \lambda/2 \end{bmatrix}$
⑥ $\displaystyle\int_0^1 \dfrac{\sqrt{x^2-1}}{x}\mathrm{d}x$

⑦ $\left(\dfrac{u}{v}\right)' = \dfrac{u'v-uv'}{v^2}$
⑧ $Y(A,B,C)=\overline{AC}+\overline{A}BC+\overline{B}C+AB\overline{C}$

⑨ $A\subseteq B \Leftrightarrow (\forall x)(x\in A \to x\in B)$

⑩ $\overrightarrow{AB}=(b_x-a_x)i+(b_y-a_y)j+(b_z-a_z)k$

(2) 完成以下内容的输入，文字格式：宋体，小四号字。

证明：若 $f(x)$ 在 $[a,b]$ 可积，且有原函数 $F(x)$，则 $\displaystyle\int_a^b f(x)\mathrm{d}x=F(b)-F(a)$，并应用此结果计算 $\displaystyle\int_0^1 f(x)\mathrm{d}x$，其中

$$f(x)=\begin{cases} 2x\sin\dfrac{1}{x}-\cos\dfrac{1}{x} & (x\neq 0) \\ 0 & (x=0) \end{cases}$$

解决思路

启动"数学公式编辑器"，利用丰富的公式模板进行公式的制作和编辑。

知识点

数学公式编辑器的使用；公式模板的嵌套。

操作步骤

(1) 启动公式编辑器。

将光标置于插入公式处,执行"插入"|"文本"|"对象"命令,打开"对象"对话框,选择"新建"选项卡,在"对象类型"框中选择"Microsoft 公式 3.0",如图 3-99 所示(如果没有"公式编辑器",请进行安装),单击"确定"按钮。在编辑窗口中,显示一个矩形公式编辑区和"公式"工具栏。

图 3-99 插入对象

(2) 公式工具栏。

编辑数学公式主要依靠"公式"工具栏,如图 3-100 所示,工具栏中有两行按钮:第一行是符号按钮,包含一百五十多种常用的数学符号;第二行是公式模板按钮,共有一百二十多种模板样式。

图 3-100 "公式"工具栏

(3) 公式模板的选取与使用。

系统提供的公式模板分为 9 类(即"公式"工具栏第二行中的 9 个按钮),表 3-4 中列出了 9 类模板的名称和用途,每一类包含若干个模板样式。模板上含有由"▢▢▢"表示的编辑区,编辑区的位置及个数是根据不同公式的要求预先设定的。

① 单击相应模板,所选模板便被插入到编辑区中。

② 单击某编辑区内部(或反复按 Tab 键),可实现不同编辑区之间的切换。

③ 在编辑区中,直接输入数字或字母。

④ 当公式为多个模板的嵌套时,可在编辑区中继续插入模板,形成模板的嵌套使用方式,以满足复杂公式的编辑要求。编辑区的大小随输入内容的多少而自动调节。

表 3-4 公式模板

公式模板按钮	名 称	用 途
〔〕〖〗	围栏模板按钮	建立含()、[]、{}等括号的公式
□ √□	分式和根式模板按钮	建立分式和根式
□ □	上下标模板按钮	建立含上标、下标的公式
Σ□ Σ□	求和模板按钮	建立含 $\sum$ 符号的求和公式
∫□ ∮□	积分模板按钮	建立积分公式
□ □	顶线和底线模板按钮	建立含有上、下边线的公式
→ ←	标签和箭头模板按钮	建立含有箭头的公式
∏ ∪	乘积和集合论模板按钮	建立含∏、∪、∩等符号的乘积公式和集合论公式
□□□ ▦	矩阵模板按钮	建立矩阵形式的公式

（4）公式中出现的数字、英文字母及常用符号可由键盘输入，而专用符号或特殊字符的输入，要借助于"公式"工具栏第一行中的符号按钮。

（5）公式编辑完成后，只要用鼠标单击公式编辑区外的任何位置，就可关闭"公式编辑器"，返回原文件。此时的公式如同嵌入型图片一样可以改变其环绕方式、大小及位置。双击要编辑的公式，便可再次启动"公式编辑器"，对该公式进行编辑和修改。

（6）每编辑一个公式都应重复步骤（1）～（5），以便单独安排其在文档中的位置。

实验总结与反思

在论文撰写中，通常需要如图 3-101 所示将公式居中，编号右对齐，其设置方法如下。

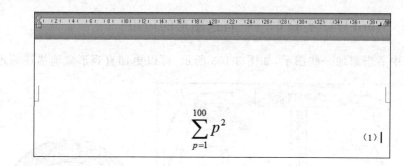

图 3-101 公式示例

（1）在"视图"选项卡的"显示"组，选中"标尺"复选框，使编辑区出现标尺。

（2）将光标定位到准备输入公式的行，单击左边标尺上的"制表位"按钮，直到出现"居中制表位"按钮，单击上标尺刻度中间位置，设置好居中制表位。

（3）继续单击左边标尺的"制表位"按钮，直到出现"右对齐制表位"按钮，单击上标尺任何位置，使其出现右对齐制表符，然后将其拖到标尺最右端，设置好右对齐制表位。

（4）输入公式前按 Tab 键，然后在居中位置输入公式，输入完成后再次按 Tab 键，输入公式编号。

　　注意：精确设置制表位的方法，是在"开始"选项卡"段落"组中，单击右下角的按钮，打开"段落"对话框，单击左下角的"制表位"按钮，如图 3-102 所示，设置 19.5 字符的居中制表位和 39 字符的右对齐制表位。

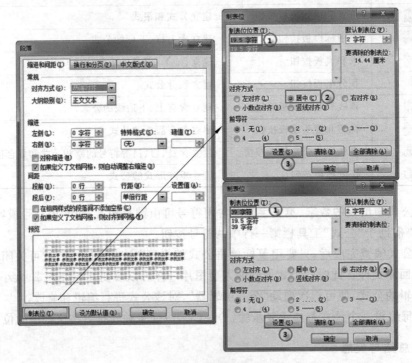

图 3-102　设置制表位

3.3.7　Word 导学实验 07——自选图形的应用

　　在文档中适当添加一些图示，如图 3-103 所示，可以更加直观形象地描述原理，Word

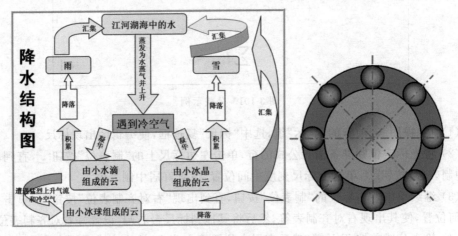

图 3-103　用"自选图形"组合的示意图

2010 提供了多种形状供用户选择,通过"插入"选项卡"插图"组的"形状"中可以选择合适的示意类的图形,并插入到 Word 中。图 3-104 为自选图形绘制的流程。

实验文件

(1) 扇面诗文字及图片存储于随书光盘"Word 导学实验\Word 导学实验 07-自选图形的应用"文件夹中。

(2) 关于将"原诗文"快速转换为"扇面文字"的方法及制作扇面艺术字的详细操作步骤见文件夹中"Word 拓展导学-扇面艺术字. dotx"及"Word 拓展导学-扇面艺术字-文字转换. xltx"。

图 3-104 自选图形的绘制流程

(3) 文件夹中有"Word 拓展导学-SmartArt 图形. dotx"、"Word 拓展导学-利用自选图形做异形图片. dotx"。

实验目的

掌握 Word 图形的基本绘制方法、图形的外观效果设置以及多个图形的组合。

实验要求

(1) 分别绘制如图 3-105 所示的"笑脸"和"怒脸",具体格式如下。

① "笑脸"脸形为正圆,填充颜色为黄色,线条颜色为红色,线宽 1.5 磅,逆时针旋转 25°。

② "怒脸"脸形为椭圆,填充颜色为青绿,线条颜色为蓝色,加阴影样式 3。图形中添加文字"别理我"。

图 3-105 绘制"笑脸"与"怒脸"

(2) 绘制如图 3-106 所示的"串联电路图"。

(3) 制作如图 3-107 所示的一幅扇面,扇面填充图片,诗文为艺术字。

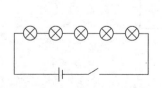

图 3-106 串联电路图

图 3-107 诗文扇面

解决思路

单击"插入"选项卡"插图"组中的"形状",在打开的下拉列表中找到所需形状,以鼠标拖动的方式绘图,对图形对象的效果进行设置,这些效果包括:调整大小和位置、设置颜色、改变形状和角度、设置添加阴影和立体效果、进行文字编辑等,对复杂图形对象需进行组合或取消组合。

操作步骤

1. 绘制单一图形——笑脸

(1) 单击"插入"选项卡"插图"组的"形状",打开各类形状供选择,如图 3-108 所示。

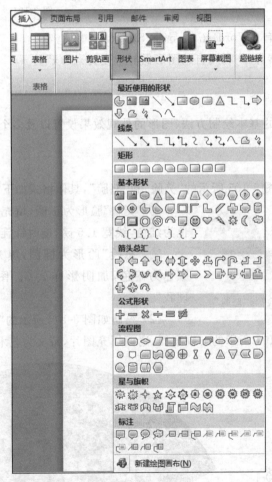

图 3-108 插入形状

(2) 自选图形的选取与绘制。

① 在"基本形状"中单击"笑脸"图形。

② 拖动鼠标绘图,然后通过拖动图形四周的白色控制点,调整图形大小;拖动图形上

的绿色控制点,旋转图形;拖动某些图形上出现的黄色控制点,对图形进行变形处理。

注意:要得到宽度和高度相同的形状,需要在拖动鼠标绘制图形时同时按住 Shift 键,这样可以确保画出正圆或正方形等图形。

(3) 自选图形的格式设置。

① 选中添加的自选图形,会出现"格式"选项卡,如图 3-109 所示,在其中可以对图形进行"形状填充"、"形状轮廓"、"效果"、"排列"、"大小"等效果设置。

图 3-109 "格式"选项卡

② 选中图形,单击鼠标右键,在弹出的快捷菜单中单击"添加文字"项,可以在图形中直接输入文字。

2. 绘制组合图形——串联电路

(1) 在形状的"流程图"类别中单击⊗图形,该图形用来表示电路中的一盏灯,在 Word 中画好一盏后,设置其形状填充颜色、线宽等;通过"复制-粘贴"(也可按住 Ctrl 键,用鼠标左键选中图形拖动,快速得到图形副本)操作,绘制出 5 盏灯。

(2) 打开"开始"选项卡,在"编辑"组中单击"选择"按钮,在打开的下拉列表中单击"选择对象"按钮,用鼠标拖动方式同时选中 5 盏灯(或者按住 Shift 键分别单击 5 盏灯的图形使其全部选中),在"格式"选项卡的"排列"组中单击"对齐"按钮,在打开的下拉列表中分别执行"横向分布"和"上下居中"命令,使 5 盏灯对齐并调整为水平等距摆放。

(3) 单击"绘图"工具栏中"矩形"按钮▢,画一个"无填充颜色"的矩形,且调整叠放次序置于 5 盏灯之下,方法是选中绘制的矩形,在"格式"选项卡"排列"组中单击"下移一层"。

(4) 画两个"白色"线段,分别遮盖住电源处和开关处的部分矩形的边线。用"线条"类中的"直线"按钮◢,画出电源和开关。

(5) 将电路图中的各个图形调整好相对位置,并全部选中,单击鼠标右键,单击快捷菜单中的"组合"命令,使多个自选图形组合为一个整体,方便移动位置。

3. 利用自选图形和艺术字制作扇面

方法如下。

(1) 新建 Word 文档,另存为"Word 97-2003 文档(*.doc)"类型,重新打开另存的文档。

(2) 单击"插入"|"插图"|"形状"命令选择"基本形状"中的"空心弧"◠,拖动鼠标画出空心弧。通过拖动空心弧上的"黄色"控制点,将空心弧变形为扇形。设置扇形的"形状填充"为图片文件。

(3) 单击"插入"|"文本"|"艺术字"命令,选取艺术字列表中第 2 行、第 5 列的"艺术

字"样式,字体为"隶书",输入诗文。

（4）选中艺术字,单击"格式"|"艺术字样式"|"更改形状"命令,设置艺术字形状为"上弯弧"。

（5）选中艺术字,单击"格式"|"文字"|"间距"命令,调整间距为:稀疏。

（6）选中艺术字,单击"格式"|"艺术字样式"|"形状填充"命令,设置艺术字的填充颜色。

（7）调整扇形与艺术字的大小和相对位置,并组合形成一体。

注意：更详细的截图步骤见随书光盘中的"Word拓展导学-扇面艺术字.dotx"。

实验总结与反思

1. SmartArt 图形图片布局功能

Word 2010 新增的 SmartArt 图形类型及用途如表 3-5 所示。

表 3-5　SmartArt 图形类型及用途

图形类型	图形用途	图形类型	图形用途
列表	显示无序信息	关系	图示连接
流程	在流程或日程表中显示步骤	矩阵	显示各部分如何与整体关联
循环	显示连续的流程	棱锥图	显示与顶部或底部最大部分的比例关系
层次结构	显示决策树、创建组织结构图	图片	绘制带图片的族谱

（1）插入 SmartArt 图形。

要制作如图 3-110 所示的示例图,只需要单击"插入"|"插图"|SmartArt 命令,打开"选中SmartArt 图形"对话框,从中选择"图片"类型下的"重音图片",单击"确定"按钮,如图 3-111 所示,单击图片图标插入对应的图片,单击文本添加说明文字,还可以单击左侧的按钮插入图片和义字,插入之后编辑状态如图 3-112 所示。

图 3-110　SmartArt 示例

（2）将已有图片修改为 SmartArt 布局。如果在文档中已经添加了图片,则普通图片也可以方便地转换为精美的 SmartArt,方法如下。

① 假设文档中已经插入了三张图片,如图 3-113 所示。

② 设置图片的环绕方式为"浮于文字上方",单击"格式"|"排列"|"选择窗格"按钮,如图 3-114 所示,在打开的"选择和可见性"窗格中显示当前的三张图。

③ 在窗格中按 Ctrl 键选择全部图片,单击"格式"选项卡"图片样式"中的"图片版式",在打开的下拉列表中选择"六边形群集"类型,这时图片的布局如图 3-115 所示。

2. Word 2010 中新增图片处理功能

（1）图片修正：颜色强度(饱和度)和色调(色温)。

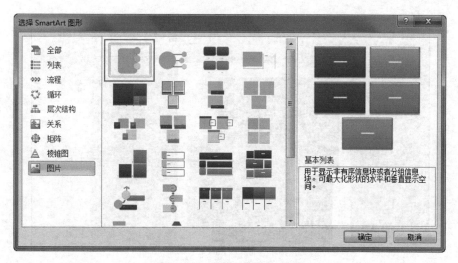

图 3-111　选择 SmartArt 图形

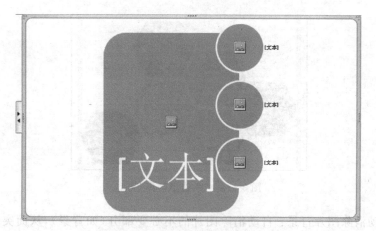

图 3-112　SmartArt 的编辑状态

图 3-113　插入图片后

图 3-114　修改图片环绕方式

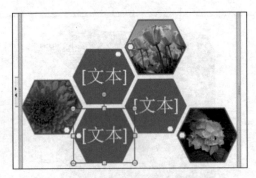

图 3-115　"六边形群集"类型

（2）自动消除图片背景：自动消除图片的不必要部分（如背景），从而突出图片主题或消除分散注意力的细节。

（3）新增艺术效果包括铅笔素描、线条图形、水彩海绵、马赛克气泡、玻璃、蜡笔平滑、塑封、影印和画图笔画。

（4）插入屏幕截图、更好的图片压缩和裁剪功能。

3.3.8　Word 导学实验 08——文本框编辑技术

在 Word 文档中可以插入横排或竖排文本框以编排一些独立的文字及图片。图 3-116为电子报刊的排版，其版面的划分均采用文本框，文本框中不仅能输入文字，还能插入图片和艺术字。

在报刊和杂志中经常有"下转××页"的情况，如果前一部分的文字增删或改变字号时，后一部分文字势必要随之变化，若由人来完成这项工作既费神又易出错，且未定稿前可能会反复调整，此时若使用两个经过链接的文本框，会使排版工作非常轻松、快捷。

图 3-116　文本框的应用

实验文件

（1）实验文字存放于"Word 导学实验\Word 导学实验 08-文本框编辑技术"文件夹中。

（2）文件夹中有"Word 拓展导学-文本框间的链接功能.dotx"、"Word 拓展导学-文字方向-竖排文本框.dotx"、"Word 拓展导学-制作名签.dotx"。

实验目的

本实验通过两个练习，了解文本框的特征。文本框既可作为一个独立的文本编辑区，同时又是一个特殊的图形对象，学习文本框的基本操作，掌握利用文本框实现局部文字的编辑排版技术及多文本框之间链接的技术。

实验要求

1. 竖排文本框

打开"Word 导学实验 08-文本框-文字.dotx"，制作如图 3-117 所示的文本框。

（1）将文件夹中的"方正水黑繁体.ttf"复制到控制面板的"字体"文件夹中，系统会自动完成字体安装，如图 3-118 所示。

（2）全诗文字为方正水黑繁体，诗名为二号字、居中，其余文字为四号字，文字颜色为"深蓝"。

图 3-117　"竖排文本框"效果

图 3-118 "字体"文件夹

(3) 选中文本框,单击"格式"选项卡"形状样式"组的右下角按钮,打开"设置形状格式"对话框,分别设置文本框的线型为复合类型"三线",宽度 8 磅(如图 3-119 所示);线条颜色为"深蓝"色(如图 3-120 所示);填充效果为预设颜色"碧海青天",类型为射线,方向为中心辐射(如图 3-121 所示),阴影为右下斜偏移(如图 3-122 所示)。

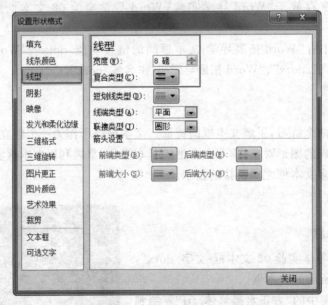

图 3-119 设置线型

2. 文本框的链接

实现两个文本框之间文本内容的链接,即当文本框 1 的大小"变小"时,"溢出"的文

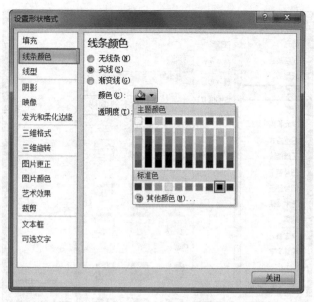

图 3-120 设置线条颜色

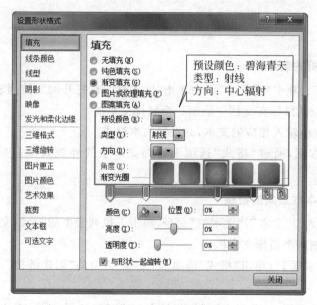

图 3-121 设置填充效果

本进入"文本框 2";当文本框 1 的大小"变大"时,文本框 2 中的文本内容返回"文本框 1"中。

解决思路

绘制两个文本框,在"文本框 1"中输入文本内容;将"文本框 1"与"文本框 2"做"链接",使文本框 1 的内容能动态地进出"文本框 2"。

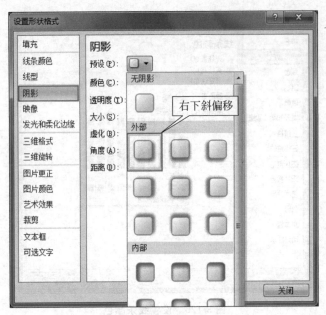

图 3-122　设置阴影

操作步骤

1. 竖排文本框的制作

(1) 在"插入"选项卡的"文本"组中单击"文本框",在打开的下拉列表中单击"绘制竖排文本框"按钮,拖动鼠标在文档中绘制一个竖排文本框。

(2) 在文本框中输入相应的文本,并设置文本格式。

(3) 选中文本框,通过"格式"选项卡修饰文本框的外观效果,包括颜色、线型、阴影等。

2. 实现两文本框之间的链接

(1) 单击"插入"|"文本"|"文本框"命令,单击下拉列表中的"绘制文本框"命令,在文档中拖动鼠标绘制两个横排文本框。

(2) 选中"文本框1",单击"格式"选项卡"文本"组中的"创建链接",这时鼠标指针变成"直立杯状"。

(3) 移动鼠标至"文本框2"上,鼠标指针会变成倾斜的形状,单击即可完成"链接"操作。

(4) 在文本框1中输入或粘贴所需的文字,如果该文本框已满,文字将自动进入已经链接的文本框2中,例如一首诗歌的链接效果如图3-123所示。

实验总结与反思

(1) 文本框样式。Word 2010中提供了多种文本框类型供选择,例如,不同风格的提要栏、引述等,如图3-124所示,用户可以根据需要从中进行选择。

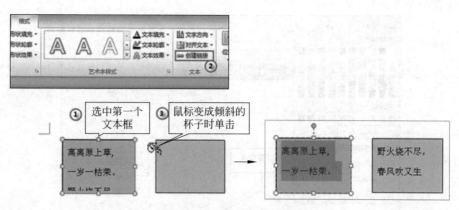

图 3-123 "文本框链接"效果

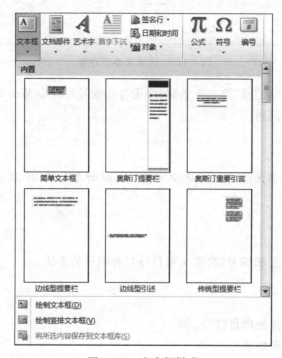

图 3-124 文本框样式

（2）文本框边框设置。

使用 Word 制作简单流程图时，流程图中添加的标注大多选用文本框实现，这是由于文本框可以方便地被拖动到任意位置。默认的文本框是含有边框线的，要去掉其边框线，首先选中文本框，单击"格式"|"形状样式"|"形状轮廓"下的"无轮廓"命令即可，如图 3-125 所示。

3.3.9 Word 导学实验 09——项目符号和编号

如何能让文档条理清楚和重点突出？如何快速修改编号？能否用自己的图片作为项

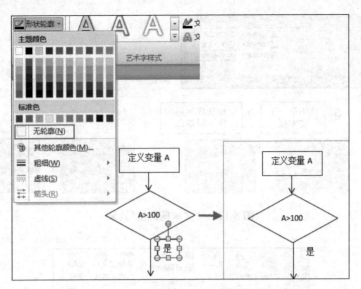

图 3-125   设置文本框边框

目符号？能否用"第×条"或"第×个学院"作为自动编号？利用 Word 项目符号和编号功能可快捷地解决这些问题。

实验文件

实验文件存于随书光盘"Word 导学实验\Word 导学实验 09-项目符号和编号"文件夹中。

实验目的

掌握添加项目符号和编号、自定义项目符号和编号的方法。

实验要求

(1) 为已有文档添加项目符号。

(2) 为已有文档添加编号。

(3) 选择字符作为项目符号。

(4) 选择图片作为项目符号。

(5) 自定义编号。

(6) 删除某一段落，观察编号的变化；在某段落后回车增加一新段落，观察编号的变化；移动某段落至新位置，观察编号的变化。

解决思路

利用"开始"选项卡"段落"组中的"项目符号"和"编号"按钮，添加及自定义项目符号和编号。

操作步骤

（1）为已有文档添加项目符号。

双击打开"Word 导学实验 09-项目符号和编号.
dotx"，选中所有文字，单击"开始"选项卡"段落"组
中的"项目符号"下拉按钮，从中选择项目符号，如
图 3-126 所示。

（2）为已有文档添加编号。

选中所有文字，在"开始"选项卡"段落"组中单
击"编号"下拉按钮，打开"编号库"下拉列表，如
图 3-127 所示，从中选择编号。

（3）选择字符作为项目符号。

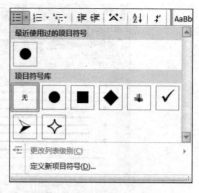

图 3-126　选择项目符号

选中所有文字，单击"开始"选项卡"段落"组中
"项目符号"后的三角形按钮，打开下拉列表，单击其中的"自定义新项目符号"项，打开"定
义新项目符号"对话框，如图 3-128 所示，单击"符号"按钮，在 Wingdings 字体中选择某字
符，单击"字体"按钮可改变项目符号颜色、大小等。

图 3-127　选择编号

图 3-128　自定义项目符号

（4）选择图片作为项目符号。

选中所有文字，单击"开始"选项卡"段落"组中"项目符号"后的三角形按钮，打开下拉
列表，单击其中的"自定义新项目符号"命令，打开"定义新项目符号"对话框，如图 3-129
所示，单击"图片"按钮，在"图片项目符号"对话框中单击"导入"按钮，选择图片，确认即可
将所选图片作为项目符号。

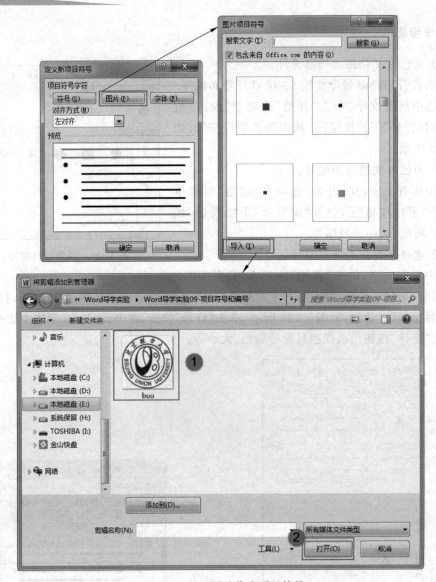

图 3-129　导入图片作为项目符号

（5）自定义编号的使用。

① 打开本实验文件夹中"中华人民共和国劳动合同法.dotx"，查看文档内容。设想，假若删除第一条，重新编号的工作量和出错率问题；假设将第九十条改到第五条前面，还要重新编号，定稿前反复修改的工作量和出错率会将人的精力大量消耗在排版上。

② 选中所有文字，在"开始"选项卡"段落"组中单击"编号"下拉列表中的"定义新编号格式"命令，打开"定义新编号格式"对话框，如图 3-130 所示，从中选择"编号样式"后，改写"编号格式"的内容，可选择起始编号，设置字体及缩进值等。

（6）删除某一段落，观察编号的变化；在某段落后回车增加一新段落，观察编号的变化；移动某段落至新位置，观察编号的变化情况。

图 3-130　自定义编号

实验总结与反思

Word 2010 中增加了新编号格式，例如 001、002、003、…以及 0001、0002、0003、…。

3.3.10　Word 导学实验 10——题注和交叉引用

论文或书稿中的插图应标注图号，以便于描述及阅读，对于短小的文章，可以在撰写文档的同时手动标注图号，但文档中若包含几十幅甚至上百幅图，并且在撰写修改过程中经常会增加或删除图片，如果仅靠手动标注或检查修改，极其烦琐，工作量巨大，正确率也难以保证。Word 提供的"题注"功能很好地解决了这个问题。本实验将主要从"插入题注"、"交叉引用"两方面介绍，最后以表格为例对自动插入题注的设置进行说明。

实验文件

实验文件存于随书光盘"Word 导学实验\Word 导学实验 10-题注和交叉引用"文件夹中。

实验目的

掌握题注和交叉引用。

实验要求

1. 插入题注

（1）运用"插入题注"功能在文档中的 5 张图下方插入"图 1，图 2，…"的图片题注。

（2）删除其中的任何一张图片，观察题注。

（3）更新题注。按 Ctrl＋A 键全选，更新域，观察题注的变化。

2. 交叉引用

(1) 在文档中插入对应图片的"交叉引用"。

(2) 跟踪"交叉引用"。

(3) 插入新图片后更新"题注"及"交叉引用"。

(4) 删除图片后更新"题注"及"交叉引用"。

3. 设置自动插入题注

(1) 设置插入表格时的"自动题注"。

(2) 插入新表格,观察表格题注。

操作步骤

双击"Word 导学实验 10-题注和交叉引用.dotx",打开文档。

1. 插入题注

(1) 打开"引用"选项卡,在"题注"组中单击"插入题注"按钮,打开"题注"对话框,如图 3-131 所示,单击"新建标签"按钮,在打开的"新建标签"对话框中输入标签名为"图",在第 1 张图片下方,单击"插入题注"按钮,观察图片的题注。用同样的方法为其他图片也插入题注。

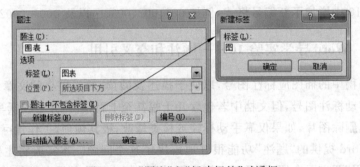

图 3-131　"题注"和"新建标签"对话框

(2) 删除其中一张图片,观察其他图片的题注。

(3) 按 Ctrl+A 键全选,在选中区域单击鼠标右键,在弹出的快捷菜单中单击"更新域"命令,再次观察图片的题注。

2. 交叉引用的使用

(1) 插入"交叉引用"。

将光标插入图所示标号的位置,在"引用"选项卡的"题注"组中单击"插入交叉引用",打开"交叉引用"对话框,如图 3-132 所示,设置交叉引用。

(2) 跟踪"交叉引用"。

将光标置于插入的交叉引用上,会出现如图 3-133 所示的访问链接,按住 Ctrl 键,单击该链接,跟踪观察对应的图片。

(3) 插入新图片后更新"交叉引用"和"题注"。

在第 1 张图片前插入新图片,执行"更新域"命令,观察题注和交叉引用的变化。

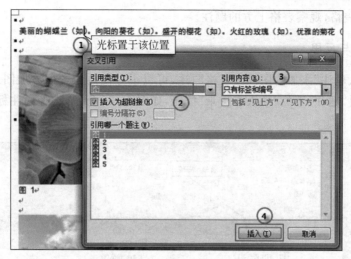

图 3-132　设置交叉引用

图 3-133　跟踪交叉引用

（4）删除图片后更新"交叉引用"和"题注"。

删除图 3，执行"更新域"命令，观察文档中的变化。

3. 设置自动题注

（1）设置插入表格时自动插入题注。

打开"引用"选项卡，单击"题注"组中的"插入题注"按钮，新建标签名为"表"的标签，单击"自动插入题注"按钮，打开"自动插入题注"对话框，如图 3-134 所示，选中"Microsoft Word 表格"复选框，使用新建的"表"标签，位置在项目上方，设置完成后单击"确定"按钮。

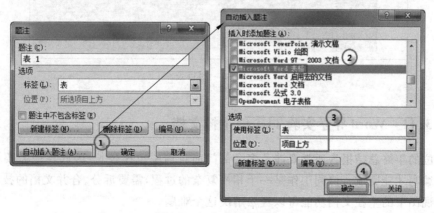

图 3-134　自动插入题注

（2）插入表格，观察表格上方的题注。

实验总结与反思

运用"插入题注"添加的图片或表格题注，可以很方便地为文档添加图表目录。方法是单击"引用"|"题注"下的"插入表目录"按钮，如图 3-135 所示，选择题注标签后单击"确定"按钮。

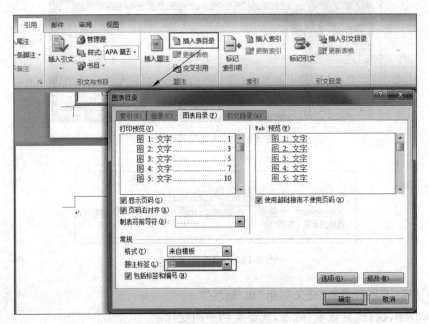

图 3-135　插入图表目录

插入图表目录后的界面如图 3-136 所示，将光标置于该目录项上按 Ctrl 键，单击该链接直接跟踪到对应的图片。

图 3-136　图目录

3.3.11　Word 导学实验 11——主控文档

单位的年终总结报告通常要涉及多个部门而且篇幅也比较长，因此往往需要由几个人共同编写才能完成。协同工作是一个相当复杂的过程，需要拆分、合并文档的技巧。运用大纲视图下的主控文档功能可以轻松解决这个难题。

本导学实验通过单位总结报告协同编辑实例说明主控文档功能的使用方法。

实验文件

实验文件存于随书光盘"Word 导学实验\Word 导学实验 11-主控文档"文件夹中。

实验目的

掌握主控文档和子文档的相关操作,熟练掌握协同编辑的具体步骤。

实验要求

(1)确定单位总结提纲,提纲内容包括:研发部总结、销售部总结、财务部总结、人力资源部总结 4 个部分,完成子文档拆分。

(2)分组编辑各个总结文档,即分别打开 4 份总结文档,加入新内容,来模拟单位各部门的分组编辑工作。

(3)汇总并另存为普通文档。

操作步骤

双击"Word 导学实验\Word 导学实验 11-主控文档\主控文档实验要求.dotx",按要求步骤进行操作。

(1)编辑主文档提纲,并完成子文档拆分。

① 新建空白 Word 文档,输入总结报告的总标题"2014 年度企业总结报告"。通过"开始"|"样式"中的标题样式,把研发部、销售部、财务部、人力资源部都设置为"标题 1"样式,如图 3-137 所示。

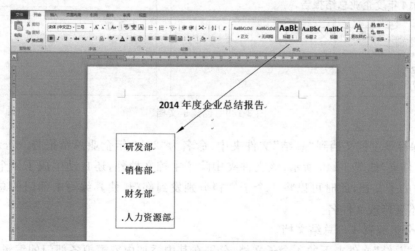

图 3-137 设置子文档标题的样式

② 打开"视图"选项卡,单击"文档视图"组中的"大纲视图"按钮,单击"大纲"|"主控文档"|"显示文档"按钮,如图 3-138 所示。将光标置于标题文字之后,单击"主控文档"组中的"创建"按钮,来创建子文档。在 4 项标题之后均单击"创建"按钮后,得到如图 3-139 所示带有子文档标记的主控文档。

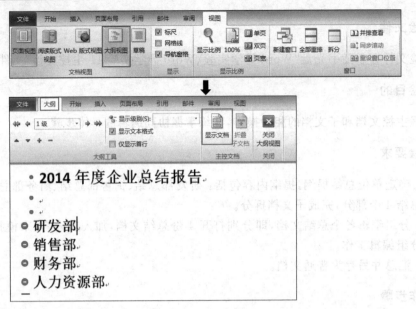

图 3-138　大纲视图

图 3-139　创建子文档

③ 保存该主控文档到"总结"文件夹中,命名为"2014 年企业总结报告.docx",打开"总结"文件夹,如图 3-140 所示,该文件夹中除了主控文档外,还自动生成了 4 个以提纲标题命名的子文档,此时可以将 4 个子文档分别发到部门,使其编写本部门的总结并保存,注意不要修改文件名。

(2) 分组编辑 4 份总结文档。

打开"总结"文件夹下的 4 个子文档,分别在其中添加内容模拟各部门的编辑过程。

(3) 文档汇总及保存。

待 4 份子文档均编辑完成后,即可进行汇总修订工作。实际工作中需要把各部门发送的总结文档复制到总结文件夹下覆盖同名文件,即可完成汇总。

打开主控文档"2014 年企业总结报告.docx",看到如图 3-141 所示的 4 行子文档的地址链接。切换到大纲视图,在"大纲"选项卡下,单击"主控文档"组中的"展开子文档"按钮

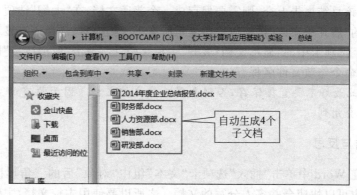

图 3-140　自动生成子文档

即可显示各新子文档的内容，如图 3-142 所示，此时可以直接在文档中修改，修改的内容会同时保存到对应的子文档中。

图 3-141　汇总后的主文档

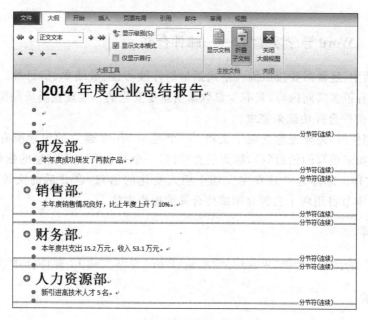

图 3-142　展开后的主控文档

若需要将该总结报告上交,则需要保存成一个普通文档,在"大纲"选项卡中,单击"主控文档"组中的"展开子文档"按钮以完整显示所有子文档内容;选择所有显示的子文档内容,单击"大纲"选项卡中的"显示文档"展开"主控文档"区,单击"取消链接"即可;单击"文件"|"另存为"命令修改文件名保存。

注意:在此最好不要直接保存,否则会覆盖掉主控文档。因为原有的主控文档以后再编辑时可能会用到。

实验总结与反思

事实上,在 Word 中单击"插入"选项卡"文本"组中"对象"后的三角形按钮,单击"文件中的文字"也可以快速合并多人分写的文档。之所以要使用主控文档,主要在于主文档中进行的格式设置、修改、修订等内容都能自动同步到对应子文档中,这一点在需要重复修改、拆分、合并时特别重要。

如果子文档已经编辑完成,则可以在主文档中直接插入,方法是:将光标定位到子文档标题后,单击"大纲"选项卡"主控文档"组中的"插入"按钮,如图 3-143 所示,在弹出的"插入子文档"对话框中选择已有的子文档即可。使用插入功能,不要求主控文档中的提纲必须为标题类型。在实验文件夹"插入子文档"中提供了计算机基础知识选择题的 5 个文档,将其作为子文档,利用插入子文档方法,建立主控文档"计算机基础知识选择题. docx"。

图 3-143　插入子文档

3.3.12　Word 导学实验 12——邮件合并

现实生活中,经常需要按照统一格式批量制作准考证、成绩单、信封等。这些文档的格式相同,且有很多共同内容,只有少量数据信息是变化的。实现这类应用需求可以使用 Word 提供的邮件合并功能来完成。

在合并邮件时,需要先建立两个文档:一个是用 Word 建立的包含所有文件共有内容的主文档(如未填写的信封等),称为主文档;另一个是包含变化信息的数据源文件,通常是 Excel 文件。邮件合并是在主文档中插入变化的信息,合并后的文件可以保存为 Word 文档。本节将用两个实例介绍邮件合并的操作方法。

实验文件

实验文件存于随书光盘"Word 导学实验\Word 导学实验 12-邮件合并"文件夹中。

实验目的

掌握邮件合并的步骤及操作方法。

实验要求

（1）准备主文档和数据源。即建立含有共有内容的主文档（Word 文件）和包含变化内容的数据源文件（Excel 或 Access 等文件）。

（2）通过邮件合并分步向导，选择数据源并插入数据域。

（3）查看合并文档，并保存到新文档。

操作步骤

1. 考试成绩通知单的制作

打开"Word 导学实验\Word 导学实验 12-邮件合并\考试成绩通知单"文件夹，在该文件夹下已经提供了所需的主文档和数据源文件，首先打开主文档"考试成绩通知单（主文档）.dotx"。

（1）打开"邮件"选项卡，单击"开始邮件合并"组中的"开始邮件合并"按钮，并在打开的下拉列表中单击"邮件合并分步向导"命令，如图 3-144 所示。

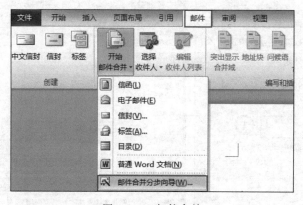

图 3-144 邮件合并

（2）在打开的"邮件合并"任务窗格中选择文档类型为"信函"，并单击"下一步：正在启动文档"，如图 3-145 所示。

（3）在"选择开始文档"向导页中，选中"使用当前文档"单选按钮，并单击"下一步：选取收件人"，如图 3-146 所示。

（4）打开"选择收件人"向导页，选中"使用现有列表"单选按钮，并单击"浏览"按钮，如图 3-147 所示，打开导学实验文件夹下的数据源文件"成绩单.xlsx"，在"选择表格"对话框已默认选中了当前表格，直接单击"确定"按钮，在弹出的"邮件合并收件人"对话框中单击"确定"按钮，回到"邮件合并"向导窗格，单击"下一步：撰写信函"。

（5）在打开的"撰写信函"向导页中插入变化数据，具体操作方法是：将光标置于主文档中待填写的姓名处，单击"其他项目…"，在弹出的"插入合并域"对话框中选择对应的姓名，单击"插入"按钮，操作过程如图 3-148 所示，其他空白数据也用同样方法插入，撰写完成后得到如图 3-149 所示的效果，完成后单击"下一步：预览信函"。

图 3-145　邮件合并第 1 步　　　　　　图 3-146　邮件合并第 2 步

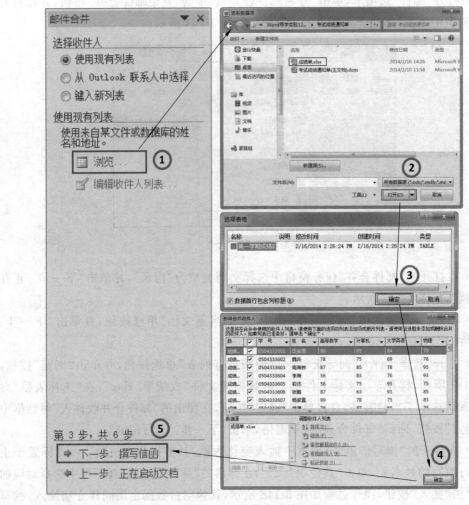

图 3-147　邮件合并第 3 步

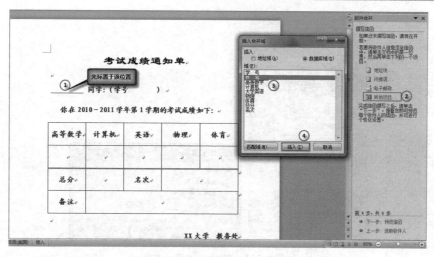

图 3-148　邮件合并第 4 步

（6）在"预览信函"时，文档中默认显示第一个合并文档效果。通过预览导航按钮观察其他收件人的合并结果，无误后单击"下一步：完成合并"按钮，如图 3-150 所示。

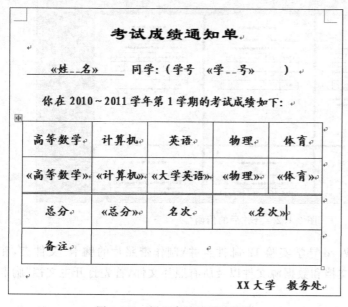

图 3-149　插入合并域后的效果

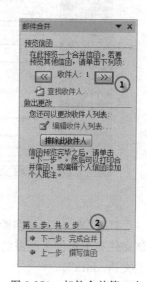

图 3-150　邮件合并第 5 步

（7）在"完成合并"向导页，单击"编辑单个信函"，打开"合并到新文档"对话框，在该对话框中默认选择合并全部，如图 3-151 所示，单击"确定"按钮完成邮件合并。最后生成的信函文件如图 3-152 所示，保存该文件即可。

2．制作带照片的胸卡

制作带照片的胸卡除了需要主文档和数据源文件外，还需作为照片的图片文件。由于除了文本外，还需插入图片，因此比上述成绩通知单的制作过程稍复杂。

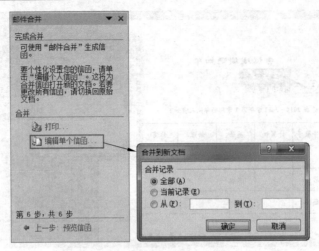

图 3-151 邮件合并第 6 步

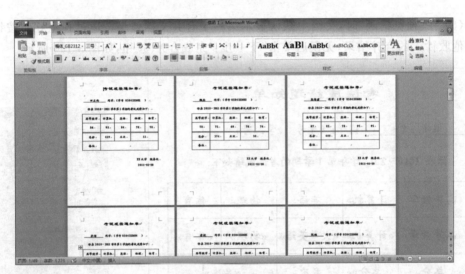

图 3-152 合并后的信函

打开"Word 导学实验\Word 导学实验 12-邮件合并\制作带照片的胸卡"文件夹,在该文件夹下提供了所需的主文档和数据源文件以及所有照片文件,首先打开主文档"胸卡主文档. dotx"。

(1) 打开"邮件"选项卡,在"开始邮件合并"组中单击"开始邮件合并"按钮,并在打开的下拉列表中单击"邮件合并分步向导"命令。

(2) 在打开的"邮件合并"任务窗格中,选择文档类型为"目录",并单击"下一步:正在启动文档"。

(3) 在"选择开始文档"向导页中,选中"使用当前文档"单选按钮,并单击"下一步:选取收件人"。

(4) 打开"选择收件人"向导页,选中"使用现有列表",并单击"浏览"按钮,打开导学实验文件夹下的数据源文件"胸卡数据源. xlsx",在"选择表格"对话框中已默认选中了当

前表格,单击"确定"按钮,在弹出的"邮件合并收件人"对话框中,单击"确定"按钮,回到
"邮件合并"向导窗格,单击"下一步:选取目录",如图 3-153 所示。

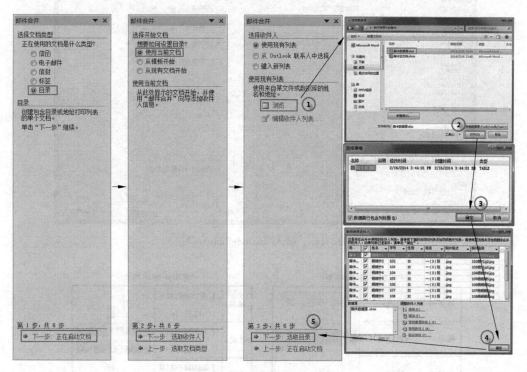

图 3-153 邮件合并前 4 步

(5)在打开的"选取目录"向导页中插入变化数据,具体操作方法是,将光标置于主文
档中待填写的姓名、性别、班级处,单击"其他项目...",在弹出的"插入合并域"对话框中选
择对应的域,单击"插入"按钮,如图 3-154 所示。

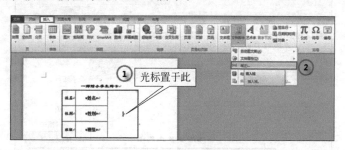

图 3-154 邮件合并第 5 步

(6)接下来插入照片,将光标置于放置照片的空白处,打开"插入"选项卡,单击"文
本"组"文档部件"中的"域...",打开"域"对话框,如图 3-155 所示,在该对话框中选择域名
IncludePicture,然后单击"确定"按钮,显示合并域,此时按 Alt＋F9 键,显示域代码,如
图 3-156 所示。

(7)将光标定位到 IncludePicture 之后,并与之空一格的位置,单击"邮件"|"编写"和
"插入域"|"插入合并域"按钮,单击"照片名称"命令,如图 3-157 所示,插入后的域代码显

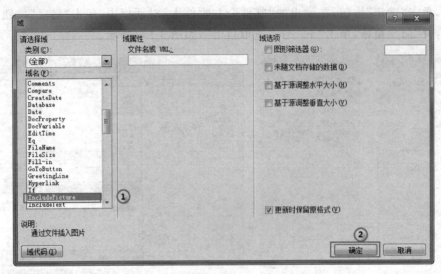

图 3-155　插入"IncludePicture"域

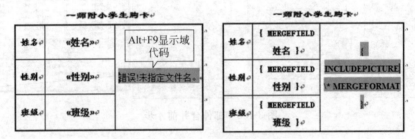

图 3-156　切换到域代码

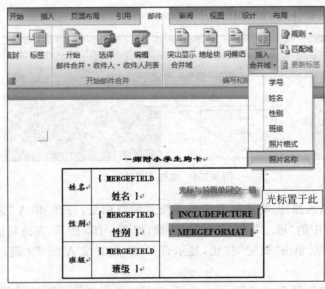

图 3-157　插入合并域

示如图 3-158 所示,按 Alt+F9 键回到显示合并域状态。此时照片处仍然显示"错误!未指定文件名",这是由于此时还未定位到照片文件位置,单击"下一步:预览目录"。

(8)在"预览目录"步骤中,按 F9 键刷新域,文档中默认显示第一个合并文档效果,如图 3-159 所示。特别注意:照片文件必须与主文档、数据源文件在同一文件夹下。单击"下一步:完成合并"按钮。

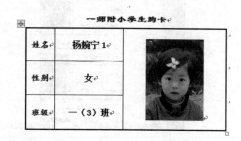

图 3-158 域代码   图 3-159 刷新域后效果

(9)在"完成合并"向导页中,单击"编辑新文档",在"合并到新文档"对话框中默认选择合并全部,单击"确定"按钮,如图 3-160 所示,保存合并文档到原有的文件夹(即与照片文件在同一文件夹下),按 Ctrl+A 键全选,然后按 F9 键刷新域,得到如图 3-161 所示的文档,再次单击"保存"按钮即可。

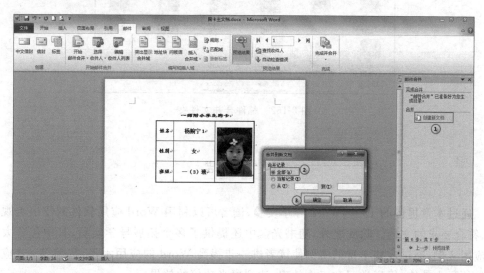

图 3-160 邮件合并第 6 步

实验总结与反思

在邮件合并时,只有文字域的文档合并比较简单,可以直接从"邮件"选项卡插入合并域,而合并带照片的文档时,必须首先要插入 IncludePicture 域,然后在参数中指定插入的图片域名称,并且切记所有文件均保存在同一文件夹下(如图 3-162 所示),以保证成功进行域更新。

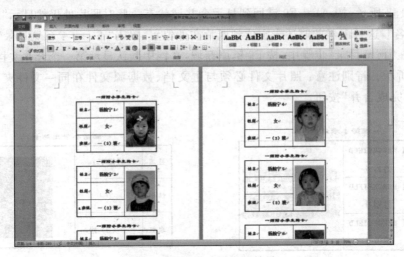

图 3-161　邮件合并后的效果

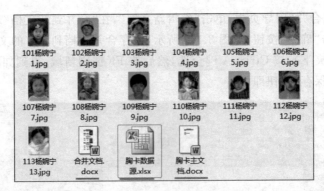

图 3-162　邮件合并文件夹

小　结

　　通过本章提供的 12 个 Word 导学实验,读者可以利用 Word 应用软件制作出美观大方、符合要求的文档。除此之外,随书光盘中还提供了多个拓展导学实验,其中包含大量的应用实例,通过这些丰富的实例使读者进一步提高 Word 的应用水平,掌握 Word 应用软件的强大功能,提高学习和工作效率,达到事半功倍的效果。

第4章 演示文稿的制作

本章学习目标

体验 PowerPoint 2010 的新功能；了解 PowerPoint 中的基本概念，如主题、模板、幻灯片切换、动画效果等；掌握演示文稿的制作过程；根据需要制作出符合要求的演示文稿；掌握幻灯片放映方式的设置；能快速将演示文稿保存成多种格式；尝试制作幻灯片的模板，并用该模板制作演示文稿。

4.1 认识 PowerPoint

在工作中人们常常需要向客户介绍公司的产品、汇报工作计划、展示研究成果，在学习中有时也要汇报或展示自己的学习或研究成果，制作图文声并茂的演示文稿是汇报的基础。在制作演示文稿时，不仅要掌握制作工具的使用，更重要的是要有良好的创意，这样才能使制作出的演示文稿更有吸引力。

Microsoft PowerPoint 是一个基于 Windows 环境下专门用来编辑演示文稿的应用软件，所谓演示文稿就是指 PowerPoint 文件，在 PowerPoint 2010 中建立的演示文稿的默认的扩展名是".pptx"。演示文稿中的每一页称为幻灯片。

单击"开始"|"所有程序"| Microsoft Office | Microsoft PowerPoint 2010 命令，启动 PowerPoint 软件，打开的 PowerPoint 的界面如图 4-1 所示。读者可以通过浏览 PowerPoint

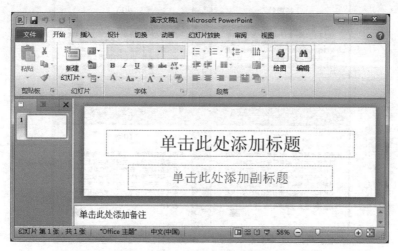

图 4-1   Microsoft PowerPoint 窗口

的帮助信息，以全面、详细地了解 PowerPoint 的各项功能和具体操作方法，打开 PowerPoint 帮助信息的方法是：单击"文件"菜单"帮助"项中的"Microsoft Office 帮助"，打开"PowerPoint 帮助"窗口，从中查看需要的帮助信息。

4.2　PowerPoint 导学实验

4.2.1　PowerPoint 导学实验 01——创建空白演示文稿

实验素材

实验素材在随书光盘"PowerPoint 导学实验\PowerPoint 导学实验 01-创建空白演示文稿"文件夹中。

实验目的

熟练制作简单的演示文稿；能设置幻灯片中某些对象的超链接或动作，以便在不同页面之间相互跳转；快速在演示文稿中插入页眉和页脚等信息。

实验要求

创建如图 4-2 所示内容的演示文稿。

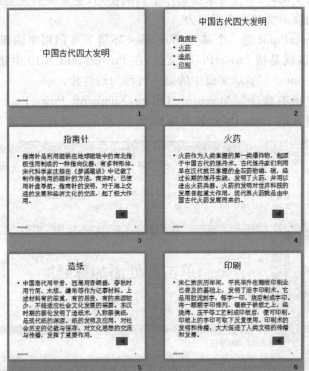

图 4-2　"中国古代四大发明-空白文档"演示文稿（6 张幻灯片）

操作步骤

（1）启动 PowerPoint 软件，系统自动打开一个"标题幻灯片"版式的空白演示文稿，打开随书光盘"PowerPoint 导学实验\PowerPoint 导学实验 01-创建空白演示文稿"中的"中国古代四大发明.dotx"，将"中国古代四大发明"复制到"单击此处添加标题"占位符处。

（2）插入新幻灯片。

方法 1：单击"开始"选项卡中的"新建幻灯片"，或按 Ctrl＋M 键，插入 5 张幻灯片。

方法 2：选中幻灯片选项卡中第 1 张幻灯片，按 5 次回车键，即可插入 5 张新幻灯片，其版式为"标题和内容"。

在第 2 页幻灯片中输入的内容如图 4-2 中第 2 页幻灯片所示。

（3）录入或粘贴"中国古代四大发明.dotx"文件中的内容到演示文稿的各页幻灯片中。

可以在各页幻灯片的占位符中输入文本，也可以将"中国古代四大发明.dotx"文件中的内容复制后粘贴到各页幻灯片的对应占位符中。

（4）为第 2 页幻灯片中的各项内容插入超链接，以便在放映幻灯片时单击各项目链接到相应的幻灯片页面中。

选中第 2 页幻灯片中的"指南针"，单击"插入"选项卡中的"超链接"，打开"插入超链接"对话框，在其中按图 4-3 所标注的序号依次进行设置，单击"确定"按钮完成超链接的设置。在 PowerPoint 中单击位于状态栏右边的"幻灯片放映"按钮，单击第 2 页幻灯片中的"指南针"文字区域，查看超链接是否正确。

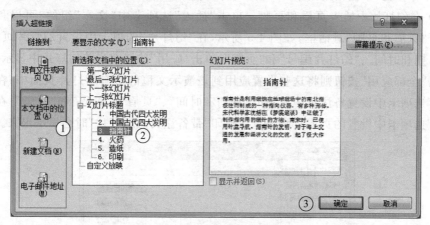

图 4-3 "插入超链接"对话框

按照同样的方法设置第 2 页幻灯片中其余文字的超链接。

（5）分别在第 3～6 页幻灯片中添加"动作按钮"，在放映幻灯片时单击该按钮返回到第 2 页幻灯片。

① 在第 3 页幻灯片的右下角插入动作按钮。在第 3 页幻灯片中单击"插入"选项卡中的"形状"，单击打开的下拉列表框中的"动作按钮：后退或前一项"，这时鼠标变为"＋"字形状，在该页幻灯片右下角的合适位置按住鼠标左键拖动画一个矩形框，释放鼠标左

键,便在该幻灯片中插入了一个动作按钮,在释放鼠标左键的同时弹出"动作设置"对话框,在"单击鼠标"选项卡中选中"超链接到"单选按钮,在下拉列表框中选中"幻灯片"命令,在弹出的"超链接到幻灯片"对话框中选中第2页幻灯片,如图4-4所示,依次单击"确定"按钮,即可完成动作设置。放映幻灯片,单击该动作按钮,查看其动作效果。

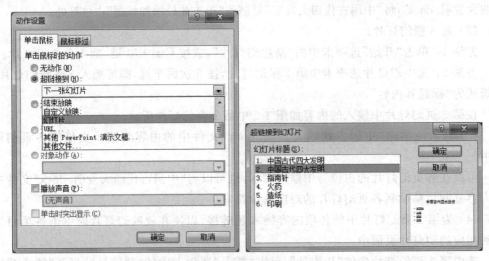

图 4-4　动作按钮设置

② 按照同样的方法设置第4~6页幻灯片中的动作按钮,或者直接复制第3页幻灯片中的动作按钮,依次粘贴到第4~6页幻灯片中。

(6) 在幻灯片中插入页眉和页脚。单击"插入"选项卡中"文本"组的"页眉和页脚"项,打开"页眉和页脚"对话框,如图4-5所示,在"幻灯片"选项卡中设置幻灯片页面中显示的"日期和时间"、"幻灯片编号"和"页脚",单击"应用"按钮在当前幻灯片中显示这些信息,单击"全部应用"按钮则将这些设置应用到该演示文稿的所有幻灯片页面中;在"备注和讲义"选项卡中设置备注页中显示的"日期和时间"、"页眉"、"页码"和"页脚",在"备注和讲义"选项卡中设置的页眉页脚信息在打印"带备注页的幻灯片"时会显示出来。

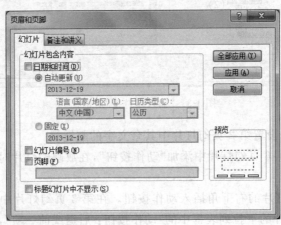

图 4-5　"页眉和页脚"对话框

(7) 放映演示文稿,查看其放映效果。在 PowerPoint 中单击"幻灯片放映"选项卡中的"从头开始",放映演示文稿,观看放映效果。

(8) 保存演示文稿。

执行"文件"选项卡中的"保存"或单击标题栏中的"保存"按钮,在打开的"另存为"对话框中指定演示文稿保存的路径和文件名("中国古代四大发明-空白文档.pptx")后,单击"保存"按钮保存该演示文稿。

放映该演示文稿,观看其放映效果,可以看出该演示文稿能较好地完成介绍内容的要求,但其缺少生动性和吸引力,因此需要进一步对该演示文稿进行格式设置和修饰。

实验总结与反思

(1) 启动 PowerPoint 2010 后自动打开如图 4-6 所示的第一个幻灯片,通过单击"新建幻灯片"在演示文稿中插入的第 2 页幻灯片,如图 4-6 中右边的幻灯片所示,通常在第 1 个幻灯片中可以插入标题和副标题,第 2 个幻灯片中可以插入标题和文本,这是两种版式不同的幻灯片。

图 4-6 幻灯片版式

幻灯片版式包括要在幻灯片上显示的全部内容的格式设置、位置和占位符。幻灯片中带有虚线的框就是占位符,在占位符中可以插入文本(包括正文文本、项目符号列表和标题)、表格、图表、SmartArt 图形、影片、声音、图片及剪贴画等内容;版式中也包括幻灯片的主题(颜色、字体、效果和背景)。

PowerPoint 2010 中提供了"标题幻灯片"、"标题和内容"等多种内置的幻灯片版式供用户选择使用。

(2) 在 PowerPoint 2010 中,可以使用超链接和动作按钮两种方式实现在幻灯片各页面之间的跳转,超链接的对象可以是文本或对象(如图片、图形、形状或艺术字),通过超链接实现从一个幻灯片到另一个幻灯片、自定义放映、网页或文件的链接。使用动作按钮在各个页面之间切换时,应先添加动作按钮。

(3) 在 PowerPoint 中通过设置"动作"的操作实现与超链接相同的效果,设置"动作"的操作方法是选中对象,单击"插入"选项卡中的"动作",打开"动作设置"对话框进行设置。两种方法的不同体现在:通过"动作"设置超链接时可以选择超链接发生的动作,即单击鼠标还是鼠标移过时进行超链接。

（4）在 PowerPoint 中设置页眉和页脚时，通过单击"应用"将设置应用到当前幻灯片中，单击"全部应用"将设置应用到演示文稿的所有幻灯片中。在后续的 PowerPoint 学习中，会经常使用该操作设置效果的不同应用范围。

（5）如果要将 Word 文件中的内容快速导入到 PowerPoint 2010 中，可从网上下载相应的控件并加载该控件。

4.2.2 PowerPoint 导学实验 02——使用主题修饰演示文稿

实验目的

熟练使用主题修饰演示文稿；了解主题的作用；根据需要选择合适的主题修饰演示文稿。

实验要求

用主题修饰演示文稿"中国古代四大发明-空白文档. pptx"，查看用不同主题修饰的演示文稿的效果。

操作步骤

（1）打开"中国古代四大发明-空白文档. pptx"演示文稿。

（2）使用主题修饰演示文稿。通过"设计"选项卡"主题"组（如图 4-7 所示）中的主题对演示文稿进行修饰。

图 4-7 "主题"组

① 预览应用不同主题的演示文稿效果。将光标停留在"主题"组中各主题的缩略图上，观察幻灯片页面的变化，预览主题应用到演示文稿的效果。

② 在演示文稿中应用主题。单击"主题"组中的某一主题，即可将该主题应用到演示文稿的所有幻灯片中。

③ 在演示文稿中应用多种主题。定位于要应用某一主题的幻灯片中，右键单击"主题"组中的某一个主题，在弹出的快捷菜单中单击"应用于选定幻灯片"命令，即可将该主题应用到当前的幻灯片页面中。

④ 修改所选用的主题的颜色、字体和效果。单击"主题"组右侧的"颜色"、"字体"或"效果"按钮，打开"颜色"、"字体"或"效果"列表框，如图 4-8 所示，在列表框中单击一种主题颜色、字体或效果，即可将该颜色、字体或效果方案应用到主题中。

⑤ 保存演示文稿，将应用主题后的演示文稿另存为"中国古代四大发明-主题. pptx"。

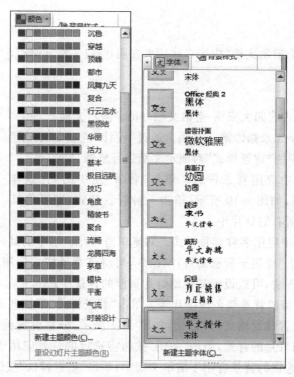

图 4-8　主题颜色和主题字体列表框

实验总结与反思

（1）使用主题可以制作出具有专业水准的演示文稿，每一种主题都包括主题颜色、主题字体和主题效果。主题颜色包含 12 种颜色槽，前 4 种颜色用于文本和背景，最后两种为超链接和已访问的超链接的颜色，中间的 6 种为强调文字颜色；每个主题均定义了两种字体：一种用于标题；另一种用于正文文本，二者可以是相同的字体，也可以是不同的字体；主题效果是指应用于图表、SmartArt 图形、形状、图片、表格、艺术字和文本中的效果。

（2）主题与模板的不同。PowerPoint 模板是一个或一组幻灯片的模式或设计图，它通常是以".potx"为扩展名的文件，模板可以包含版式、主题颜色、主题字体、主题效果、背景样式，甚至可以包含内容，由此可见，模板比主题涵盖的内容更多。

（3）创建演示文稿时，可以先选定一种主题，再输入内容或插入新幻灯片；也可以先制作幻灯片，然后应用某一主题。

4.2.3　PowerPoint 导学实验 03——使用背景样式修饰演示文稿

实验目的

熟练使用背景样式修饰演示文稿，了解背景样式的内容。

实验要求

用背景样式修饰演示文稿"中国古代四大发明-空白文档.pptx"。

操作步骤

(1) 打开"中国古代四大发明-空白文档.pptx"演示文稿。

(2) 使用背景样式来修饰演示文稿。通过"设计"选项卡"背景"组(如图4-9所示)中的"背景样式"对演示文稿进行修饰。

图4-9 "背景"组

① 在演示文稿中应用背景样式。单击"背景"组中的"背景样式"打开下拉列表框,如图4-10所示,单击一种背景样式,即可将其应用到演示文稿的所有幻灯片中。

② 在演示文稿中应用多种背景样式。右键单击"背景"组中的某一种背景样式,在弹出的快捷菜单中单击"应用于所选幻灯片"命令,可将该背景样式应用到当前的幻灯片页面中。通过同样的方法,可以设置其他幻灯片页面的背景样式。

③ 设置演示文稿的背景颜色或图片等。单击"背景样式"下拉列表框中的"设置背景格式"命令,打开"设置背景格式"对话框,如图4-11所示,分别设置纯色、渐变色、图片或纹理、图案等作为幻灯片的背景,单击"关闭"按钮将选定的背景应用于当前幻灯片,单击"全部应用"按钮将选定的背景应用于演示文稿中,单击"重置背景"按钮删除设定的背景。

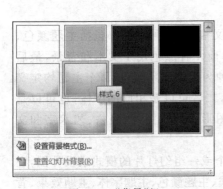

图4-10 "背景"组

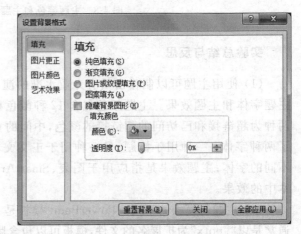

图4-11 "设置背景格式"对话框

④ 保存演示文稿,将应用背景样式后的演示文稿另存为"中国古代四大发明-背景样式.pptx"。

4.2.4 PowerPoint导学实验04——制作图文并茂的演示文稿

实验目的

在"中国古代四大发明-主题.pptx"演示文稿中插入图像、声音,并能对图像、声音的效果进行设置。

操作步骤

(1) 打开"中国古代四大发明-主题.pptx"演示文稿。

(2) 在幻灯片中插入图片,并调整图片的格式。

① 在第 2 页幻灯片中插入"四大发明.gif",定位到第 2 页幻灯片,单击"插入"选项卡中"图像"组中的"图片",打开"插入图片"对话框,选择随书光盘中"PowerPoint 导学实验04-制作图文并茂的演示文稿"中的"四大发明.gif",单击"插入"按钮即可将其插入到该幻灯片中,选中插入的图片,调整其位置和大小。

② 调整图片的格式。选中插入的图片,在"图片工具"的"格式"选项卡中对图片格式进行调整,"格式"选项卡如图 4-12 所示。

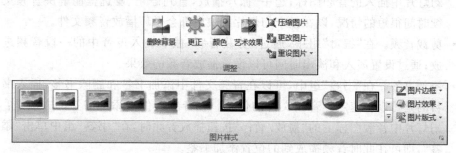

图 4-12 调整图片格式的选项卡

单击"调整"组中的"更正"项可以设置图片的"锐化和柔化"效果、调整图片的"亮度和对比度";单击"颜色"项可以调整图片的饱和度、色调、重新着色效果及透明色等;单击"艺术效果"可以为图片设置一种艺术效果。

单击"图片样式"组中的任意一种样式可以将该样式应用到图片中,在"图片样式"组中也可以设置图片边框、图片效果、图片版式等。

此外,在"图片工具"下的"格式"选项卡中也可以调整图片的排列方式及精确的大小。

③ 按照同样的方法在第 3~6 页幻灯片中分别插入随书光盘中"PowerPoint 导学实验 04-制作图文并茂的演示文稿"中的"指南针.gif"、"火药.gif"、"造纸.gif"、"印刷.gif"等图片,并调整各图片的位置、大小和格式。

(3) 在幻灯片中插入音频,并设置声音播放的效果。

① 在第 1 页幻灯片中插入音频文件。定位到第 1 页幻灯片,单击"插入"选项卡"媒体"组中的"音频",打开"插入音频"对话框,选择需要的音频文件,单击"插入"按钮,将该音频文件插入到幻灯片中,同时在幻灯片页面中出现音频播放图标,单击该图标下的"播放/暂停"按钮预览声音的播放效果。

② 对幻灯片中添加的声音播放效果进行编辑和设置。放映幻灯片时,发现只在第 1页幻灯片中播放该音频文件,切换到第 2 页幻灯片时,自动停止播放声音。如果希望在演示文稿的各页幻灯片放映中播放声音,需要对插入的音频文件进行设置,方法是选中幻灯片中插入的音频图标,通过"音频工具"中的"播放"选项卡进行设置,"播放"选项卡如图 4-13 所示。

图 4-13　音频播放设置选项卡

- 设置自动播放音频。在"音频选项"组"开始"后的下拉列表框中选择开始播放音频的方式,包括"单击时"、"自动"和"跨幻灯片播放"三种方式,默认为"单击时"播放音频,如果选择"自动"则会在放映幻灯片时自动播放音频,"跨幻灯片播放"方式则使音频播放延续到后续幻灯片中;选中"放映时隐藏"复选框,在放映时隐藏幻灯片中插入的音频图标;选中"循环播放,直到停止"复选框能解决音频文件持续时间很短的情况,以在整个幻灯片放映中都会循环播放音频文件。

- 剪裁音频。在"编辑"组中,通过"剪裁音频"截取插入声音中的一段音频进行播放;通过设置淡入和淡出时间可以设置播放音频的效果。

- 添加书签。在"书签"组中,可以在音频文件中添加书签和删除书签,插入书签的目的是可以快速定位音频文件的位置。在音频文件中添加书签的方法是:单击幻灯片中音频图标下的"播放/暂停"按钮播放音频时,在"书签"组中单击"添加书签",即可在此时音频播放到的位置添加书签。

(4) 在幻灯片中插入视频。

① 插入视频。定位于要插入视频的幻灯片上,单击"插入"选项卡"媒体"组的"视频"项,打开"插入视频文件"对话框,找到要插入的视频并选中,单击"插入"按钮即可插入视频。

② 设置视频的效果。单击幻灯片上要设置效果的视频,在"视频工具"下"格式"选项卡的"视频样式"组中,单击一种样式可将其应用于视频中,也可以单击"视频效果"(如图 4-14 所示)在打开的下拉列表中进行视频效果的设置,同时也可以设置视频形状和视频边框。

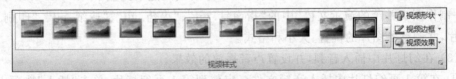

图 4-14　"视频样式"组

③ 播放视频并查看视频效果。在插入视频的幻灯片中,单击视频帧下的"播放"按钮播放插入的视频。

④ 剪裁视频。在幻灯片上选中视频,在"视频工具"下"播放"选项卡的"编辑"组中,单击"剪裁视频"打开"剪裁视频"对话框,拖动视频播放条左侧的绿色标记设置视频的新起始位置,拖动视频播放条右侧的红色标记设置视频的新结束位置。

(5) 保存演示文稿,将演示文稿另存为"中国古代四大发明-图片和声音.pptx"。

实验总结与反思

(1) 在 PowerPoint 中还可以插入"剪贴画"和"屏幕截图"实现图文并茂的效果,操作方法参见插入图片的方法。

(2) 在 PowerPoint 2010 中可以插入的视频格式有 avi、asf、asx、mpg、wmv 等。

(3) 在 PowerPoint 2010 中还可以插入 SmartArt 图形,SmartArt 图形是信息和观点的视觉表示形式,使用 SmartArt 图形表示信息更有助于读者理解信息,明晰信息的层次结构。在 PowerPoint 中使用 SmartArt 图形有助于用户制作出具有专业水准的演示文稿。在 PowerPoint 2010 中可以插入的 SmartArt 图形参见表 3-5。

① 在演示文稿中插入 SmartArt 图形。单击"插入"选项卡"插图"组中的"SmartArt 图形",打开"选择 SmartArt 图形"对话框,根据要表达信息的类型和特征,在该对话框中选择一种 SmartArt 图形,单击"确定"按钮即可将该图形插入到演示文稿中。

② 在插入的 SmartArt 图形中添加文本。选中插入的 SmartArt 图形,单击"在此处键入文字"对话框中的"[文本]",然后输入文本即可,如图 4-15 所示。

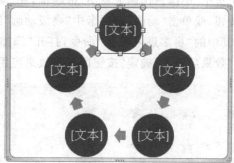

图 4-15 在 SmartArt 图形中添加文本

③ 在 SmartArt 图形中添加或删除形状。单击 SmartArt 图形中最接近新形状的添加位置的现有形状,在"SmartArt 工具"下的"设计"选项卡中,单击"创建图形"组中"添加形状"后的箭头,若在所选形状之后插入形状,单击"在后面添加形状"命令,若在所选形状之前插入形状,则单击"在前面添加形状"命令。

若要从 SmartArt 图形中删除形状,首先要选中删除的形状,然后按 Delete 键即可删除该形状。选中 SmartArt 图形所在的边框,按 Delete 键,删除整个 SmartArt 图形。

④ 更改整个 SmartArt 图形的颜色。选中 SmartArt 图形,在"SmartArt 工具"下的"设计"选项卡中,单击"SmartArt 样式"组中的"更改颜色",如图 4-16 所示,打开颜色下拉列表框,单击其中的任何一种颜色,可将该颜色应用于选中的 SmartArt 图形上。

图 4-16 更改 SmartArt 图形的颜色

⑤ 更改形状的填充颜色。选中要更改颜色的形状,在"SmartArt 工具"的"格式"选项卡的"形状样式"组中,单击"形状填充"打开调色板,在其中单击某一颜色,即可用该颜色填充该图形。若要使形状中没有填充颜色,则单击"无填充颜色"项。在"形状样式"组中也可以设置形状轮廓和形状效果。

4.2.5 PowerPoint 导学实验 05——使演示文稿动起来

实验目的

熟练为幻灯片页面中的对象添加动画效果;能快速设置幻灯片的切换效果,使演示文稿动起来。

操作步骤

(1) 打开"中国古代四大发明-图片和声音.pptx"演示文稿。

(2) 为第 1 页幻灯片的标题"中国古代四大发明"添加"百叶窗"的动画效果。在第 1 页幻灯片中选中"中国古代四大发明"标题框,在"动画"选项卡中单击"动画"组中动画效果后面的按钮,或单击"动画"选项卡中"高级动画"组中的"添加动画",打开动画效果下拉列表,单击其中的"更多进入效果"命令,打开"添加进入效果"对话框,如图 4-17 所示,选择"百叶窗"效果后单击"确定"按钮即可将效果应用于选定的对象上。

图 4-17　动画效果下拉列表和"添加进入效果"对话框

对动画效果进行设置。选中已设置动画的对象"中国古代四大发明"标题框,在"动画"选项卡中单击"动画"组中的"效果选项",在打开的下拉列表中选择效果;也可以单击"高级动画"组中的"动画窗格"按钮,打开"动画窗格",在动画窗格上右击要设置效果的动画对象,单击弹出的快捷菜单中的"效果选项"命令,打开效果对话框对动画进行详细设置。在"百叶窗"效果对话框中可以设置动画的方向、播放动画的声音效果等,如图 4-18所示。

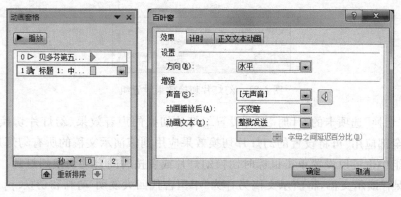

图 4-18　动画窗格和动画效果设置对话框

在"动画"选项卡的"计时"组(如图 4-19 所示)中可以设置动画的开始方式(单击时、与上一动画同时、上一动画之后)、动画的持续时间、延迟开始动画的时间;在幻灯片中选中已设置动画的某个对象,通过单击"计时"组中的"向前移动"或"向后移动"可以调整该对象动画的播放顺序。

在 PowerPoint 2010 中,可以使用"动画刷"快速将动画从一个对象复制到另一个对象。在使用动画刷时首先选择包含要复制的动画的对象,在"动画"选项卡的"高级动画"组中单击"动画刷",如图 4-20 所示,此时光标变为，在幻灯片上单击要将动画复制到其中的对象,即可实现动画的复制。

图 4-19　"计时"组

图 4-20　"高级动画"组

(3) 为第 2～6 页幻灯片中的各对象添加动画效果,并设置各对象的动画效果。以第3 页幻灯片为例,为其中的"指南针"标题添加路径动画效果,方法是选中"指南针"标题框,单击"动画"选项卡中"高级动画"组中的"添加动画",在打开的下拉列表中单击"动作路径"下的"自定义路径"命令,此时鼠标会变为"＋"状,单击鼠标左键开始动作路径的绘制,移动鼠标并在拐点处再次单击鼠标左键,重复多次该操作,绘制动作路径,双击鼠标左键结束动作路径的绘制,预览动画效果。在绘制动作路径时,如果按住鼠标左键进行绘制,则绘制的动作路径是平滑的曲线。

在 PowerPoint 中也可以删除不需要的动画。删除动画的方法是选择要删除动画的对象,在"动画"选项卡的"动画"组中,单击"无"即可删除该对象上的动画。

(4) 设置幻灯片的切换效果。在"切换"选项卡的"切换到此幻灯片"组中,如图 4-21 所示,单击任意一种切换效果,可该将效果应用于切换到该幻灯片的效果,单击"切换到此幻灯片"组中的"效果选项",在打开的下拉列表中修改幻灯片切换的效果。

图 4-21　幻灯片切换效果设置组

通过"切换"选项卡的"计时"组可设置幻灯片切换的声音效果、幻灯片切换的持续时间,单击"全部应用"可将设置的幻灯片切换效果应用到该演示文稿的所有幻灯片页面中;在"计时"组中也可以设置单击鼠标时切换幻灯片或者按时间自动切换幻灯片。

(5) 保存演示文稿,将演示文稿另存为"中国古代四大发明-动画和切换.pptx"。

实验总结与反思

(1) 通过"动画"效果可以为幻灯片中的对象添加动态效果。

(2) 通过设置幻灯片切换效果可以为切换幻灯片添加动态效果。

4.2.6　PowerPoint 导学实验 06——设置个性化的幻灯片放映方式

实验目的

熟练使用多种方式放映演示文稿,比较不同放映方式之间的差异。

操作步骤

(1) 打开"中国古代四大发明-动画和切换.pptx"演示文稿。

(2) 放映幻灯片查看幻灯片的实际运行效果。通过"幻灯片放映"选项卡(如图 4-22 所示)中"开始放映幻灯片"组中的"从头开始"或"从当前幻灯片开始"放映幻灯片。

图 4-22　"幻灯片放映"选项卡

(3) 设置自定义幻灯片放映。通过自定义放映可以根据需要为同一个演示文稿设置多种不同的放映组合。

单击"开始放映幻灯片"组中的"自定义幻灯片放映"下的"自定义放映"项,打开"自定义放映"对话框,单击其中的"新建"按钮,打开"定义自定义放映"对话框,如图 4-23 所示,在"幻灯片放映名称"后的输入框中输入自定义放映的名称(也可以使用默认的名称);从"在演示文稿中的幻灯片"列表中选择需要放映的幻灯片后单击"添加"按钮,将要放映的幻灯片添加到"在自定义放映中的幻灯片"列表中;也可以从"在自定义放映中的幻灯片"列表中删除不需要放映的幻灯片,方法是选中要删除的幻灯片,单击"删除"按钮即可;选中"在自定义放映中的幻灯片"列表中的幻灯片,单击向上、向下的两个箭头按钮,调整自定义放映中幻灯片放映的先后顺序;单击"确定"按钮完成自定义放映的设置,并返回到"自定义放映"对话框,如图 4-24 所示,在该对话框中可以整体编辑或删除自定义放映,也可以单击"放映"按钮放映自定义的幻灯片,单击"关闭"按钮完成自定义放映的设置。

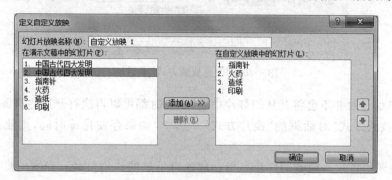

图 4-23　"定义自定义放映"对话框

设置完的自定义放映会出现在"幻灯片放映"选项卡中"开始放映幻灯片"组的"自定义幻灯片放映"的下拉列表中,单击可放映自定义放映的幻灯片。

(4)排练计时。启动排练计时,会进入幻灯片的放映状态,并记录放映每张幻灯片所用的时间,保存这些放映计时,以便在以后的自动放映中使用这一放映计时。单击"幻灯片放映"选项卡中"设置"组的"排练计时"即可进入幻灯片的放映状态,同时在屏幕左上角会出现"录制"对话框,显示当前幻灯片放映的持续时间及放映至当前幻灯片所用的时间;放映完演示文稿中的最后一页幻灯片后,会弹出如图 4-25 所示的对话框,询问用户是否保留该排练计时,单击"是"按钮保留排练计时,以后放映该演示文稿便使用该排练计时。

图 4-24　"自定义放映"对话框

图 4-25　保留排练计时的对话框

关闭幻灯片放映的排练计时。如果在放映幻灯片时,不想使用排练计时,则可以将排练计时关闭,方法是在"幻灯片放映"选项卡的"设置"组中,单击"设置幻灯片放映",打开

"设置放映方式"对话框,如图 4-26 所示,在"换片方式"中选择"手动"单选按钮即可。

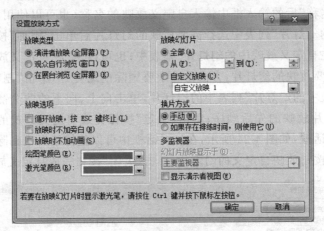

图 4-26　"设置放映方式"对话框

关闭排练计时并不会将其从幻灯片中删除,随时都可以再次打开这些排练时间,方法是在"设置放映方式"对话框的"换片方式"下选中"如果存在排练时间,则使用它"单选按钮。

(5) 隐藏幻灯片。隐藏幻灯片是指在放映时不放映该幻灯片。隐藏幻灯片时,首先定位在要隐藏的幻灯片上,然后单击"幻灯片放映"选项卡"设置"组中的"隐藏幻灯片"即可将该幻灯片设为隐藏,隐藏的幻灯片并不会从演示文稿中删除。

实验总结与反思

在 PowerPoint 中,用户可以根据需要来设置多种不同的放映方式。通过自定义放映用户可以为同一个演示文稿应用多种放映组合;通过隐藏幻灯片,可以将演示文稿中的某些幻灯片隐藏起来,不放映这些幻灯片;通过排练计时可以预制幻灯片的放映过程。

4.2.7　PowerPoint 导学实验 07——将演示文稿保存为多种格式

实验目的

根据需要,能将演示文稿保存为多种不同的格式;了解每种格式的特点和适用范围。

实验要求

分别将演示文稿保存成放映格式、PDF 文件、视频和打包成 CD。

操作步骤

(1) 打开"中国古代四大发明-动画和切换.pptx"演示文稿。

(2) 将演示文稿保存为 PowerPoint 放映格式(＊.ppsx)。将演示文稿保存为 ppsx格式可以在不打开演示文稿的情况下直接放映演示文稿。单击"文件"中的"另存为"命令,打开"另存为"对话框,如图 4-27 所示,选择文件保存的位置,输入文件名称,在"保存类型"列表框中选择"PowerPoint 放映(＊.ppsx)",单击"保存"按钮即可。

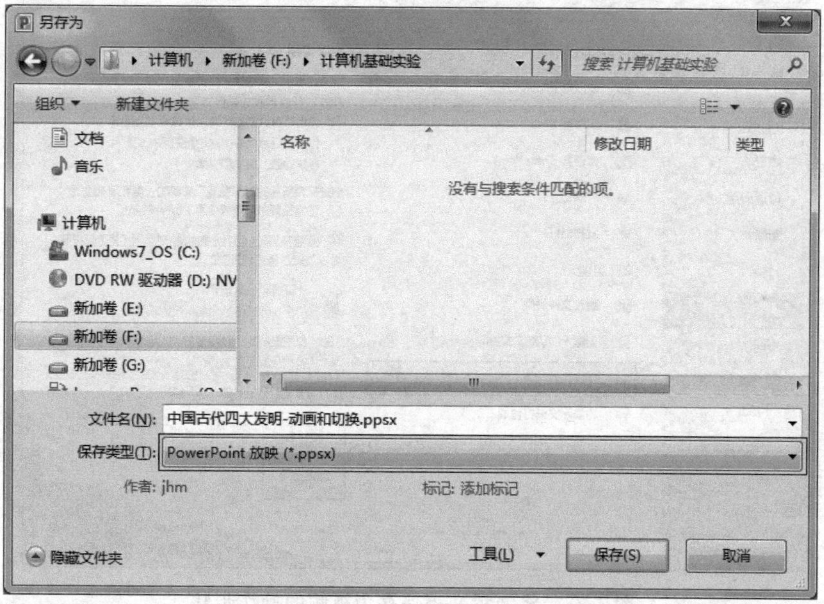

图 4-27 "另存为"对话框

(3) 将幻灯片保存为图片或 PDF 文件。单击"文件"中的"另存为"命令,打开"另存为"对话框,在"保存类型"列表框中选择图片类型(如 JPEG 文件交换格式(＊.jpg)、PNG可移植网络图形格式(＊.png)),单击"保存"按钮,弹出对话框要求用户确认只导出当前幻灯片还是导出所有幻灯片,这样就可以把该页幻灯片或演示文稿中的所有幻灯片保存为图片。

通过设置"另存为"对话框中的"保存类型"为"PDF(＊.pdf)",可将演示文稿保存为PDF 文件。PDF 文件能保留文件原有的格式,但其他人无法轻易更改其中的数据,PDF文档适用于希望能共享文档但又不希望他人修改文档的情境中,PDF 文件也特别适用于要打印的文件中。

(4) 将演示文稿保存为视频。将演示文稿保存为视频便于在没有安装 PowerPoint的计算机上通过视频播放软件放映幻灯片,将演示文稿保存为视频的方法:单击"文件"中的"保存并发送",在打开界面的"文件类型"中单击"创建视频",然后在右窗格中单击"创建视频"(如图 4-28 所示),在打开的"另存为"对话框中设置视频文件保存的位置和文件名称,即可将演示文稿保存为扩展名为 WMV 的视频,视频中保留了各页幻灯片的动画、切换等效果。

(5) 将演示文稿打包成 CD。通过创建演示文稿的 CD 可以在另一台计算机上放映演示文稿。打包成 CD 的操作步骤如下。

单击"文件"中的"保存并发送"命令,在"文件类型"中单击"将演示文稿打包成 CD",然后在右窗格中单击"打包成 CD",打开"打包成 CD"对话框(如图 4-29 所示)。

若要将其他演示文稿添加进来,则需要单击"添加"按钮打开"添加文件"对话框,在其

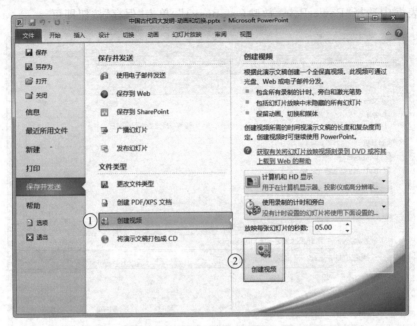

图 4-28 将演示文稿保存为视频的操作步骤

中选择要添加的演示文稿,单击"添加"按钮即可将选中的演示文稿加入到打包成 CD 的文件中;如果需要添加多个演示文稿则应重复此步骤的操作;如果要在包中添加其他相关文件,也可以重复此步骤。单击"删除"按钮,则可以删除"要复制的文件"列表中选中的文件,从而不对该文件进行打包处理。

单击"选项"按钮,打开"选项"对话框(如图 4-30 所示),为了确保包中包括与演示文稿相链接的文件,应选中"链接的文件"复选框;若要使用嵌入的 TrueType 字体,则应选中"嵌入的 TrueType 字体"复选框。若在"增强安全性和隐私保护"下的输入框中输入密码后再打包,那么其他用户在打开或修改演示文稿时需要输入该密码。若要检查演示文稿中是否存在隐藏数据和个人信息(隐藏的信息可能包括演示文稿创建者的姓名、公司的名称,以及其他不希望外人看到的机密信息等),则应选中"检查演示文稿中是否有不适宜信息或个人信息"复选框。单击"确定"按钮关闭"选项"对话框。

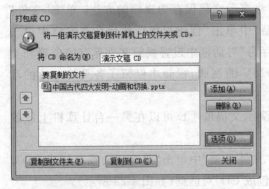

图 4-29 "打包成 CD"对话框

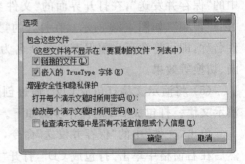

图 4-30 "选项"对话框

如果要将演示文稿复制到计算机的磁盘驱动器上,则单击"打包成CD"对话框中的"复制到文件夹"按钮,在打开的对话框中输入文件夹名称和位置,然后单击"确定"按钮;如果要将演示文稿复制到CD,则单击"复制到CD"按钮,这时需要确保计算机的光驱中有CD。

将PowerPoint 2010的演示文稿打包成CD后,并不能在没有安装PowerPoint 2010的计算机中放映该演示文稿。PowerPoint 2010的演示文稿打包成CD后,其中有一个名为PresentationPackage的文件夹,在该文件夹中有PresentationPackage.html文件,双击打开该网页文件,单击在该网页文件中的Download Viewer超链接,下载并安装播放器,这样才能在没有安装PowerPoint 2010的计算机中放映打包的演示文稿。

实验总结与反思

(1) 在PowerPoint 2010中,用户可以根据需要将演示文稿保存成多种格式,保存为PDF文件或视频便于在没有安装PowerPoint的机器上通过其他软件放映演示文稿;通过打包成CD可以将演示文稿直接刻录在光盘中。

(2) 为方便、快捷地查看并利用演示文稿中的内容,可以将演示文稿中的内容保存为Word文档,方法是在PowerPoint 2010中单击"文件"中的"另存为"项,在打开的"另存为"对话框中,将"保存类型"设置为"大纲/RTF文件(*.rtf)"后保存即可。

4.2.8 PowerPoint 导学实验 08——制作电子相册

实验文件

实验图片存放于"PowerPoint导学实验08-制作电子相册\歌唱祖国"文件夹中,实验中也可使用自己的图片制作电子相册。

实验目的

在PowerPoint中熟练制作电子相册,以便快速查看照片。

操作步骤

(1) 启动PowerPoint 2010,新建空白演示文稿。

(2) 新建相册。单击"插入"选项卡"图像"组中的"相册",打开"相册"对话框,按如图4-31所示的步骤进行设置,单击"文件/磁盘"按钮打开"插入新图片"对话框,找到照片所在的位置并选中照片即可将这些照片插入到电子相册中,插入的图片名称会以列表的形式显示在"相册"对话框的"相册中的图片"列表框中,通过上、下两个箭头按钮可以调整相册中图片的先后顺序,通过"删除"按钮可以删除选中的相册中的图片。

在"相册版式"中设置"图片版式"、"相框形状"和相册的"主题",单击"创建"按钮生成电子相册。

(3) 向现有相册中添加图片,单击"插入"选项卡下"图像"组中的"相册"下拉列表中的"编辑相册"项,打开"编辑相册"对话框,通过其中的"文件/磁盘"按钮插入新照片后,单

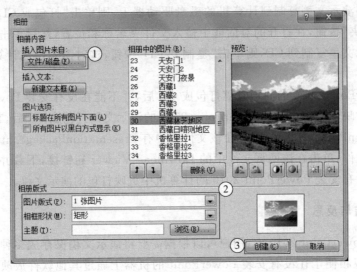

图 4-31　设置"相册"对话框

击"编辑相册"对话框中的"更新"按钮向相册中添加新照片。

（4）保存电子相册。将创建的电子相册保存为"我的电子相册.pptx"。

实验总结与反思

通过创建电子相册能快速地显示并预览大量照片，并设置这些照片显示的外观效果。

4.2.9　PowerPoint 导学实验 09——将幻灯片组织成节

实验目的

掌握将一个演示文稿中的多页幻灯片组织成节的操作；了解幻灯片分节的作用。

操作步骤

（1）打开"我的电子相册.pptx"演示文稿。

（2）在普通视图或幻灯片浏览视图中，在要新增节的两个幻灯片之间单击鼠标右键，在弹出的快捷菜单（如图 4-32 所示）中单击"新增节"菜单项，即可在两页幻灯片之间插入一个新节，插入位置前面的幻灯片作为一节，后面的幻灯片是第二节。

按照同样的方法，在演示文稿中需要分节的位置执行"新增节"的操作，这样就可以把演示文稿中的幻灯片分成若干节。

（3）重命名节。通过"重命名节"的操作可以为节指定一个有意义的名称，新增节的默认名称都是"无标题节"，右键单击"无标题节"标记，在弹出的快捷菜单中单击"重命名节"，打开"重命名节"对话框，如图 4-33 所示，在"节名称"输入框中输入节的名称，单击"重命名"按钮。

在演示文稿中进行分节操作并重命名节名之后，演示文稿的幻灯片浏览视图如图 4-34 所示。

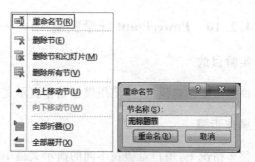

图 4-32 "新增节"菜单项　　　　　　　　　　图 4-33 重命名节的操作

图 4-34 分节后的演示文稿

（4）向上或向下移动节。在幻灯片列表中通过向上或向下移动节的操作，可以整体调整该节中的幻灯片在演示文稿中的位置。在幻灯片列表中右键单击节名称标记，在弹出的快捷菜单中单击"向上移动节"或"向下移动节"命令即可调整该节的位置。

（5）删除节。通过删除节的操作，可以删除演示文稿中的节，删除节并不会删除该节中的幻灯片。右键单击节名称标记，在弹出的快捷菜单中单击"删除节"命令就可以删除该节，把两节合并成一节。

实验总结与反思

（1）在处理庞大的演示文稿时，单纯通过幻灯片标题和编号不能导航演示文稿中的幻灯片时，可以使用 PowerPoint 2010 中的节功能组织幻灯片、定位幻灯片的位置。通过节功能组织幻灯片，就像使用文件夹组织文件一样。

（2）在幻灯片浏览视图和普通视图中都可以查看节，但如果用户希望按照定义的逻辑类别对幻灯片进行组织和分类，则在幻灯片浏览视图中实现更方便。

4.2.10　PowerPoint 导学实验 10——制作模板

实验目的

根据需要创建模板;并使用模板制作演示文稿;了解模板与主题的异同。

操作步骤

很多情况下,用户希望在不同的演示文稿中多次使用自己设计的个性化的背景、占位符、项目符号、页眉页脚等内容,若能像系统提供的设计模板那样保存好,随时可以选用,将不仅使用户方便、快捷、高效地工作,还会使工作保持统一的风格。例如,某总公司的管理部门要求各子公司制作的演示文稿具有统一的风格,各出版社出版的教材课件也都具有代表出版社形象的演示文稿界面等,PowerPoint 提供的保存自己模板的功能可以轻而易举地实现这一要求。

PowerPoint 模板是扩展名为 potx 文件的一张幻灯片或一组幻灯片的图案或蓝图。模板包括版式、主题颜色、主题字体、主题效果、背景样式,甚至可以包括内容,其中主题颜色、主题字体和主题效果构成了一个主题。用户可以创建自己的模板,并与他人共享使用该模板。创建 PowerPoint 模板的步骤如下。

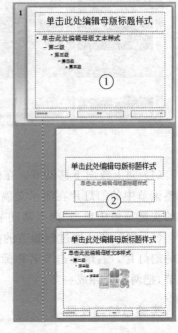

图 4-35　"幻灯片母版"视图

（1）在 PowerPoint 中新建一个空白演示文稿,在"视图"选项卡的"母版视图"组中单击"幻灯片母版",打开"幻灯片母版"视图(如图 4-35 所示),在"幻灯片母版"视图的幻灯片缩略图窗格中,幻灯片母版(图 4-35 中的①处)为较大的幻灯片图像,与幻灯片母版相关联的幻灯片版式(图 4-35 中的②处)较小,位于幻灯片母版下面。

（2）若要自定义幻灯片母版和相关版式,需要执行以下操作。

① 若要从版式中删除不需要的默认占位符,则在幻灯片缩略图窗格中单击包含该占位符的幻灯片版式,在演示文稿窗口中选中占位符,然后按 Delete 键。

② 若要添加文本占位符,则在幻灯片缩略图窗格中单击要添加占位符的幻灯片版式,在"幻灯片母版"选项卡上的"母版版式"组中,单击"插入占位符",在打开的下拉列表中单击"文本"命令,在要插入占位符的位置按住鼠标左键拖动绘制占位符。

③ 若要添加包含内容(如图片、剪贴画、屏幕快照、SmartArt 图形、图表、影片、声音和表)的其他类型的占位符,则在"幻灯片母版"选项卡上的"母版版式"组中单击"插入占位符",然后选择要添加的占位符类型,在要插入占位符的位置按住鼠标左键拖动绘制相应的占位符。

④ 在幻灯片母版(图 4-35 中的①处)中插入的图形、图片等对象也会出现在与其相关联的各个版式页面中。

(3) 将主题应用到模板中。在"幻灯片母版"选项卡上的"编辑主题"组中单击"主题",选择一个主题并单击就可将该主题应用到模板中。

若要更改背景,则在"幻灯片母版"选项卡上的"背景"组中单击"背景样式",从中选择背景颜色、图片等。

(4) 设置演示文稿中所有幻灯片的页面方向。在"幻灯片母版"选项卡上的"页面设置"组中单击"幻灯片方向",然后单击"纵向"或"横向"。

(5) 保存模板。执行"文件"选项卡中的"另存为"命令,打开"另存为"对话框,在"保存类型"列表中选择"PowerPoint 模板(.potx)",输入文件名,然后单击"保存"按钮。

(6) 应用自行设计的模板创建演示文稿。在"文件"选项卡上,单击"新建",在"可用的模板和主题"中单击"我的模板",找到并单击自己创建的模板,然后单击"确定"按钮即可使用该模板创建演示文稿。

实验总结与反思

(1) 幻灯片母版是幻灯片层次结构中的顶层幻灯片,用于存储有关演示文稿的主题和幻灯片版式的信息,如背景、颜色、字体、效果、占位符大小和位置;每个演示文稿至少包含一个幻灯片母版;修改和使用幻灯片母版的主要优点是可以对演示文稿中的每张幻灯片进行统一的样式更改,无须在每张幻灯片上进行修改,因此能提高效率。

修改幻灯片母版下的一个或多个版式实质上是修改该幻灯片母版。每个幻灯片版式的设置方式都不同,但与幻灯片母版相关联的所有版式均包含相同主题(配色方案、字体和效果)。

(2) 如果希望演示文稿中包含两种或更多种不同的样式或主题(如背景、配色方案、字体和效果),则需要为每种不同的主题插入一个幻灯片母版。

小　　结

通过本章导学实验的学习和实践,读者利用 PowerPoint 软件可以制作出美观大方、图文声兼具的动态演示文稿;在演示文稿制作的过程中,读者要注意发挥自己的想象,并在演示文稿中设计出预想的效果,制作出新颖、独特的演示文稿;在学习和工作中,读者要注重积累各种有特色的幻灯片,不断拓展幻灯片设计的效果,以制作出专业水准的演示文稿。

第5章 数据处理

本章学习目标

理解 Excel 中的基本概念;掌握 Excel 单元格和工作表、单元格数据格式等基本操作;掌握常用函数的使用,并运用函数完成统计电费、统计天然气费用等实际应用实验;掌握利用数据制作图表、设置图表格式等操作;掌握数据排序、筛选、分类汇总等数据处理方法;掌握批注、名称、分列、SmartArt 等相关操作方法;掌握保护工作表和工作簿以及设置数据有效性的方法;具备数据处理的综合能力。

5.1 概　述

Microsoft Office Excel 是微软公司的办公软件 Microsoft Office 的套装软件之一,是一款基于 Windows 环境下专门用来编辑电子表格的应用软件。用户可以在工作表上输入并编辑数据,对数据进行各种计算、分析、统计、处理,并且可以对多张工作表的数据进行汇总计算,利用工作表数据创建直观、形象的图表。同时,由于 Excel 和 Word 同属于 Office 套件,所以它们在窗口组成、格式设定、编辑操作等方面有很多相似之处,因此,在学习 Excel 时要注意应用以前 Word 中已学过的知识。

本章除一些基本知识单独介绍外,大部分知识点与操作技能和技巧都融入导学实验中,通过实验领会和学习 Excel 的基本操作和功能。本章的所有实验都将实验素材和实验要求及实验平台融为一体,读者只需打开相应实验文件,按照工作表提示,即可完成大部分实验,并可比较结果样式进行正确性验证。

5.1.1 Excel 2010 窗口介绍

单击“开始”|“程序”|Microsoft Office|Microsoft Excel 2010 命令或双击桌面上的快捷方式图标,启动 Excel 程序,界面如图 5-1 所示。

(1) 工作簿:Excel 的工作方式是为用户提供一个工作簿,系统默认的工作簿文件名为“工作簿 1.xlsx”,每个新建的工作簿中默认包含三张空白工作表,用户可以根据需要增加或删除工作表。

(2) 工作表及工作表标签:工作表由排列成行或成列的单元格组成。每个工作表

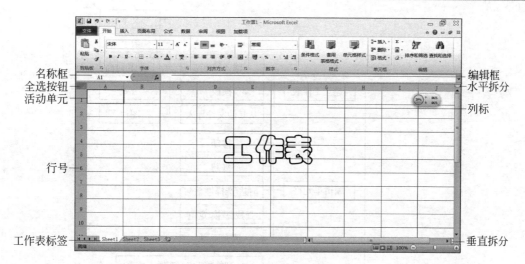

名称框
全选按钮
活动单元
行号
工作表标签

编辑框
水平拆分
列标
垂直拆分

图 5-1 Excel 2010 界面

都由若干行和列组成,行号用数字表示,列标用字母来表示。用户可以根据需要添加、删除、复制、移动、重命名、隐藏工作表等。每张工作表都有一个名称叫标签,系统默认的工作表名称为 Sheet1、Sheet2、…,依次显示在工作表标签上,用户可以为工作表重命名。

(3)名称框:位于编辑栏左端的框,用于指示选定的单元格、图表项或图形对象。

(4)编辑栏:位于 Excel 窗口顶部的条形区域,用于输入或编辑单元格或图表中的值或公式。编辑栏中显示了存储于活动单元格中的常量值或公式。

(5)全选按钮:单击该按钮可选中工作表中所有单元格。

(6)活动单元格:用鼠标单击某单元格,其边框变为黑色粗实线,表明该单元格被选中,称为活动单元格。用户可以向活动单元格中输入数据。一次只能有一个活动单元格。

(7)水平拆分块:将鼠标放在工作表的某个位置,双击水平拆分块可以将工作表水平拆分为两部分。

(8)垂直拆分块:将鼠标放在工作表的某个位置,双击垂直拆分块可以将工作表垂直拆分为两部分。

5.1.2 Excel 的工作流程

Excel 的工作流程如图 5-2 所示。首先通过手动输入数据或模板、导入其他文件等方式建立工作表,然后根据需要编辑单元格和工作表,并修饰工作表,用户还可以根据需要创建图表,进行排序、筛选、分类汇总等数据处理,最后保存退出。

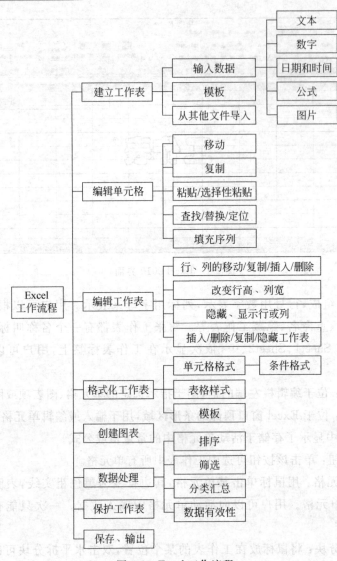

图 5-2　Excel 工作流程

5.2　工作表的基本操作

初学 Excel 的读者需要理解和掌握工作表的基本操作,只有熟练掌握 Excel 的基本操作,才能理解其知识点,为进一步掌握 Excel 打下基础。

5.2.1　Excel 导学实验 01——基本认知实验

本实验包括的知识点:名称框的位置和所示内容,编辑栏的位置和所示内容,不同操作时鼠标的形状,水平和垂直拆分块,改变行高和列宽的方法,行或列的插入、删除和隐藏,单元格的清除和删除,单元格的格式改变。

实验文件

随书光盘"Excel 导学实验\Excel 工作表基本操作\Excel 导学实验 01-基本认知实验.xltx"。

实验目的

掌握 Excel 的基础知识和基本操作。

实验要求

根据第一张工作表中的实验任务,完成本次实验。具体要求、指导见各工作表。

操作步骤

(1) 打开文件,了解实验任务。实验任务如图 5-3 所示。

	实验任务
1	依次学习和完成工作表 1、2、3、4、5中的实验内容。
2	根据提示完成工作表6中的实验内容。

图 5-3 基本认知实验任务

(2) 打开工作表"1-名称框、编辑栏",了解名称框、编辑栏的作用,如图 5-4 所示。

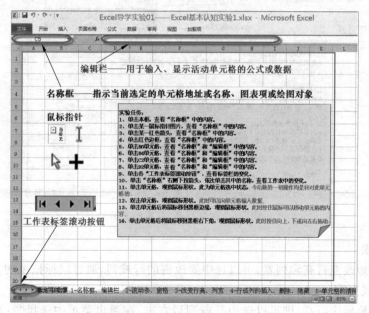

图 5-4 名称框、编辑栏实验

(3) 打开工作表"2-滚动条、窗格",如图 5-5 所示,完成实验任务,掌握水平拆分块、垂直拆分块的使用方法和作用。将鼠标放在要拆分的单元格上,双击水平拆分块或垂直拆分块,观察拆分效果。双击拆分线可以去除拆分。

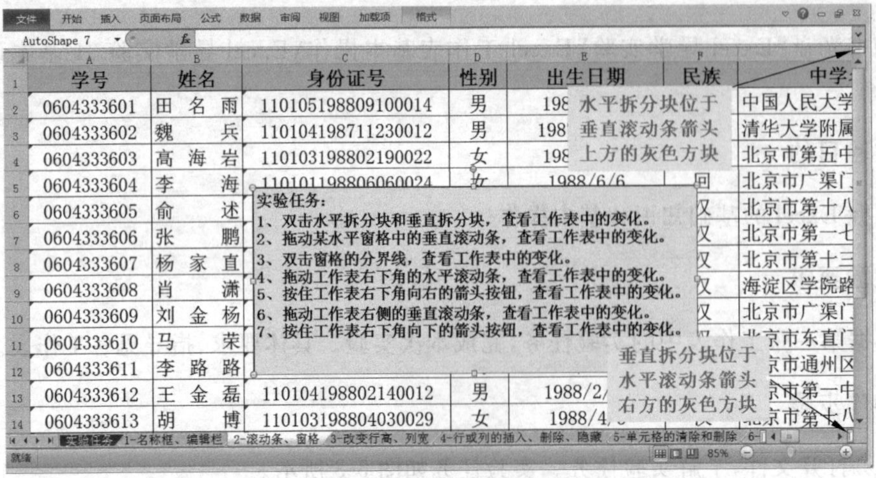

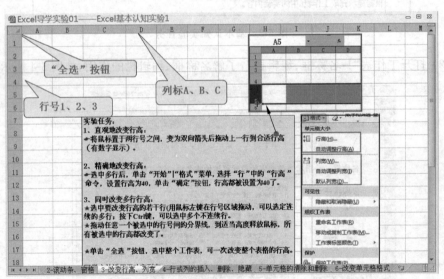

图 5-5　滚动条、拆分块实验

(4) 单击工作表"3-改变行高、列宽",如图 5-6 所示,完成实验任务,掌握行高、列宽的改变方法。

图 5-6　改变行高、列宽的实验

实验步骤:

① 直观地改变行高和列宽,可以选中要改变的行或列,通过鼠标拖曳的方法,调整到合适的行高或列宽。

② 精确地确定行高,则可以选中行或列后右击,在弹出菜单中选择"行高"或"列宽"命令,输入数据完成。

(5) 单击工作表"4-行或列的插入、删除、隐藏",如图 5-7 所示,完成实验任务,掌握删除行、插入行和隐藏列/取消隐藏的操作方法。

实验步骤：

① 删除行，按住 Ctrl 键，可以选择多个不在一起的行或列，然后右击鼠标，在弹出的菜单中选中"删除"命令。

② 插入行或列，选中某行或几行，然后右击鼠标，在弹出的菜单中选中"插入"命令，则在该行或列前插入相同数量的行或列。

③ 隐藏行或列，选中要隐藏的行或列，然后右击鼠标，在弹出的菜单中选中"隐藏"命令，则隐藏行或列。"取消隐藏"命令也在弹出菜单中。

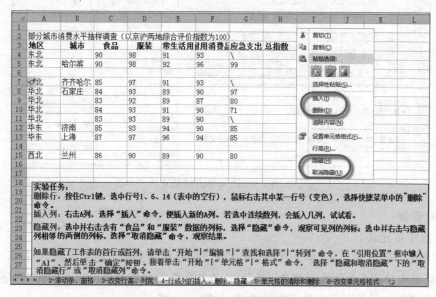

图 5-7 行或列的插入、删除和隐藏的实验

（6）单击工作表"5-单元格的清除和删除"，如图 5-8 所示，完成实验任务，体会清除的方法和差别，以及不同删除方式的差别。

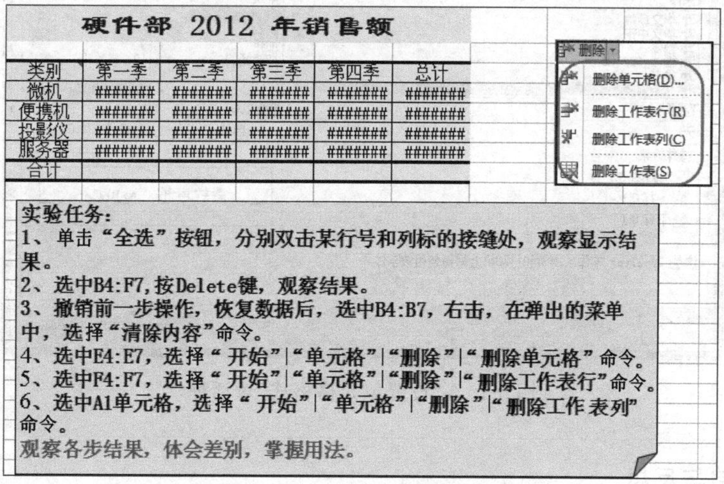

图 5-8 单元格的清除和删除实验

（7）打开工作表"6-改变单元格格式"，如图 5-9 所示，完成实验任务，掌握单元格格式（字体、对齐、边框、图案）的设置方法。

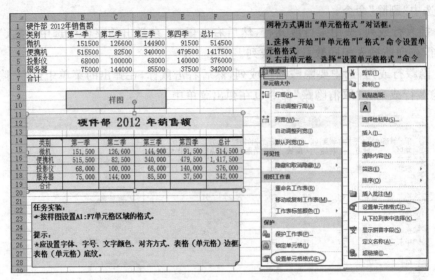

图 5-9　改变单元格格式

实验步骤：

① 选中单元格。

② 单击"开始"选项卡"单元格"组的"格式"按钮或右击选中的单元格，在打开的下拉列表或菜单中单击"设置单元格格式"命令，在"设置单元格格式"对话框的"数字"、"对齐"、"字体"等选项卡中设置单元格的格式，如图 5-10 所示。

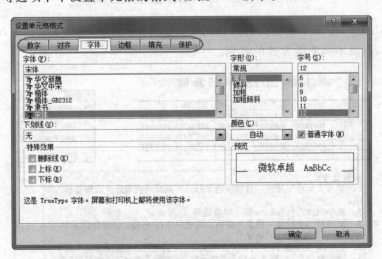

图 5-10　"设置单元格格式"对话框

实验总结与反思

"设置单元格格式"对话框是 Excel 格式设置时最常用的对话框，利用该对话框可以对选中单元格的数字格式,单元格中内容的对齐方式,单元格的字体、边框、填充进行设置,读者应熟练掌握该对话框的使用方法。

5.2.2 Excel 导学实验 02——单元格和工作表基本操作

本实验包括的知识点:单元格的合并和拆分、跨列居中、合并居中、分散对齐、单元格中不同数据输入方法、记忆输入和自动填充、工作表操作(插入、删除、重命名等)、窗口冻结。

实验文件

随书光盘"Excel 导学实验\Excel 工作表基本操作\Excel 导学实验 02-单元格和工作表基本操作.xltx"。

实验目的

掌握单元格和工作表的基本操作。

实验要求

根据各工作表上的具体要求和操作指导来完成各个工作表的实验任务。

操作步骤及要掌握的知识点

(1) 打开"1-合并单元格、拆分合并单元格"工作表,如图 5-11 所示,按照实验要求完成实验任务。

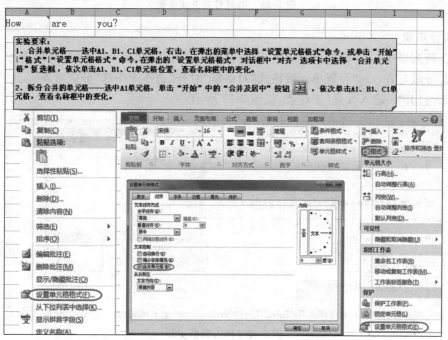

图 5-11 合并单元格、拆分合并单元格实验

实验步骤：

① 选中需要合并的单元格，右击，在弹出的菜单中选择"设置单元格格式"命令，或单击"开始"|"格式"|"设置单元格格式"命令，在弹出的"设置单元格格式"对话框中的"对齐"选项卡中选择"合并单元格"复选框。

② 拆分单元格，选中要拆分的单元格，单击"开始"选项卡"对齐方式"组中的"合并及居中"按钮就可将合并后的单元格拆分。

(2) 打开"2-对齐方式"工作表，如图 5-12 所示，体会不同对齐方式的差别。

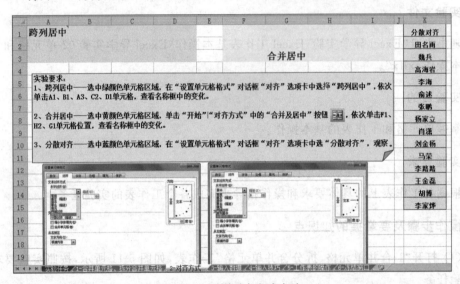

图 5-12　不同对齐方式实验

实验步骤：

① 跨列居中：在"设置单元格格式"对话框中，"对齐"选项卡中选"跨列居中"。

② 分散对齐：在"设置单元格格式"对话框"对齐"选项卡中选"分散对齐"。

(3) 打开"3-输入数据"工作表，如图 5-13 所示。

图 5-13　输入数据实验

实验步骤：

① 学习绿色单元格中批注的提示方法，参照左侧的样式，完成实验任务。

② 按 Alt＋Enter 键可以在单元格内换行，以实现单元格输入多行文本。

③ 数字串前面加英文单引号"'"或设置单元格"数字"格式为"文本"可以完成数字文本的输入。

（4）打开"4-输入技巧"工作表，根据绿色单元格的标注提示，参照左侧的样式，了解 Excel 中自动填充的操作。

实验步骤：

① 记忆式输入：在一个单元格中输入一个字符串，如果在紧邻该单元格的下方，输入第一个字符，则该单元格中立即显示上一个字符串。

② 使用填充柄或，单击"开始"|"填充"按钮，可以实现向上、向下、向左、向右等的填充，见图 5-14。

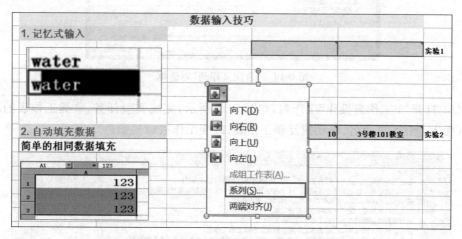

图 5-14　"输入技巧"实验

③ 单击"开始"|"填充"按钮|"系列"，打开填充"序列"对话框，可以实现等差和等比数列的填充，见图 5-15。

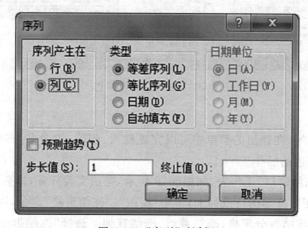

图 5-15　"序列"对话框

④ 利用填充柄也可以填充系统给的序列值,如星期一、星期二等系统给的序列数据。

⑤ 用户自定义序列数据,单击菜单"文件"|"选项"|"高级"|"创建用于排序和填充序列的列表"|"编辑自定义列表"命令,可以打开"自定义序列"对话框,如图 5-16 所示,在添加序列框中输入自定义序列,或单击"导入"按钮,自定义序列区域,单击"添加"按钮,则新的序列就会添加到序列中,就可以利用填充柄进行填充了。

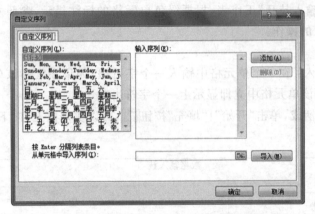

图 5-16 "自定义序列"对话框

(5) 打开"5-工作表操作"工作表,如图 5-17 所示,完成实验任务,掌握工作表的基本操作(插入、删除、重命名、移动或复制工作表、改变工作表标签颜色)。

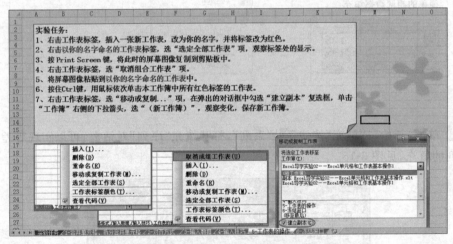

图 5-17 工作表基本操作

实验步骤:

右击工作表标签,在弹出的菜单中可以完成插入、删除、重命名、移动或复制工作表、改变工作表标签颜色的操作。

(6) 打开"6-冻结窗口"工作表,如图 5-18 所示,完成实验任务,体会冻结窗口的作用。

① 将光标放在要冻结的行或列上,单击"视图"|"冻结窗格"命令,则弹出冻结窗格菜单。有三个选项:冻结拆分窗格、冻结首行、冻结首列。选择"冻结拆分窗格"命令,则滚

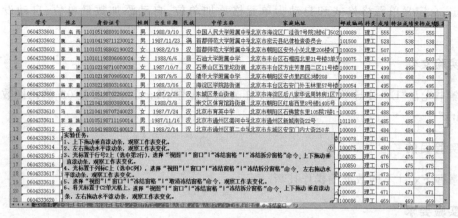

图 5-18　冻结窗口

动工作表的其余部分,观察冻结行列的变化。

②"冻结窗格"和"取消冻结"窗格是一个开关按钮,操作方法同冻结窗格,具体见图 5-19。

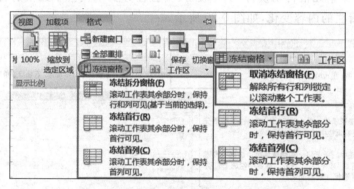

图 5-19　冻结窗格和取消冻结窗格操作

实验总结与反思

(1)冻结窗口中如果冻结的是首行或首列,则可以直接单击"视图"选项卡"窗口"组中"冻结窗格",选择"冻结首行"或"冻结首列"命令。

(2)Excel 基本操作是后面实验的基础,读者必须熟练掌握。

(3)熟练掌握输入技巧,可以提高工作效率。单元格中不同数据有不同的输入方法,有些输入方法是唯一的,例如分式的输入、单元格的换行等,如果不掌握这些操作可能就没法实现这些要求,因此需要多加练习并熟记。

5.2.3　Excel 导学实验 03——单元格数据格式

本实验包括的知识点有:单元格的自动换行、单元格区域内换行、日期填充(自动填充、内容重排、规律数填充)、快速跳到队头、队尾、不同日期格式单元格、单元格数据类型的设定、自定义单元格格式和自动为单元格添加单位、自动添加数量单位、自动设置小数点。

实验文件

随书光盘"Excel 导学实验\Excel 工作表基本操作\Excel 导学实验 03-单元格数据格式.xltx"。

实验目的

掌握 Excel 不同数据的操作技巧。

实验要求

根据每张工作表中的实验任务要求,完成导学实验。

操作步骤

(1) 打开"1-单元格自动换行"工作表,按实验任务要求设置单元格的自动换行,体会换行前后,编辑栏的内容变化,如图 5-20 所示。

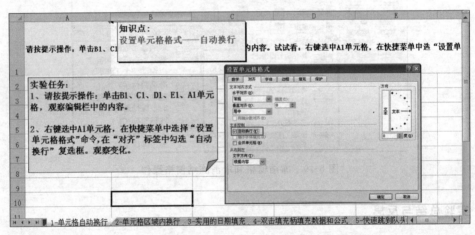

图 5-20　单元格自动换行

实验步骤:

① 单击各个表内有字的单元格,观察编辑栏的内容,体会不同。

② 右击选中 A1 单元格,在快捷菜单中选择"设置单元格格式"命令,在"对齐"选项卡中勾选"自动换行"复选框,再单击 A1 单元格和以上其余单元格,观察编辑栏的内容。

(2) 打开"2-单元格区域内换行"工作表,根据工作表中的实验任务和操作要求完成实验。

单元格区域内换行就是将某个长行转成段落并在指定区域内换行,选中包含长行的单元格区域,单击"开始"|"填充"|"两端对齐",长行内容就会分布在选定的区域中,如图 5-21 所示。

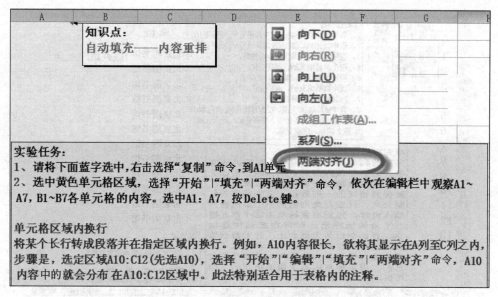

图 5-21　单元格区域内换行

（3）打开"3-实用的日期填充"，分别体会以天数、以工作日、按月、按年等填充方式填充结果的差异，如图 5-22 所示。

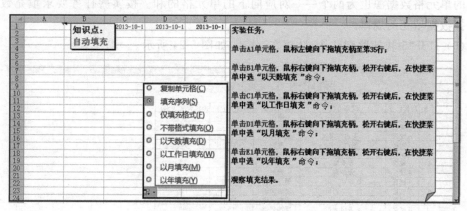

图 5-22　日期填充

实验步骤：

① A 列鼠标左键向下填充至 35 行。

② B、C、D、E 各列右键向下拖动填充柄，到目的位置后，松开右键，在快捷菜单中选择以工作日、按月、按年等填充方式填充，或左键向下填充，到目的位置后，松开左键，单击自动填充选项，选择填充方式。

③ 观察填充结果。

（4）打开"4-双击填充柄填充数据和公式"工作表，如图 5-23 所示。

如果上下相邻的两单元格是等差数列，则选中两单元格后，拖动填充柄填充，则后面的数也按相同的差数填充。

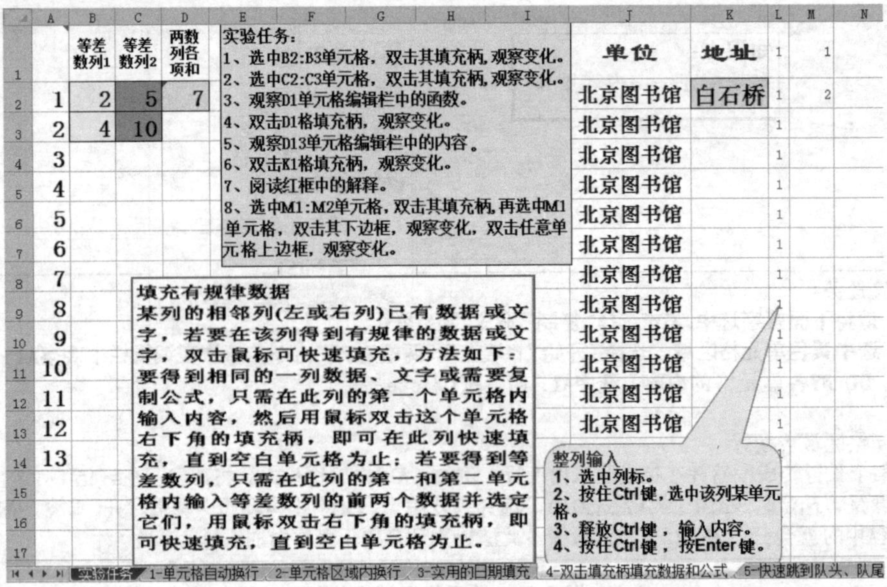

图 5-23　填充数据和公式

　　如果一个单元格的数据来源是其他单元格的公式求得,例如两个单元格的和,则向下填充的单元格数据源也为两个——对应向下的单元格的和。按实验任务要求填充数据,并掌握数据填充的规律。

　　(5) 打开"5-快速跳到队头、队尾"工作表,如图5-24所示。

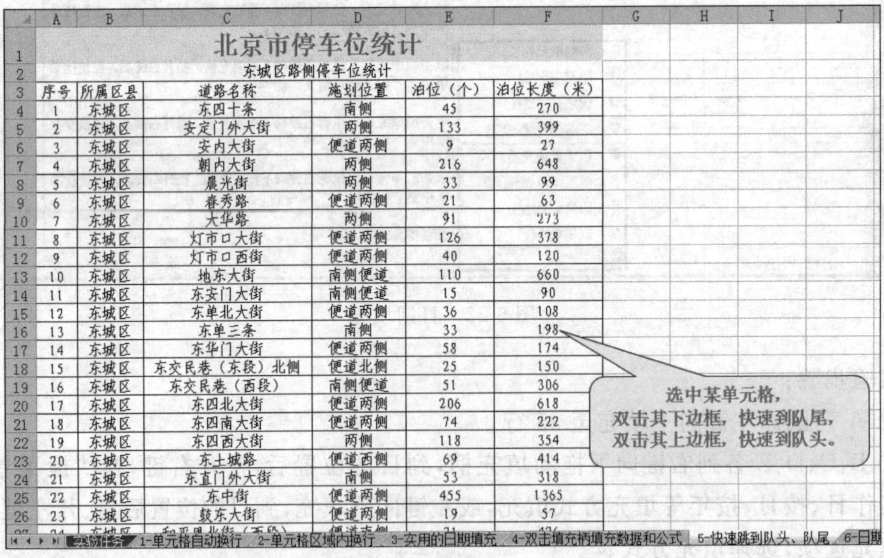

图 5-24　快速跳到队头、队尾

　　① 快速地跳到表格的开始单元格,选中表格中的某个单元格,双击上边框。

　　② 快速地跳到表格的尾部单元格,选中表格中的某个单元格,双击下边框。

（6）分别打开"6-日期格式"工作表和"7-观察单元格格式"，按实验任务完成日期格式设置和单元格格式设置，如图 5-25 和图 5-26 所示。

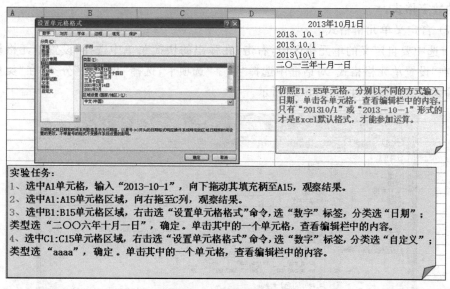

图 5-25　日期格式设置

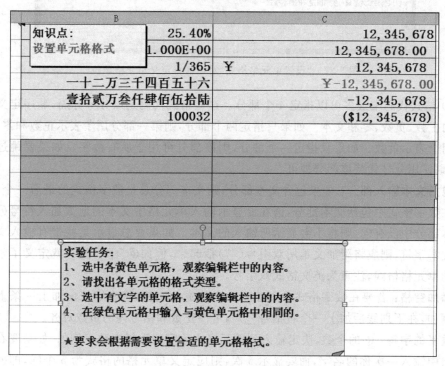

图 5-26　设置单元格格式

① 选中不同的单元格，在"设置单元格格式"对话框中，分别选择数字类型、日期、自定义，查看编辑栏的内容。

② 选择黄色单元格，查看编辑栏的内容。同时右击单元格在"设置单元格格式"对话框中查看数据类型，仿照黄色单元格，在相应的绿色单元格中一一输入相同的数据，设置相同的数字格式。

(7) 自定义单元格格式。

① 选中要自定义的单元格区域，右击，在弹出的快捷菜单中选择"设置单元格格式"命令，在"设置单元格格式"对话框中选择"数字"选项卡，选择"自定义"分类，在"类型"列表中输入格式代码即可，如图 5-27 所示。

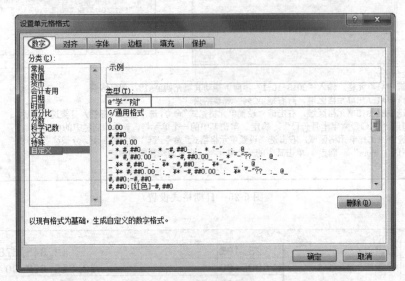

图 5-27 "设置单元格格式"对话框自定义单元格单位

② 格式代码中最多可以指定 4 个部分。这些格式代码是以分号分隔，顺序定义了格式中的正数、负数、零和文本。如果只指定两个部分，则第一部分用于表示正数和零，第二部分用于表示负数。如果只指定一个部分，则该部分可用于所有数字。如果要跳过某一部分，则使用分号代替该部分即可。

包括文本输入部分：如果包含文本部分，则文本部分总是数字格式的最后一个部分。若要在数字格式中包括文本部分，请在要显示输入单元格中文本的地方加入符号@。如果文本部分中没有@，则将不会显示所输入的文本。如果要总显示某些带有输入文本的特定文本字符，则应将附加文本用双引号("")括起来，例如@"学""院"，就定义了学院为单位的单元格格式，注意为英文格式双引号。

添加空格：若要在数字格式中创建一个字符宽的空格，请在字符前加上一条下划线"_"，例如，在下划线后加上一个右括号"_)"，可使正数和括号内的负数对齐。

重复的字符：@的个数，决定输入到单元格中数字的重复次数。例如，如果要在一个单元格中输入一次你的名字，而要显示 5 次，则应定义单元格的格式为 5 个@，即@@@@@。在数字格式中使用星号(＊)，可使星号之后的字符填充整个列宽。例如，输入"0＊-"可在数字后包含足够的短划线以填充整个单元格。

包含小数位和有效位：若要为包含小数点的分数或数字设置格式，应在数字格式部分中包含以下数字占位数、小数点和千位分隔符。如果某一数字小数点右侧的位数大于所设定格式中占位符的位数,则该数字将按占位符位数进行舍入。如果数字小数点左侧的位数大于占位符的位数,那么多余的位数也会显示出来。如果所设定的格式中小数点左侧只有一个数字符号(♯),那么小于1的数字将以小数点开始。

♯只显示有效数字而不显示无效的零。

0(零)如果数字的位数少于格式中的零,则显示无效的零。

?在小数点两边添加无效的零,以便按固定宽度字体设置格式。

将1234.59显示为1234.6,自定义格式为♯♯♯♯.♯。

将8.9显示为8.900,自定义格式为♯.000。

将.631显示为0.6,自定义格式为0.♯。

将12显示为12.0以及1234.568显示为1234.57,自定义格式为♯.0♯。

显示44.398、102.65和2.8时对齐小数点,自定义格式为???.???。

千位分隔符:若要显示逗号作为千位分隔符或以一千为单位表示数字的数量级,可在数字格式中包含逗号。

12000显示为12,000自定义格式为♯,♯♯♯。

将12000显示为12自定义格式为♯。

将12200000显示为12.2自定义格式为0.0。

实验总结与反思

(1)当单元格内的数字超过12位时,Excel常规格式就会显示科学计数,如果该数字低于15位可直接修改为数字格式,超过15位时,则应先设置单元格为"文本"格式才能正常显示。

(2)数字格式比较复杂,尤其是日期和货币格式,在单元格中输入日期的时候,不要输入"2015.1.1"这种格式,而是输入"2015-1-1"格式(小键盘上的"-"号键),这样才能被系统识别为正确的日期格式,否则可能被认为是文本格式,给以后的操作带来不便。

(3)在单元格中显示如"400元"等格式。中国人习惯在金额后加上"元",而不是在前面加上"￥"符号。但是,如果直接在单元格中输入"400元",会被系统认为是文本格式而非数值格式,造成在运算时无法对其进行识别,出现错误提示。如果要设置该格式,需要在"设置单元格格式"对话框"数字"选项卡中进行自定义为"0.00元"。在输入数字后系统会自动添加"元",并且不影响公式运算。

5.2.4　Excel 导学实验 04——工作表操作和选择性粘贴

本实验包括的知识点有:设置工作表背景、将选中区域复制成图片、各种选择性粘贴的不同含义、选择性粘贴-运算、选择性粘贴-转置、多个单元格输入相同公式的方法、单元格的相对引用和绝对引用方法、成组工作表的相同单元格相同内容的输入。

实验文件

随书光盘"Excel 导学实验\Excel 工作表基本操作\Excel 导学实验 04-工作表及选择

性粘贴.xltx"。

实验目的

掌握选择性粘贴的使用,掌握设置工作表背景的操作,能将选中区域复制成图片。

实验要求

根据每张工作表中的实验任务要求,完成本次实验。

操作步骤

(1) 打开"1-为工作表加个漂亮的背景"工作表,如图 5-28 所示。单击"页面布局"选项卡"页面设置"组的"背景",选择自己喜欢的图片文件。填入开学日期,看一看是否为该学期校历,体会 Excel 的神奇效果。

	A	B	C	D	E	F	G	H	I
1	周次			星期二	星期三	星期四	星期五	星期六	
2	1			2	3	4	5	6	
3	2			9	10	11	12	13	
4	3			16	17	18	19	20	
5	4	21	22	23	24	25	26	27	
6	5	28	29	30	10月	2	3	4	
7	6	5	6	7	8	9	10	11	
8	7	12	13	14	15	16	17	18	
9	8	19	20	21	22	23	24	25	
10	9	26	27	28	29	30	31	11月	
11	10	2	3	4	5	6	7	8	
12	11	9	10	11	12	13	14	15	
13	12	16	17	18	19	20	21	22	
14	13	23	24	25	26	27	28	29	
15	14	30	12月	2	3	4	5	6	
16	15	7	8	9	10	11	12	13	
17	16	14	15	16	17	18	19	20	
18	17	21	22	23	24	25	26	27	
19	18	28	29	30	31	2009年	2	3	
20	19	4	5	6	7	8	9	10	
21	20	11	12	13	14	15	16	17	
22	21	18	19	20	21	22	23	24	

知识点:
添加工作表背景

选择"页面布局"|"页面设置"|"背景"命令,在对话框中选择图形文件。
★试试看:先将图形文件降低亮度作成水印图片,在作为背景图片

页面布局　公式　数据　审阅　视图
纸张方向　纸张大小　打印区域　分隔符　背景　打印标题

实验任务　1-为工作表加个漂亮的背景　2-把表格复制成图片　3-选择性粘贴　4-选择性粘贴-运算　5-速改工资表　6-选择性

图 5-28　添加表格背景

(2) 打开"2-把表格复制成图片"工作表,如图 5-29 所示。

选中要复制成图片的单元格,单击"开始"|"复制"按钮,选择"复制成图片"选项,在弹出的对话框中根据需要进行组合。

(3) 打开"3-选择性粘贴"工作表,如图 5-30 所示,按工作表中任务和操作步骤完成实验,体会不同粘贴方式的区别。在 Excel 中选择不同的粘贴方式,可以获得不同的复制效果。

① 选中要复制的单元区域,复制。

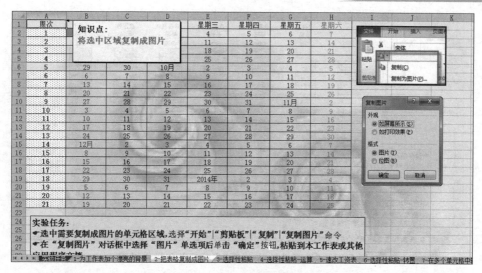

图 5-29 将表格复制成图片

② 选中要粘贴的单元格区域,单击"开始"|"粘贴"|"选择性粘贴"命令,打开"选择性粘贴"对话框,或选中要粘贴的单元格区域右击,在弹出的菜单中选择"选择性粘贴"命令,如图 5-30 所示。根据需要进行选择,完成实验任务。

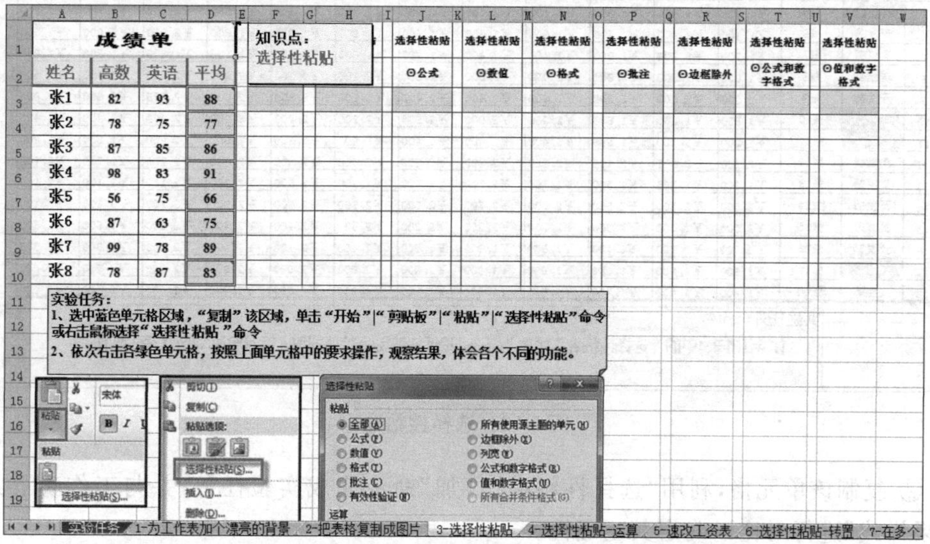

图 5-30 "选择性粘贴"实验任务和操作界面

（4）利用选择性粘贴,可以将复制对象与选中的数据进行"加"、"减"、"乘""除"等运算。打开"4-选择性粘贴-运算"工作表,如图 5-31 所示,完成实验任务,观察使用不同粘贴方式时编辑栏中公式的变化情况。

（5）打开"5-速改工资表"工作表,如图 5-32 所示。

① 选择一个空白的单元格,并将其数字格式改为与工资表中相同的货币的样式,在其中输入 300。

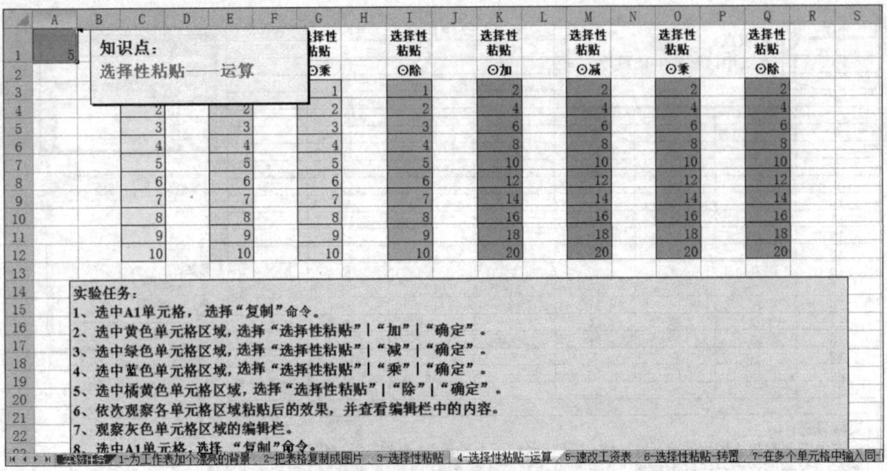

图 5-31 “选择性粘贴-运算”实验任务和操作界面

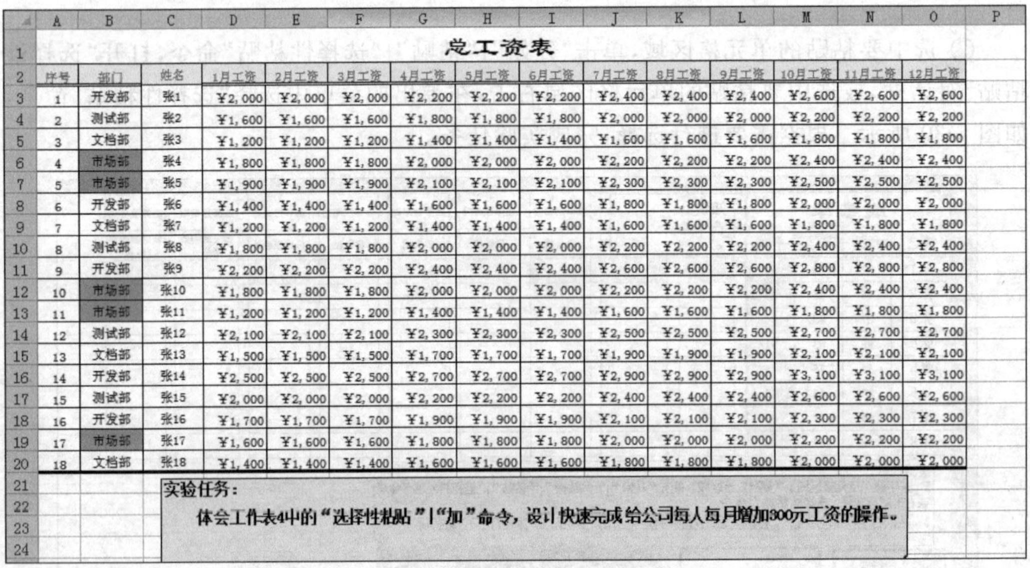

总工资表

序号	部门	姓名	1月工资	2月工资	3月工资	4月工资	5月工资	6月工资	7月工资	8月工资	9月工资	10月工资	11月工资	12月工资
1	开发部	张1	¥2,000	¥2,000	¥2,000	¥2,200	¥2,200	¥2,200	¥2,400	¥2,400	¥2,400	¥2,600	¥2,600	¥2,600
2	测试部	张2	¥1,600	¥1,600	¥1,600	¥1,800	¥1,800	¥1,800	¥2,000	¥2,000	¥2,000	¥2,200	¥2,200	¥2,200
3	文档部	张3	¥1,200	¥1,200	¥1,200	¥1,400	¥1,400	¥1,400	¥1,600	¥1,600	¥1,600	¥1,800	¥1,800	¥1,800
4	市场部	张4	¥1,800	¥1,800	¥1,800	¥2,000	¥2,000	¥2,000	¥2,200	¥2,200	¥2,200	¥2,400	¥2,400	¥2,400
5	市场部	张5	¥1,900	¥1,900	¥1,900	¥2,100	¥2,100	¥2,100	¥2,300	¥2,300	¥2,300	¥2,500	¥2,500	¥2,500
6	开发部	张6	¥1,400	¥1,400	¥1,400	¥1,600	¥1,600	¥1,600	¥1,800	¥1,800	¥1,800	¥2,000	¥2,000	¥2,000
7	文档部	张7	¥1,200	¥1,200	¥1,200	¥1,400	¥1,400	¥1,400	¥1,600	¥1,600	¥1,600	¥1,800	¥1,800	¥1,800
8	测试部	张8	¥1,800	¥1,800	¥1,800	¥2,000	¥2,000	¥2,000	¥2,200	¥2,200	¥2,200	¥2,400	¥2,400	¥2,400
9	开发部	张9	¥2,200	¥2,200	¥2,200	¥2,400	¥2,400	¥2,400	¥2,600	¥2,600	¥2,600	¥2,800	¥2,800	¥2,800
10	市场部	张10	¥1,800	¥1,800	¥1,800	¥2,000	¥2,000	¥2,000	¥2,200	¥2,200	¥2,200	¥2,400	¥2,400	¥2,400
11	市场部	张11	¥1,200	¥1,200	¥1,200	¥1,400	¥1,400	¥1,400	¥1,600	¥1,600	¥1,600	¥1,800	¥1,800	¥1,800
12	测试部	张12	¥2,100	¥2,100	¥2,100	¥2,300	¥2,300	¥2,300	¥2,500	¥2,500	¥2,500	¥2,700	¥2,700	¥2,700
13	文档部	张13	¥1,500	¥1,500	¥1,500	¥1,700	¥1,700	¥1,700	¥1,900	¥1,900	¥1,900	¥2,100	¥2,100	¥2,100
14	开发部	张14	¥2,500	¥2,500	¥2,500	¥2,700	¥2,700	¥2,700	¥2,900	¥2,900	¥2,900	¥3,100	¥3,100	¥3,100
15	测试部	张15	¥2,000	¥2,000	¥2,000	¥2,200	¥2,200	¥2,200	¥2,400	¥2,400	¥2,400	¥2,600	¥2,600	¥2,600
16	开发部	张16	¥1,700	¥1,700	¥1,700	¥1,900	¥1,900	¥1,900	¥2,100	¥2,100	¥2,100	¥2,300	¥2,300	¥2,300
17	市场部	张17	¥1,600	¥1,600	¥1,600	¥1,800	¥1,800	¥1,800	¥2,000	¥2,000	¥2,000	¥2,200	¥2,200	¥2,200
18	文档部	张18	¥1,400	¥1,400	¥1,400	¥1,600	¥1,600	¥1,600	¥1,800	¥1,800	¥1,800	¥2,000	¥2,000	¥2,000

实验任务:

体会工作表4中的“选择性粘贴”|“加”命令，设计快速完成给公司每人每月增加300元工资的操作。

图 5-32 选择性粘贴

② 复制该单元格，利用“选择性粘贴”|“加”命令完成实验任务，并与工作表下方的“结果样式”进行对比以确定其正确性。

(6) 打开“6-选择性粘贴-转置”工作表，完成工作表中实验任务，如图 5-33 所示。

(7) 打开“7-在多个单元格中输入同一个公式”工作表，如图 5-34 所示。

① 按住 Ctrl 键，单击要输入公式的单元格。

② 将鼠标放在其中的一个单元格中，输入公式，按 Ctrl+Enter 键，那么所选区域里的所有单元格中就都输入了同一公式。

③ 相对地址与绝对地址的转换——按 F4 键，掌握“绝对引用”的操作方法，体会绝对引用的使用情境。

图 5-33　选择性粘贴-转置

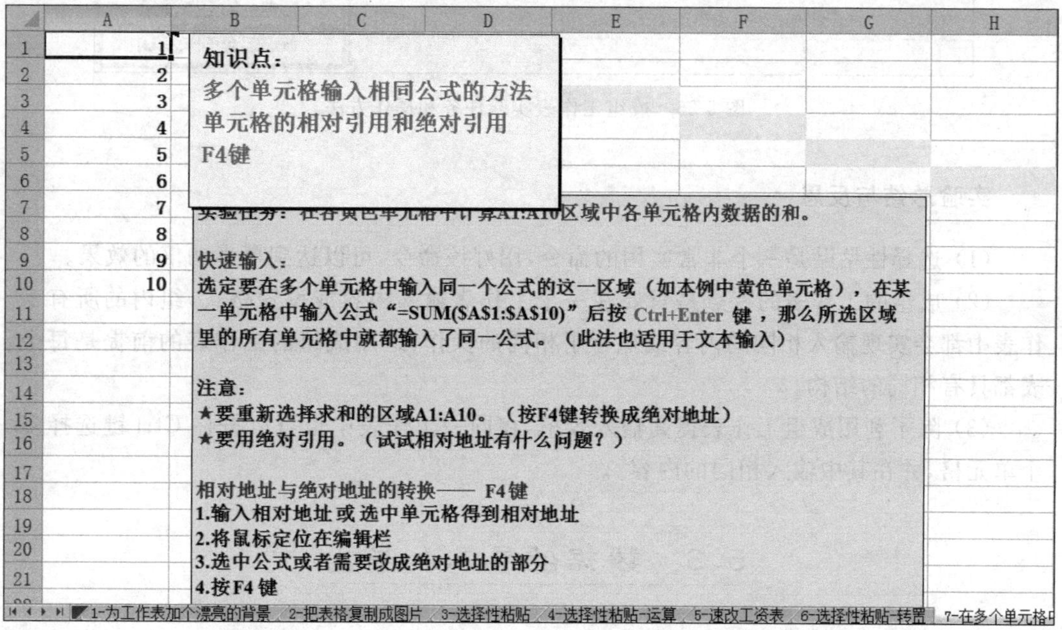

图 5-34　多个单元格中输入同一公式操作界面和操作方法

（8）打开"8-步调一致"工作表，如图 5-35 所示，根据工作表中的操作提示完成实验任务，掌握"成组工作表"的操作方法，体会成组工作表的操作优势。

① 单击要成组的第一个工作表，按住 Shift 键，单击最前面或最后面的工作表，那么这两个工作表中间（包括这两个）的所有工作表则成为一组。或者按住 Ctrl 键，一一单击要成组的工作表。

② 选中其中的一个工作表中的单元格,输入需要的数字或字符,那么该组中所有工作表中的相同单元格都输入了相同的内容。

③ 取消成组工作表,单击其他未成组的工作表标签,可以取消成组工作表,或右击工作表标签,在弹出的菜单中选择取消成组工作表。

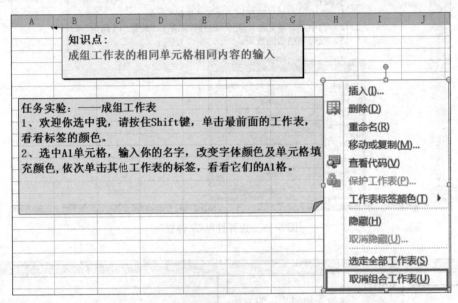

图 5-35　成组工作表实验任务和操作方法

实验总结与反思

(1) 选择性粘贴是一个非常实用的命令,用好该命令,可以达到事半功倍的效果。

(2) 成组的工作表的特点是只要在一个工作表输入内容或设置格式,组内的所有工作表中都会实现输入相同的内容或执行了相同的操作,运用成组的工作表的前提是每个表都具有相同的结构。

(3) 除了利用成组工作表提高输入效率,在同一工作表中也可以按住 Ctrl 键选择多个单元格,并在其中输入相同的内容。

5.3　数据的导入和导出

Excel 可以从不同类型的文件中导入数据,如文本文件、数据库文件等,根据指定的数据源不同,而有不同的导入方式。工作表也可根据应用环境保存为不同的类型。

5.3.1　Excel 导学实验 05——导入和导出数据

实验文件

随书光盘"Excel 导学实验\Excel 导入和导出数据\Excel 导学实验 05-导入和导出数

据.xltx"、"通讯录.txt"、"学生成绩管理系统.mdb"。

实验目的

通过实验掌握 Excel 获取外部数据的方法。学会数据的不同导出方法。

实验要求

根据"Excel 导学实验 05-导入和导出数据.xltx"中的实验步骤及相关素材完成实验。

操作步骤

1. 导入文本文件

（1）打开"Excel 导学实验\Excel 导入和导出数据\Excel 导学实验 05-导入和导出数据.xltx"，定位在"通讯录数据导入"工作表中，单击"数据"选项卡"获取外部数据"组中的"自文本"按钮，如图 5-36 所示。

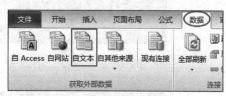

图 5-36　导入数据步骤 1

（2）在打开的"导入文本文件"对话框中选择数据源"通讯录.txt"，并单击"打开"按钮，如图 5-37 所示。

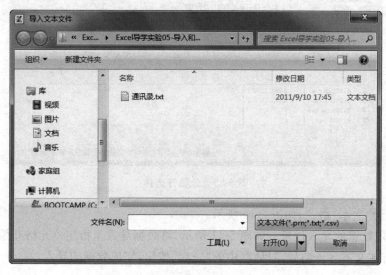

图 5-37　导入数据步骤 2-选取数据源

（3）出现"文本导入向导"对话框，如图 5-38 所示，选择按"分隔符号"或"固定宽度"分隔数据，单击"下一步"按钮。

（4）如果选择"分隔符号"来分隔数据，"文本导入向导"对话框中的分隔符号有"Tab 键"、"分号"、"逗号"、"空格"、"其他"等格式可以勾选，如图 5-39 所示，选择数据来源的分栏符选项来建立分栏，单击"下一步"按钮。

（5）设置列数据格式。导入数据的数据格式默认为"常规"，在此需要将"电话号码"

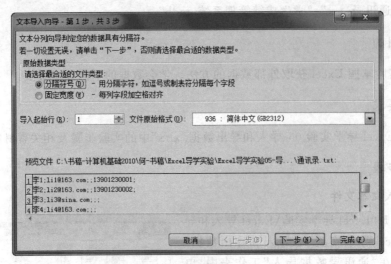

图 5-38　文本导入向导

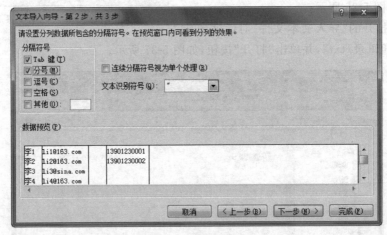

图 5-39　分隔符选择

列的数据设为"文本"格式,如图 5-40 所示。

(6) 指定数据的导入位置。如图 5-41 所示,将数据导入至指定单元格开始的区域。

(7) 单击"文本导入向导"对话框中的"完成"按钮,完成数据的导入。

2. 导入数据库文件的记录

(1) 打开"Excel 导学实验\Excel 导入和导出数据\Excel 导学实验 05-导入和导出数据.xltx",定位在"数据库数据导入"工作表中,单击"数据"选项卡"获取外部数据"组中的"自 Access",在"选取数据源"对话框中,选择数据源为"学生成绩管理系统.mdb",单击"打开"按钮,如图 5-42 所示。

(2) 在打开的"选择表格"对话框中选择数据库中的"课程表",如图 5-43 所示。

(3) 在"导入数据"对话框中指定数据表导入位置为"新工作表",如图 5-44 所示。

(4) 单击"确定"按钮,完成数据导入,与工作表中数据进行对比,验证正确性。

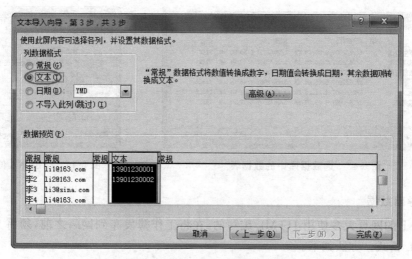

图 5-40　将电话号码列设为文本格式

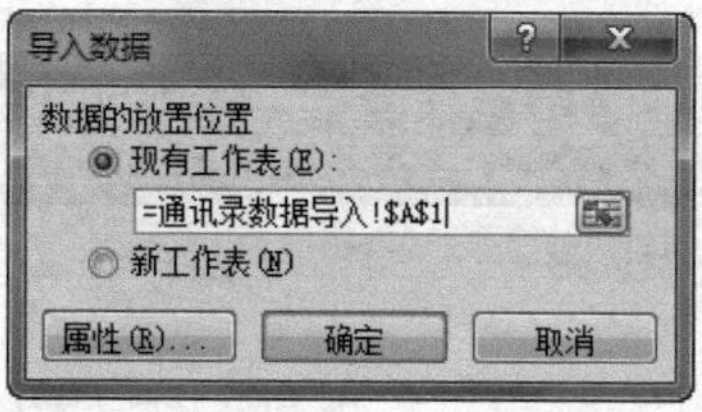

图 5-41　将数据导入至当前工作表中的指定单元格

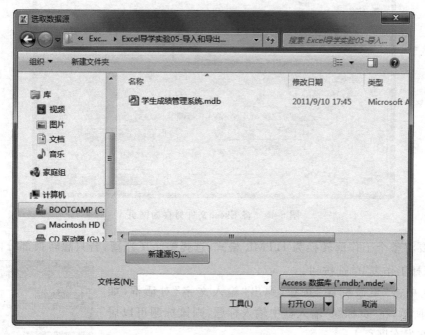

图 5-42　选取数据库文件

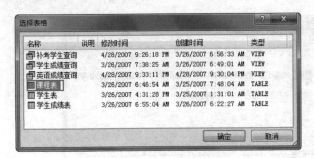

图 5-43　选数据库中的数据表　　　　　图 5-44　指定导入位置

3. 导出数据

网络上的网页大多使用 HTML 编写的,在将工作簿发布到网络之前,须将文件保存为 HTML 格式。方法如下。

(1) 单击"文件"选项卡中的"另存为",在"另存为"对话框的"保存类型"中选择"网页(∗.htm;∗.html)",如图 5-45 所示。

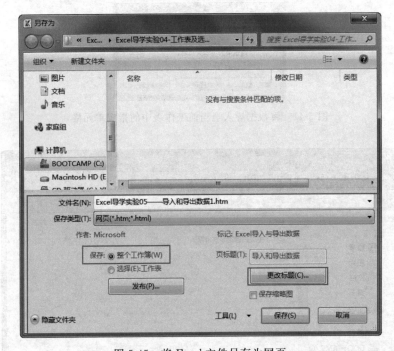

图 5-45　将 Excel 文件另存为网页

若要将整个工作簿转换为 HTML 格式,选择整个工作簿,若只想转换部分内容,可选择"选择工作表"单选按钮。

(2) 单击"更改标题"按钮,弹出"输入文字"对话框,如图 5-46 所示,在"页标题"输入框中输入标题,则该标题可以居中出现在发布网页上。

(3) 单击"保存"按钮,完成数据的导出。

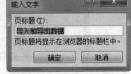

图 5-46　设置标题

（4）导出数据后，可以用浏览器打开导出的网页，结果如图 5-47 所示。

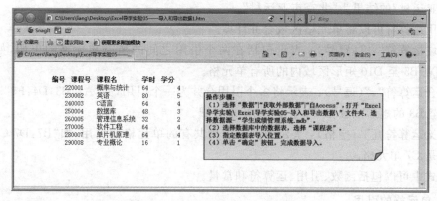

图 5-47 导出网页的预览结果

实验总结与反思

在 Excel 中导入外部数据后，可以对数据进行修改以保持外部数据与表中数据的链接关系。如果不想根据外部数据刷新工作表中的数据，则可以通过"数据"选项卡"连接"组的"连接"按钮，删除连接效果。

5.4 公式和函数的应用

5.4.1 Excel 导学实验 06——统计电费

相关知识

1. 公式输入

公式是工作表中的数据进行计算的等式，公式包含等号、运算符、操作数，它可以对工作表中的数据进行加、减、乘、除等运算。单元格中的公式一定要以"="开始，用于表明之后的内容为公式，紧随等号之后的是需要进行计算的元素（操作数），各操作数之间以运算符分隔。

2. 运算符

Excel 包含 4 种类型的运算符，如表 5-1 所示。

表 5-1 运算符

运算符类型	符 号	结 果
算术运算符	+ − * / ^ ()	数值
关系运算符	=> >= <= < <>	逻辑值
引用运算符	; ， ！ 空格	单元格区域合并
文本运算符	&	字符串

文本运算符"&":可以将两个或多个文本值连接起来产生一个文本。例如,"北京市"&"亚运村"的结果为"北京市亚运村"。

引用运算符可以将单元格区域合并计算。

区域运算符":"(冒号):表示包括在两个引用之间的所有单元格的引用,如"B5:D10"代表 B5 至 D10 矩形区域内的所有单元格。

联合运算符","(逗号):表示将多个引用合并为一个引用,如"A1:B3,D4:F5"表示的是 A1 至 B3 的矩形区域和 D4 至 F5 的矩形区域。

交叉运算符"□"(空格):表示对两个引用共有的单元格的引用,如"B7:D7 C6:C8"表示的是 C7 单元格。

公式中可以包括函数、引用、运算符和常量。

3. 单元格的引用

在 Excel 工作表中常常要进行数据计算工作——即在一个单元格中存放其他单元格中数据的运算结果,为此要在存放结果的单元格中输入需要的公式,公式中的某些运算数应为其他单元格的地址或名称——即指明公式中所使用的数据的位置,这种用单元格地址或名称获取该单元格中数据的做法称为单元格引用,如图 5-48 所示。

1单元	电费			
房号	上月电表数	本月电表数	用电数	电费金额
101	32	43	=C8-B8	

图 5-48　单元格的引用

4. 单元格的相对引用

在默认状态下,当编制的公式被复制到其他单元格时,Excel 能够根据移动的位置自动调节引用的单元格,被称为单元格相对引用,图 5-49 中的 C8、C9、…、C13,B8、B9、…、B13 等都是单元格的相对引用。

	A	B	C	D
1	实验任务: 1、根据用户上月和本月的电表数,计算出该户本月 2、根据用户本月用电数计算出该户的电费 3、求该单元总的电费数			
2				
3			1单元本月电费	
4			电费单价	
5				
6	1单元		电费	
7	房号	上月电表数	本月电表数	用电数
8	101	32	43	=C8-B8
9	102	43	70	=C9-B9
10	103	22	36	=C10-B10
11	201	45	58	=C11-B11
12	202	32	47	=C12-B12
13	203	33	45	=C13-B13

图 5-49　单元格相对引用

5. 单元格的绝对引用

当把公式复制到一个新的位置时,如果要公式中的单元格地址保持不变,就必须使用绝对引用,单元格的绝对引用用"＄列标＄行号"表示,如图 5-50 中的 ＄E＄4 就是单元格的绝对引用。

	A	B	C	D	E
1	实验任务: 1、根据用户上月和本月的电表数,计算出该户本月的用电数 2、根据用户本月用电数计算出该户的电费 3、求该单元总的电费数				
2					
3			1单元本月电费		
4			电费单价		0.48
5					
6	1单元		电费		
7	房号	上月电表数	本月电表数	用电数	电费金额
8	101	32	43	=C8-B8	=$E$4*D8
9	102	43	70	=C9-B9	=$E$4*D9
10	103	22	36	=C10-B10	=$E$4*D10
11	201	45	58	=C11-B11	=$E$4*D11
12	202	32	47	=C12-B12	=$E$4*D12
13	203	33	45	=C13-B13	=$E$4*D13

图 5-50　单元格的绝对引用

实验文件

随书光盘"Excel 导学实验\Excel 公式和函数的应用\Excel 导学实验 06-统计电费.xltx"。

实验目的

掌握公式和函数的基本应用方法。

实验要求

(1) 根据用户上月和本月的电表数,计算出该户本月的用电数。

(2) 根据用户本月用电数计算出该户的电费。

(3) 求该单元总的电费数。

操作步骤

(1) 打开文件,明确实验任务。

(2) 学习"单元格引用"工作表中关于单元格的基础知识。体会相对引用和绝对引用的不同,如图 5-51 所示。

(3) 查看"引用运算符"工作表中 F 列的内容,学习单元格区域的引用和引用运算符知识,如图 5-52 所示。

图 5-51　相对引用和绝对引用基础知识

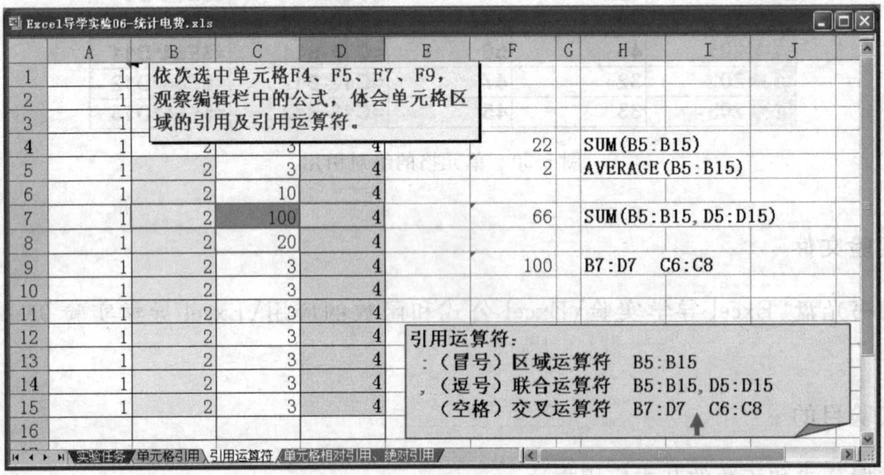

图 5-52　引用运算符

引用运算符：①冒号，区域运算符，如 B5：B15 表示 B5 到 B15 之间的区域；②逗号，联合运算符，如 B5：B15，D5：D15 表示 B5 到 B15 和 D5 到 D15 两部分区域；③空格，交叉运算符，如 B7：D7 C6：C8 表示 B7 至 D7 和 C6 至 C8 的交叉处，即 C7 单元格。

（4）打开"单元格相对引用、绝对引用"工作表，根据操作步骤要求完成实验任务，体会单元格的相对引用和绝对引用的不同。图 5-53 示意了用电数与 E4 单元格相乘，填充时出现错误、查找错误原因及修正方法。

（5）使用公式和 SUM 函数计算该单元格的总用电数和电费金额，体会 SUM 函数的使用。

实验总结与反思

（1）相对引用：当把公式复制到其他单元格中时，行或列的引用会改变。所谓行或

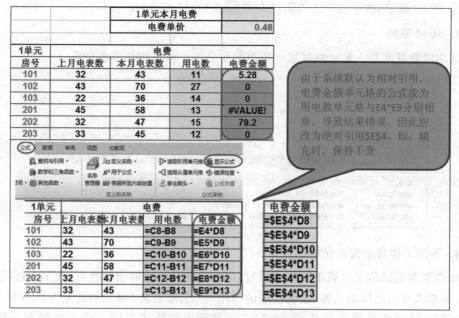

图 5-53 填充时出现错误、查找错误原因及修正方法

列的引用会改变,即指代表行的数字和代表列的字母会根据实际的偏移量相应改变。

(2)绝对引用:当把公式复制到其他单元格中时,行和列的引用不会改变。利用 F4 键可以在列标和行号前添加绝对引用符"$"将单元格的引用变为绝对引用。

5.4.2 Excel 导学实验 07——统计天然气费用

相关知识

1. 函数

函数是系统预定义的一些具有特定功能的计算模块。函数用一对圆括号括起一个或多个参数而返回单个值,其形式为:函数名(参数 1,参数 2,…)。函数中常用的参数类型包括数字、文本、单元格引用和名称。函数可以作为单元格公式中的操作数。

2. 函数的输入方法

(1)直接输入法。

在单元格中输入"="号后,直接输入函数名和参数,如:=SUM(A2:A10)。输入函数名时大小写均可,但不能错。输入公式后,选中该单元格,单击"编辑栏",其中的单元格名称会改变颜色,且工作窗口中的对应单元格会显示同色边框,可以检查引用是否正确。

(2)利用"插入函数"对话框输入函数。

① 单击需要输入公式的单元格。

② 单击编辑栏左侧 *fx* 按钮,打开"插入函数"对话框。

③ 在对话框中选择需要添加的函数。

④ 输入参数或直接选择要引用的工作表中的单元格。

⑤ 单击"确定"按钮或单击编辑栏左侧 ✔ 按钮,完成输入。

3. SUM 函数

其功能是返回某一单元格区域中所有数字之和。具体用法举例如下。

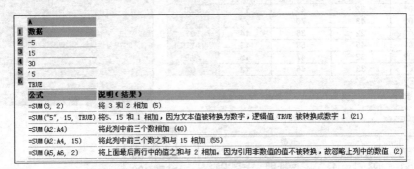

4. 不同工作表之间单元格的引用

如果要引用其他工作表中的单元格时,则在公式和函数的编辑状态,先单击该工作表标签,再单击要引用的单元格,编辑栏中的引用为"'工作表名'!单元格地址",图 5-54 为引用了不同工作表中单元格的公式,图 5-55 为函数中引用了不同工作表中的单元格,如图 5-56 所示为利用成组工作表引用了工作表"1 层"至"10 层"中相同的单元格 A7。

图 5-54　引用不同工作表中的单元格

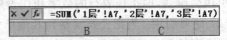

图 5-55　函数引用不同工作表中的单元格

在公式或函数中也可以引用其他工作簿的工作表中的单元格(或单元格区域)。其方法为:先打开引用和被引用的工作簿,在引用工作簿中选择结果单元格,输入公式、插入函数,需要引用其他工作簿某工作表中的单元格(或单元格区域)时,可以采用以下步骤实现。

(1) 直接单击任务栏中被引用工作簿标签进入该工作簿;

(2) 选择工作表中的单元格(或单元格区域);

(3) 单击编辑栏左侧 ✔ 按钮确认(必须做);

(4) 从任务栏回到原工作簿继续编辑。

图 5-57 中显示引用了"Excel 应用演示.xlsx"工作簿中"测试题"工作表中"B3"单元格。

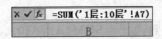

图 5-56　利用成组工作表的单元格引用

图 5-57　引用不同工作簿中的单元格

5. 成组工作表

可以选中工作簿中的多张工作表或全部工作表,形成一个工作表组,当输入或更改某一单元格数据时,将影响所有被选工作表中相同位置的单元格。读者在"Excel 导学实验 04-工作表及选择性粘贴.xltx"中工作表"8-步调一致"的练习中已初步体验过成组工作表的特点,而在完成"Excel 导学实验 07-统计天然气费用.xltx"后会惊叹成组工作表的神奇。

注意：成组工作表中各工作表的结构应一致（复制工作表即可）。

实验文件

随书光盘"Excel 导学实验\Excel 公式和函数的应用\Excel 导学实验 07-统计天然气费用. xltx"。

实验目的

掌握成组工作表的操作，巩固单元格的相对引用和绝对引用的相关知识。

实验要求

制作各楼层天然气收费表及全楼总表。了解成组工作表的结构要求及使用方法。保存自己的 Excel 模板。

操作步骤

（1）打开随书光盘"Excel 导学实验\Excel 公式和函数的应用\Excel 导学实验 07-统计天然气费用. xltx"文件，单击标签为"快捷的成组工作表操作"的工作表，如图 5-58 所示，了解操作步骤。

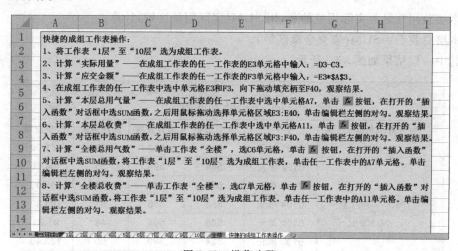

图 5-58 操作步骤

（2）将 1 层～10 层选为成组工作表。

方法：单击"1 层"标签后按住 Shift 键，再单击"10 层"标签，所有的工作表标签变白，或按住 Ctrl 键，依次单击要成为工作组的工作表，成组工作表的工作表标签变白，如图 5-59 所示。

（3）选中某个工作表，按上述操作步骤，计算一层费用。

实际用量＝本月表数－上月表数，应交金额＝实际用量×＄A＄3，即每立方米单价单元格的绝对引用。

	A	B	C	D	E	F
	2014年9月份天然气收费表					1层
	每立方米单价（元）	住户	上月表数	本月表数	实际用量	应交金额
	1.90	0101 单元	512	602		
		0102 单元	544	599		
		0103 单元	650	724		
	本层总用气量	0104 单元	458	555		
		0105 单元	546	594		
		0106 单元	324	389		
		0107 单元	248	344		
	本层总收费（元）	0108 单元	812	858		
		0109 单元	120	241		
		0110 单元	549	621		
		0111 单元	457	504		
		0112 单元	590	657		
		0113 单元	432	493		
		0114 单元	654	743		

实验任务　1层　2层　3层　4层　5层　6层　7层　8层　9层　10层　全楼　快捷的成组工作表操作

图 5-59　成组工作表

本层总用气量＝实际用量的和，用 SUM(实际用量区域)计算。

本层总收费＝SUM(应交金额区域)。

其中一层结果如图 5-60 所示。

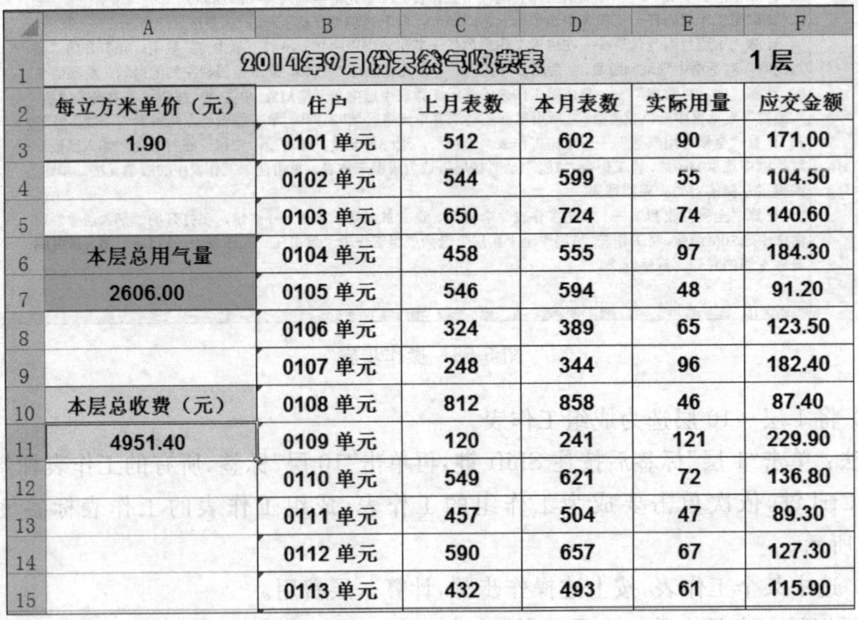

	A	B	C	D	E	F
1	2014年9月份天然气收费表					1层
2	每立方米单价（元）	住户	上月表数	本月表数	实际用量	应交金额
3	1.90	0101 单元	512	602	90	171.00
4		0102 单元	544	599	55	104.50
5		0103 单元	650	724	74	140.60
6	本层总用气量	0104 单元	458	555	97	184.30
7	2606.00	0105 单元	546	594	48	91.20
8		0106 单元	324	389	65	123.50
9		0107 单元	248	344	96	182.40
10	本层总收费（元）	0108 单元	812	858	46	87.40
11	4951.40	0109 单元	120	241	121	229.90
12		0110 单元	549	621	72	136.80
13		0111 单元	457	504	47	89.30
14		0112 单元	590	657	67	127.30
15		0113 单元	432	493	61	115.90

图 5-60　一层计算结果

（4）计算全楼

① 全楼总用气数＝SUM('1 层:10 层'!A7)，其中 A7 为本层总用气。

操作方法为：在单元格中插入函数 SUM，在输入函数参数时，先单击"1 层"工作表标签，按住 Shift 键，再单击"10 层"工作表标签，然后再单击本层总用气量。

② 全楼总收费操作方法与上同。

注意计算全楼总用气数的编辑栏中公式的样式，体会"!"号运算符的含义，结果如图 5-61 所示。

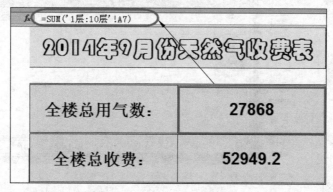

图 5-61　计算结果

（5）将其保存为模板，以备煤气公司常年使用这张表，单击"文件"|"另存为"命令，在打开的"另存为"对话框中，选择保存类型为"模板(＊.xltx)"，模板默认保存在 Templates 文件夹中，如图 5-62 所示，也可以选择自己要保存的位置。

图 5-62　保存为模板

使用时单击"文件"|"新建"命令，在"可用模板"任务窗格中单击"我的模板"，如

图 5-63 所示,选择之前保存的模板,便可得到用该模板生成的新工作表。

图 5-63 用模板生成新工作表

实验总结与反思

(1) SUM 函数是求和函数。它是 Excel 中最为常用的函数之一。SUM 函数的语法形式为:SUM(number1,number2,…)。

使用 SUM 函数应注意其参数 number1,number2 等,最多有 30 个;number1,number2 等参数,可以是数字、逻辑值、表达式单元格名称,也可以是连续单元格的集合或单元格区域名称。

(2) Excel 提供了许多不同类型的模板,用户可以根据需要选择,并基于已有模板进行修改制作新的电子表格,提高工作效率。

5.4.3 Excel 导学实验 08——常用函数使用

相关知识

函数是 Excel 的核心,熟练地应用函数会使人们的工作事半功倍,Excel 2010 中有 12 大类函数,共计三百多个函数。读者可参阅本实验文件夹中"Excel 内部函数.xltx"。

如果要了解每个函数的全部解释和示例,可以在"插入函数"对话框中选择函数,单击"有关该函数的帮助"链接,如图 5-64 所示,打开"Excel 帮助"窗口查看相关的帮助信息。

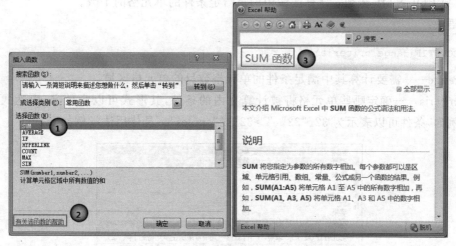

图 5-64 "插入函数"对话框与"Excel 帮助"窗口

(1) MAX 函数：返回一组值中的最大值。

语法：MAX(number1,number2,…)，具体应用示例如下。

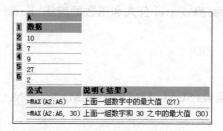

(2) MIN 函数：返回一组值中的最小值。

语法：MIN(number1，number2，…)，具体用法举例如下。

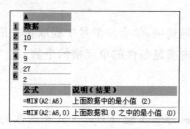

(3) AVERAGE 函数：返回参数的平均值（算术平均值）。

语法：AVERAGE(number1，number2，…)，用法举例如下。

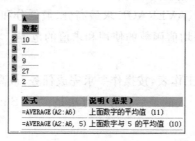

(4) COUNTIF 函数：计算区域中满足给定条件的单元格的个数。

语法：

```
COUNTIF(range,criteria)
```

range——需要计算其中满足条件的单元格数目的单元格区域。

criteria——确定哪些单元格将被计算在内的条件,其形式可以为数字、表达式或文本。例如,条件可以表示为 32、"32"、">32"或"apples"。具体用法举例如下。

	A	B
1	数据	数据
2	苹果	32
3	柑橘	54
4	桃	75
5	苹果	86
	公式	说明（结果）
	=COUNTIF(A2:A5,"苹果")	计算第一列中苹果所在单元格的个数 (2)
	=COUNTIF(B2:B5,">55")	计算第二列中值大于 55 的单元格个数 (2)

实验文件

随书光盘"Excel 导学实验\Excel 公式和函数的应用\Excel 导学实验 08-常用函数使用.xltx"。

实验目的

掌握自动填充、常用函数(SUM、AVERAGE、MAX、MIN、COUNTIF)的使用方法。

实验要求

(1) 根据所给学生各科的成绩,计算每个学生的总分和平均分,计算每门课程的最高分、最低分和平均分。

(2) 已知学生学号的编码规则,学会从学号中提取相关信息。

(3) 掌握统计给定区域内满足条件的单元格的个数。

操作步骤

(1) 打开随书光盘"Excel 导学实验\Excel 公式和函数的应用\Excel 导学实验 08-常用函数使用.xltx"文件,在"1-学生成绩"工作表中按实验要求和步骤,输入公式并自动填充,求总分和平均值,如图 5-65 所示。

(2) 用函数 MAX、MIN、AVERAGE 求最高分、最低分和平均分并填充,如图 5-66 所示,观察最大值、最小值和平均值函数的使用和求值的范围。将结果与工作表上结果样式进行比较,以确定其正确性。

(3) 打开"2-评分计算"工作表,按操作要求完成任务,最高分用 MAX 函数、最低分用 MIN 函数计算。计算第一个人的最后得分的方法是："=(Sum(D6:L6)-M6-N6)/7",如图 5-67 所示。

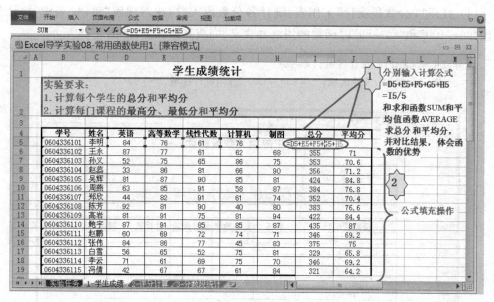

图 5-65 用公式计算总分与平均分

统计	英语	高等数学	线性代数	计算机
最高分	=MAX(D5:D19)			
最低分	MAX(**number1**, [number2], ...)			
平均分	67.8			

用函数实现计算
公式→插入函数

图 5-66 用函数求最高分、最低分和平均分

自动评分计算表

实验要求：
1. 参加比赛的选手为10人，评委9人。
2. 计算出选手获得的最高分和最低分。
3. 去掉1个最高分和1个最低分后，求出平均分作为最后得分。

编号	姓名	评委1	评委2	评委3	评委4	评委5	评委6	评委7	评委8	评委9	最高分	最低分	最后得分
01	李明	9.44	9.86	9.13	8.72	9.24	8.22	9.93	9.11	8.84			
02	王永	8.30	9.73	9.69	8.12	8.95	8.77	9.34	8.12	8.95			
03	孙义	9.59	8.14	8.18	8.94	9.60	8.32	9.69	8.15	8.30			
04	赵蕊	9.32	8.02	8.10	8.96	8.50	9.99	8.00	8.62	8.69			
05	吴辉	9.80	8.15	9.95	9.26	9.01	8.96	8.95	9.91	8.23			
06	周燕	9.69	9.23	9.79	8.07	8.12	8.36	8.38	9.46	9.49			
07	郑欣	8.50	8.01	8.99	8.88	9.66	9.75	9.95	9.93	8.40			
08	陈芳	8.91	9.70	9.04	9.46	8.66	8.12	8.59	8.93	8.78			
09	高岩	8.08	8.65	8.30	9.05	9.17	8.96	9.17	9.17	8.71			
10	鲍宇	8.08	8.24	9.09	8.24	8.61	9.24	8.70	9.04	8.71			

图 5-67 自动评分计算

(4) 打开"3-分数段统计"工作表,统计各分数段人数,注意理解"英语"列中,统计分数段"90~100"和"80~89"时函数的用法和含义,完成其余任务,如图 5-68 所示。

90分以上=COUNTIF(统计区域,">=90")
80~89分=COUNTIF(统计区域,">=80")-COUNTIF(统计区域,">=90")

图 5-68　分数段统计

实验总结与反思

有的应用不能直接选择函数完成计算,还需手动进行修改,例如,上述分数段统计中将 COUNTIF 函数的运算结果作为公式的参数,以求得不同分数段的统计结果。

5.4.4　Excel 导学实验 09——数学和统计函数应用

相关知识

(1) IF 函数:执行真假值判断,根据逻辑计算的真假值,返回不同结果。

语法:

```
IF(Logical_test,Value_if_true,Value_if_false)
```

Logical_test——判断条件,表示计算结果为真(TRUE)或假(FALSE)的任意值或表达式。

Value_if_true——Logical_test 为 TRUE 时返回的值。

Value_if_false——Logical_test 为 FALSE 时返回的值。

说明:函数 IF 可以嵌套 7 层,用 Value_if_false 及 Value_if_true 参数可以构造复杂

的检测条件,具体用法举例如下。

	A	B
1	实际费用	预算费用
2	1500	900
3	500	900
4	500	925
	公式	说明（结果）
	=IF(A2>B2,"Over Budget","OK")	判断第 1 行是否超出预算 (Over Budget)
	=IF(A3>B3,"Over Budget","OK")	判断第 2 行是否超出预算 (OK)

（2）ROUND 函数：返回某个数字按指定位数取整后的数字。

语法：

```
ROUND(number,num_digits)
```

number——需要进行四舍五入的数字。

num_digits——指定的位数,按此位数进行四舍五入。

说明：

如果 num_digits 大于 0,则四舍五入到指定的小数位。

如果 num_digits 等于 0,则四舍五入到最接近的整数。

如果 num_digits 小于 0,则在小数点左侧进行四舍五入。

例：

ROUND(2.15,1),将 2.15 四舍五入到一个小数位(2.2)。

ROUND(2.149,0),将 2.149 四舍五入到一个整数位(2)。

ROUND(−1.475,2),将−1.475 四舍五入到两小数位(−1.48)。

ROUND(21.5,−1),将 21.5 四舍五入到小数点左侧一位(20)。

（3）INT 函数：将数字向下舍入到最接近的整数。

语法：

```
INT(number)
```

number——需要进行向下舍入取整的实数。

示例：

INT(8.9)将 8.9 向下舍入到最接近的整数(8)。

INT(−8.9)将−8.9 向下舍入到最接近的整数(−9)。

（4）RANK.EQ 函数：返回某数字在一列数字列表中相对于其他数值的大小的排名。如果多个数值的排名相同,则返回该组数值的最佳排名。

语法：

```
RANK.EQ(number,ref,order)
```

number——需要排位的数字。

ref——排位的范围,一般为数字列表数组或对数字列表的引用,ref 中的非数值型参数将被忽略。一般使用绝对引用。

order——指明排位的方式。如果 order 为 0(零)或省略,降序排列列表,如果 order 不为零,升序排列列表,用法举例如下。

	A	B
1	成绩	成绩排名
2	95	=RANK.EQ(A2, $A$2:$A$10, 0)
3	75	5
4	55	8
5	80	4
6	45	9
7	95	1
8	65	7
9	70	6
10	95	1

(5) COUNTA 函数：返回参数列表中非空值的单元格个数。利用函数 COUNTA 可以计算单元格区域或数组中包含数据的单元格个数。

语法：

```
COUNTA(value1, value2,…)
```

value1，value2 为所要计算的值，参数个数为 1～30 个。参数值可以是任何类型，可以包括空字符（" "），但不包括空白单元格。如果参数是数组或单元格引用，则数组或引用中的空白单元格将被忽略。COUNTA 函数的用法举例如下。

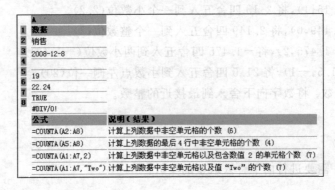

实验文件

随书光盘"Excel 导学实验\Excel 公式和函数的应用\Excel 导学实验 09-数学和统计函数应用.xltx"。

实验目的

掌握数学和统计函数的用法；学会通过帮助了解函数的功能和应用；初步了解条件格式。

操作步骤

(1) 打开随书光盘"Excel 导学实验\Excel 公式和函数的应用\Excel 导学实验 09-数学和统计函数应用.xltx"文件，依次单击 1～3 工作表，按每张表的要求，完成实验，如

图 5-69～图 5-71 所示。

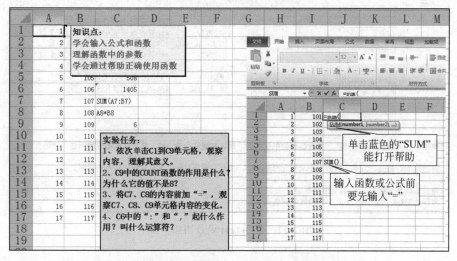

图 5-69　输入函数和公式的方法

图 5-70　常用数学和三角函数的用法实验

（2）打开"档案"和"4-记分册（样表）"，观察表中数据。

（3）打开"5-记分册（数学函数）"，如图 5-72 所示，按照工作表的"实验要求"和操作步骤完成实验，并与样表进行比较，验证其正确性。

① 引用其他工作表中的数据：现要在"5-记分册（数学函数）"工作表中的 B2 中引用"档案"工作表中的 A2 单元格——即第一个学生的学号，则可在 B2 单元格中输入公式"=档案!A2"，或输入"="后，单击"档案"工作表标签，在打开的"档案"工作表中单击 A2

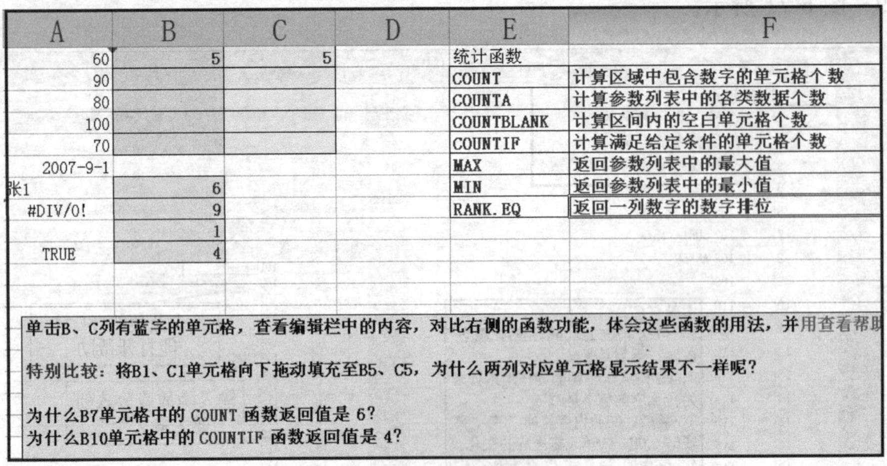

A	B	C	D	E	F
60	5	5		统计函数	
90				COUNT	计算区域中包含数字的单元格个数
80				COUNTA	计算参数列表中的各类数据个数
100				COUNTBLANK	计算区间内的空白单元格个数
70				COUNTIF	计算满足给定条件的单元格个数
2007-9-1				MAX	返回参数列表中的最大值
张1	6			MIN	返回参数列表中的最小值
#DIV/0!	9			RANK.EQ	返回一列数字的数字排位
	1				
TRUE	4				

单击B、C列有蓝字的单元格,查看编辑栏中的内容,对比右侧的函数功能,体会这些函数的用法,并用查看帮助

特别比较:将B1、C1单元格向下拖动填充至B5、C5,为什么两列对应单元格显示结果不一样呢?

为什么B7单元格中的 COUNT 函数返回值是 6?
为什么B10单元格中的 COUNTIF 函数返回值是 4?

图 5-71　常用统计函数用法实验

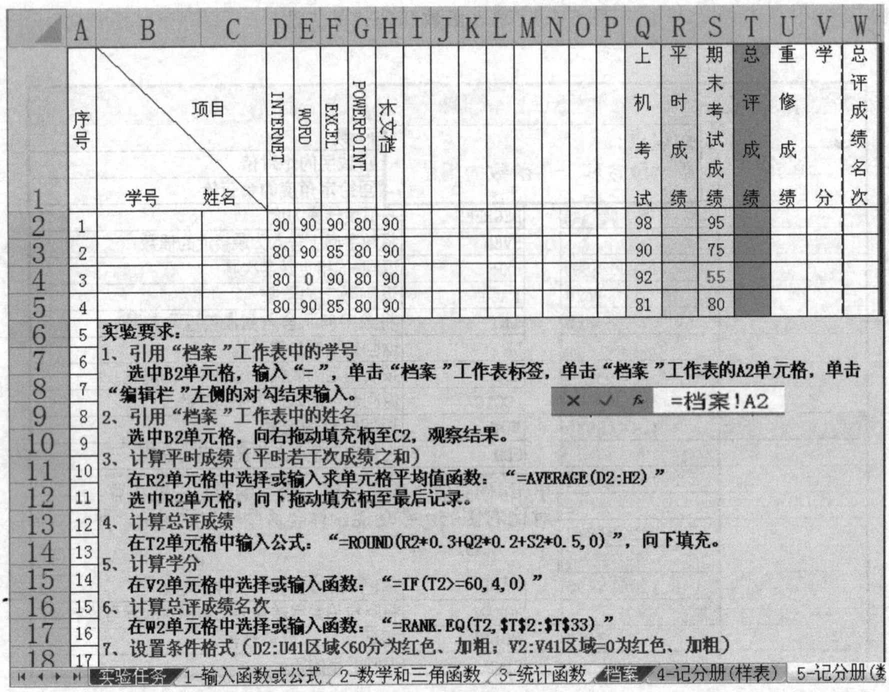

图 5-72　记分册工作表

单元格,之后单击编辑栏左侧的对勾。并将单元格的数据格式改为常规,以去除原数据中任何特殊的数字格式,其余的可采用填充方式获得。

② 计算第一个人的总评成绩的操作方法,选中 T2 单元格,在其中输入“=ROUND (R2＊0.3＋Q2＊0.2＋S2＊0.5,0)”实现,其中 ROUND 函数实现取整的操作。其余人的总评成绩可采用填充方式获得。

③ 判断某个学生是否能得学分,应对总评成绩进行判断,即总评成绩是否≥60,如果

成立则取得 4 学分,否则学分为零,判断第一个学生的学分方法是在"学分"列 V2 单元格中输入公式"=IF(T2>=60,4,0)",即如果 T2 单元格中的数≥60,则获得 4 学分,否则为 0。其余人的学分可采用填充方式实现。

④ 确定第一个学生的总评成绩名次使用"=RANK·EQ(T2,$T$2:$T$33)"实现,注意第二个参数必须是区域的绝对引用。其余人的名次可采用填充方式实现。

⑤ 不及格学生的总评成绩标为红色会比较醒目,要达到这一要求可用设置条件格式的方法实现,设置方法为选中区域,单击"开始"|"样式"|"条件格式",选择"突出显示单元格规则"下的"其他规则"命令,打开如图 5-73 所示的"新建格式规则"对话框,在其中设置条件,单击该对话框中的"格式"按钮,设置满足条件的单元格的格式。

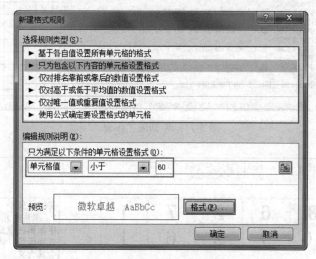

图 5-73 "新建格式规则"对话框

(4) 打开"7-考勤表(统计函数)",如图 5-74 所示,按照工作表的"实验要求"和操作步骤完成实验,并与考勤表(样表)进行比较,验证其正确性。

① 利用条件 COUNTIF 函数,统计学生的出勤情况。

② 利用 COUNTA 函数,统计总共应出勤数。

(5) 打开"猜猜看(数学函数)"工作表,如图 5-75 所示,根据工作表中的任务完成实验任务,体会 RAND、INT、IF、MAX 函数的用法。

要在单元格中产生 1~10 之间的随机数,则需在单元格中输入"=INT(RAND() * 10+1)"。

结果单元格中的函数为"=IF((F6=MAX(B3:F4)),"祝贺你,猜对了!","很遗憾,你错了。"))"。

实验总结与反思

Excel 2010 的条件格式设置提供了丰富的格式设置方法,包括"数据条"、"色阶"、"图标集"等,用户可以根据需要选择。

序号	学号	姓名	周数 1	2	3	4	5	6	7	8	9	10	11	12	13	14	15	事假次数	病假次数	旷课次数	出勤率
1	1404333601	张1	事	√	√	√	√		×	×	病	√	√	√		病	√				
2	1404333602	张2	√	√	√	√	√	事	√	√		事	√	√							
3	1404333603	张3	√	√	√	病	√	√													
4	1404333604	张4														√	√				
5	1404333605	张5	√	√	×	√	√					事				×	√				
6	1404333606	张6														√	√				
7	1404333607	张7														√	√				
8	14																	√			
9	14																	√			
10	14																	√			
11	14																	√			
12	14																	√			
13	14																	√			
14	14																	√			
15	14																	√			
16	14																	√			

实验要求：
1、统计事假次数
　　选中S2单元格，输入"=COUNTIF(D7:R7,"事")"。
2、统计病假次数
　　选中T2单元格，输入"=COUNTIF(D7:R7,"病")"。
3、统计旷课次数
　　选中U2单元格，输入"=COUNTIF(D7:R7,"×")"。
4、出勤率
　　选中V2单元格，输入"=COUNTIF(D7:R7,"√")/COUNTA(D7:R7)"。
5、填充记录
　　选中S2:V2单元格区域，向下填充所有记录。

3-统计函数 档案 4-记分册(样表) 5-记分册(数学函数) 6-考勤表(样表) 7-考勤表(统计函数) 8-猜猜看(

图 5-74　考勤表工作表

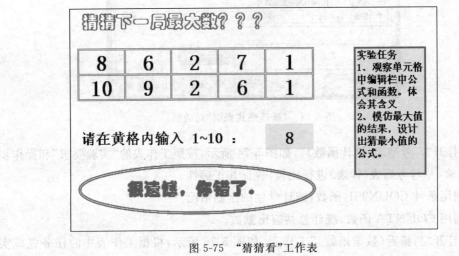

图 5-75　"猜猜看"工作表

5.4.5　Excel 导学实验10——文本和时间日期函数使用

相关知识

(1) LEFT 函数：从字符串中的第一个字符开始返回指定个数的字符。

语法：

LEFT(text,num_chars)

text——是包含要提取字符的文本字符串。

num_chars——指定要由 LEFT 所提取的字符数。

具体用法举例如下。

（2）MID 函数：返回文本字符串中从指定位置开始的特定数目的字符，该数目由用户指定。

语法：

```
MID(text,start_num,num_chars)
```

text——包含要提取字符的文本字符串。

start_num——文本中要提取的第一个字符的位置。

num_chars——指定希望 MID 从文本中返回字符的个数。

具体用法举例如下。

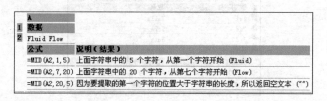

（3）TODAY 函数：返回当前日期的序列号，序列号是 Microsoft Excel 日期和时间计算使用的日期-时间代码。如果在输入函数前，单元格的格式为"常规"，则结果将设为日期格式。

语法：

```
TODAY()
```

说明：Microsoft Excel 可将日期存储为可用于计算的序列号。默认情况下，1900 年 1 月 1 日的序列号是 1，而 2008 年 1 月 1 日的序列号是 39448，即它距 1900 年 1 月 1 日有 39448 天。

（4）DATE 函数：返回代表特定日期的序列号。如果在输入函数前，单元格格式为"常规"，则结果将设为日期格式。

语法：

```
DATE(year,month,day)
```

year——参数 year 可以为 1～4 位数字。默认情况下，使用 1900 日期系统。

month——代表每年中月份的数字。如果所输入的月份大于 12，将从指定年份的一月份开始往上加算。例如，DATE(2008,14,2) 返回代表 2009 年 2 月 2 日的序列号。

day——代表在该月份中第几天的数字。如果 day 大于该月份的最大天数，则将从指定月份的第一天开始往上累加。例如,DATE(2008,1,35)返回代表 2008 年 2 月 4 日的序列号。

(5) CHOOSE 函数:可以使用 index_num 返回数值参数列表中的数值。使用函数 CHOOSE 可以基于索引号返回多达 29 个基于 index_num 待选数值中的任一数值。例如,如果数值 1~7 表示一个星期的 7 天,当用 1~7 之间的数字作 index_num 时,函数 CHOOSE 返回其中的某一天。

语法:

```
CHOOSE(index_num,value1,value2,…)
```

index_num——用以指明待选参数序号的参数值。index_num 必须为 1~29 之间的数字或者是包含数字 1~29 的公式或单元格引用。

如果 index_num 为 1,函数 CHOOSE 返回 value1;如果为 2,函数返回 value2,以此类推。如果 index_num 小于 1 或大于列表中最后一个值的序号,函数返回错误值 ♯VALUE!;如果 index_num 为小数,则在使用前将被截尾取整。

具体用法举例如下。

	A	B
1	数据	数据
2	1st	Nails
3	2nd	Screws
4	3rd	Nuts
5	完成	Bolts
	公式	说明(结果)
	=CHOOSE(2,A2,A3,A4,A5)	第二个参数 A3 的值 (2nd)
	=CHOOSE(4,B2,B3,B4,B5)	第四个参数 B5 的值 (Bolts)

(6) 函数内部的嵌套函数。

在某些情况下,可能需要将某函数作为另一函数的参数使用。例如,下面的公式使用了嵌套的 AVERAGE 函数并将结果与值 50 进行了比较,并根据比较结果决定是用求和函数求和还是为 0,如图 5-76 所示。

嵌套函数

=IF(AVERAGE(F2:F5)>50,SUM(G2:G5),0)

图 5-76 嵌套函数

嵌套函数的返回值:当嵌套函数作为参数使用时,它返回的数值类型必须与参数使用的数值类型相同。例如,如果参数返回一个 TRUE 或 FALSE 值,那么嵌套函数也必须返回一个 TRUE 或 FALSE 值。否则,Microsoft Excel 将显示 ♯VALUE! 错误值。

嵌套级别限制:Excel 2010 中最多可以嵌套 64 层的嵌套函数。

实验文件

随书光盘"Excel 导学实验\Excel 公式和函数的应用\Excel 导学实验 10-文本和时间日期函数应用.xltx"。

实验目的

学会文本函数和日期函数的使用方法,通过实验掌握函数的嵌套使用。

实验要求

完成红色标签工作表中公式与函数的应用。掌握 LEFT、MID、IF、CHOOSE、DATE、RANK. EQ、TODAY 函数的使用方法。

操作步骤

(1) 打开工作表 1～3 学习,通过帮助,了解常用文本函数和时间函数的用法。

(2) 打开"5-从学号提取个人信息(文本函数)"工作表,如图 5-77 所示,按照提示和实验要求完成实验,并将结果与"样表"进行比较,以验证其正确性。

图 5-77　从学号中提取学生信息

如图 5-78 所示,按照提示和实验要求求所属学院和所属学历,使用 CHOOSE 函数完成实验。如果选择较多时使用 CHOOSE 函数更方便。

6、用"=CHOOSE(E9,"应用文理学院","师范学院","商务学院","生物化学工程学院","旅游学院","特殊教育学院","继续教育学院","信息学院","机电学院","自动化学院","管理学院","广告学院","国际语言文化学院","东方信息技术学院","网通软件职业技术学院","平谷学院","国际交流学院")"替换F9单元格内的公式。查看填充效果,通过帮助理解CHOOSE函数。

学院编号(院系所部中心号的第3、4位)				培养层次码	
学院	学院编号	学院	学院编号	代码	名称
应用文理学院	1	自动化学院	10	1	博士研究生
师范学院	2	管理学院	11	2	硕士研究生
商务学院	3	广告学院	12	3	普通本科
生物化学工程学院	4	国际语言文化学院	13	4	专接本
旅游学院	5	东方信息技术学院	14	5	专续本
特殊教育学院	6	网通软件职业技术学院	15	6	二年制大专
继续教育学院	7	平谷学院	16	7	三年制大专
信息学院	8	国际交流学院	17	8	成人本科
机电学院	9			9	成人专科
				10	高自考
				11	升学班
				12	高职
				99	其他

图 5-78　使用 CHOOSE 函数求学生学历和所在学院

(3) 打开"6-按生日比大小"工作表,如图 5-79 所示。

	A	B	C	D	E	F	G	H
1	学　号	姓名	身份证号码(18位)	年	月	日	总天数	按生日排位
2	1404333601	张1	11010519950102614					
3	1404333602	张2	11010119941230012					
4	1404333603	张3	11010319940219002					
5	1404333604	张4	11010119950606002					
6	1404333605	张5	11010219941007003					
7	1404333606	张6	11010219940905001					
8	1404333607	张7	11030219950316001					
9	1404333608	张8	11010519970226002					
10	1404333609	张9	11210419980308001					
11	1404333610	张10	11210419970724002					
12	实验任务: 由身份证提取生日信息,并按生日对一组人排位。							
13								
14	18位身份证号码: 前6位为行政区划代码,第7、8、9、10位为出生年份(4位数),第11、							
15	12位为出生月份,第13、14位代表出生日期。							
	年: Mid(身份证号码,7,4)							
16	月: Mid(身份证号码,11,2)							
17	日: Mid(身份证号码,13,2)							
18	日期序列号(从1900年1月1日至给定日期的总天数): Date(年,月,日)							
19	排位: Rank.EQ(日期序列号,绝对单元格区域,0-降序 or 非0-升序)							
20	注意: ★将黄色单元格格式设置为: "数值",小数位数为"0"。							
21	★Rank.EQ函数的第二个参数要用单元格的绝对引用。							
22	★将各公式中的蓝字改为相应的单元格引用							

图 5-79　按生日比大小

① 根据身份证的构成特点,提取学生出生的年、月、日信息。

② 利用 DATE(年,月,日)函数,计算出生日期距 1900 年 1 月 1 日的总天数。

③ 利用 RANK.EQ 函数对某人总天数在整个数列中进行排位。

(4) 打开"7-新年倒计时(时间函数)"工作表,如图 5-80 所示,观察 TODAY 函数的功能和用法,参照"新年倒计时",完成实验。

图 5-80　新年倒计时

实验总结与反思

注意使用 RANK.EQ 函数时,其第二个参数必须是绝对引用的单元格区域。

掌握函数的用法可以让工作事半功倍。读者除了要掌握一些常用函数的应用外,还可以利用函数的对话框的参数说明来掌握不熟悉函数的使用。例如,MID 函数,将鼠标定位到不同参数输入框中,会自动显示该参数的帮助提示信息,指导用户正确设定各参数,如图 5-81 所示。

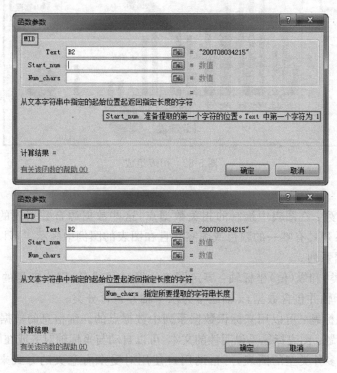

图 5-81　MID 函数

5.5　插　入　图　表

图表用于以图形形式显示数值数据系列,使用户更容易理解大量数据以及不同数据系列之间的关系。图表具有较好的视觉效果,方便用户查看数据的差异、图案和预测趋势。例如,在图 5-82 中用户不必分析工作表中的多个数据列就可以立即看到各科分数段的高低的升降,很方便地对学生的学习成绩进行分析。

(1)图表的图表区:包括整个图表及其全部元素。

(2)图表的绘图区:在二维图表中,是指通过轴来界定的区域,包括所有数据系列。在三维图表中,同样是通过轴来界定的区域,包括所有数据系列、分类名、刻度线标志和坐标轴标题。

(3)图表的图例:图例是一个方框,用于标识为图表中的数据系列或分类指定的图

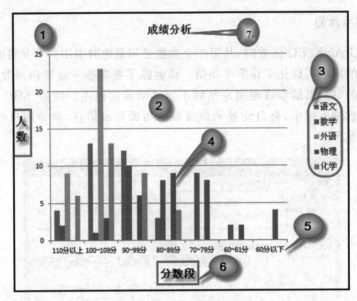

图 5-82　图表组成

案或颜色。

（4）数据系列：在图表中绘制的相关数据点，这些数据源自数据表的行或列。图表中的每个数据系列具有唯一的颜色或图案并且在图表的图例中表示。可以在图表中绘制一个或多个数据系列。

（5）横（分类）和纵（值）坐标轴：界定图表绘图区的线条，用作度量的参照框架，y 轴通常为垂直坐标轴并包含数据，x 轴通常为水平轴并包含分类。

（6）坐标轴标题：可以用来标识数据系列中数据点的详细信息的数据标签。

（7）图表标题：图表标题是说明性的文本，可以自动与坐标轴对齐或在图表顶部居中。

Excel 支持多种类型的图表，可帮助用户使用对受众有意义的方式来显示数据。创建图表或更改现有图表时，可以从各种图表类型（如柱形图或饼图）及其子类型（如三维图表中的堆积柱形图或饼图）中进行选择。用户也可以通过在图表中使用多种图表类型来创建组合图。

5.5.1　Excel 导学实验 11——图表基本知识

实验文件

随书光盘"Excel 导学实验\Excel 图表功能\Excel 导学实验 11-图表基本知识.xltx"。

实验目的

掌握根据工作表中的数据创建图表、编辑图表的方法。

实验要求

（1）用柱形图表示 2010 年入学前学生掌握计算机技能的情况的百分比。

（2）用饼图表示 2012 年入学前学生掌握计算机技能的情况的百分比。

（3）用折线图表示 2010 年、2011 年、2012 年入学前学生掌握计算机技能情况的趋势。

（4）修改柱形图——增加 2011 年数据。

（5）修改饼图——强调某一部分。

（6）修改折线图——显示数值。

操作步骤

（1）打开随书光盘"Excel 导学实验\Excel 图表功能\Excel 导学实验 11-图表基本知识.xltx"，单击"1-柱形图"工作表，实验任务见图 5-83，按下列步骤完成任务。

注意：创建图表前必须先在工作表中为图表输入数据。

① 选定创建图表用数据所在的单元格，如图 5-84 所示。

基本情况比例			
	2010	2011	2012
从未接触过	10.2	7.1	1.8
基本为零	63	49.7	40.4
初级	24.8	40.1	47.1
较高	2	4.1	10.6

实验任务：
1. 用柱形图表示2010年入学前学生掌握计算机技能的情况的百分比。

图 5-83   实验任务

	2010
从未接触过	10.2
基本为零	63
初级	24.8
较高	2

图 5-84   数据源

② 打开"插入"选项卡，从"图表"组中选择图表类型——柱形图，如图 5-85 所示，或者单击"图表"组右下方的按钮，打开"插入图表"对话框，从中选择图表类型，如图 5-86 所示。

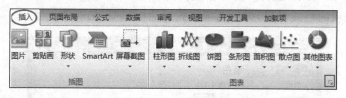

图 5-85   插入图表

③ 单击"确定"，插入柱形图。

④ 添加图表标题：插入图表后，自动显示"图表工具"，其上增加了"设计"、"布局"和"格式"选项卡。在"布局"选项卡上的"标签"组中，单击"图表标题"，添加图表标题，如图 5-87 所示。

选择"图表上方"命令。在图表中显示的"图表标题"文本框中输入所需的文本，如图 5-88 所示。

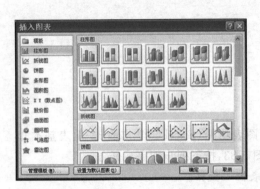

图 5-86 "插入图表"对话框

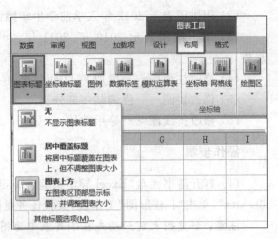

图 5-87 图表工具

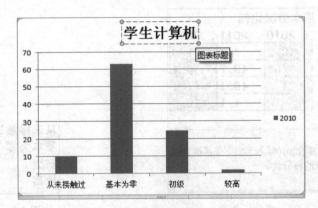

图 5-88 更改添加图表标题

　　若要设置文本的格式,请选择文本使用功能区("开始"选项卡上的"字体"组)上的格式设置按钮。若要设置整个标题的格式,则可以右键单击该标题,单击"设置图表标题格式"命令,如图 5-89 所示,选择所需的格式设置。图表中所有项目的格式都可以通过右击选项,选择各选项的格式设置,弹出选项格式对话框,进行格式的设置。

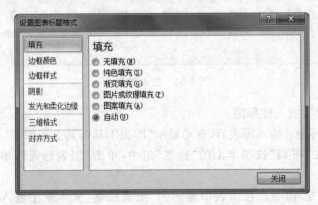

图 5-89 "设置图表标题格式"对话框

⑤ 添加坐标轴标题：单击"坐标轴标题"|"主要横坐标轴标题"|"坐标轴下方标题"，在横坐标下方的文本框中输入文字，如图 5-90 所示。

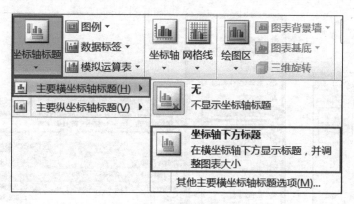

图 5-90 添加坐标轴标题

⑥ 图例：决定是否要图例以及图例的放置位置。

数据标志：决定数据上要显示的方式。

数据表：决定图表上是否显示数据表。

坐标轴：决定坐标轴上坐标数值显示方式，决定总标题和 X 轴、Y 轴标题。

网格线：决定图表上是否要格线和格线形式。

以上各项的添加和设置读者可以分别试一试，体会区别。另外，图表类型不同，选项卡内容、数目会有变化。

（2）打开"2-饼图"工作表。

① 选择"数据源"，如图 5-91 所示。

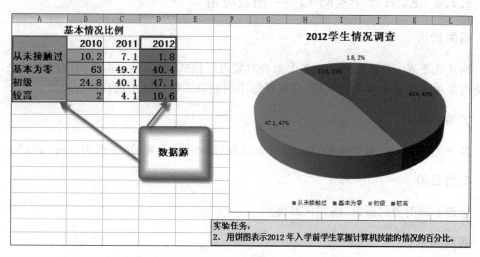

图 5-91 饼图实验任务和完成样式及数据源选择

② 单击"插入"|"饼图"|"三维饼图/"命令，如图 5-92 所示。

③ 参照样图完成实验任务。

(3) 编辑图表,包括更改图表类型、更改图表的数据源、设置图表选项。选相应的命令修改即可。右击图表空白区,如图 5-93 所示,完成工作表 4~6 中的实验。

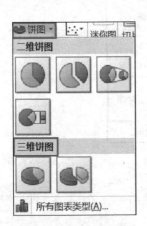

图 5-92　插入三维饼图

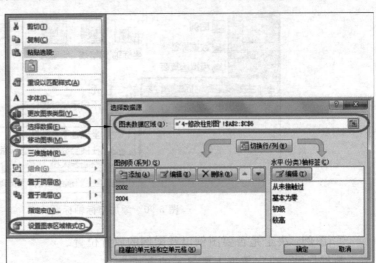

图 5-93　更改图表选项

实验总结与反思

Excel 图表制作完成后可以直接复制到 Word 中,如果直接复制过去,则双击图标还可以进行图表格式的设置,为防止在 Word 中编辑修改,则可以通过截图以图片方式插入。

5.5.2　Excel 导学实验 12——图表应用

相关知识

格式化图表:若要对图表中各个图表对象进行格式设置,可右击不同的图表对象,在弹出的菜单上选择相应的格式项,在出现的不同的格式对话框中进行相应设置。

实验文件

随书光盘"Excel 导学实验\Excel 图表功能\Excel 导学实验 12-图表应用.xltx"。

实验目的

创建不同类型的图表、格式化图表。

实验要求

按照每个工作表的提示和要求完成各类型图表实验任务。

操作步骤

(1) 打开随书光盘"Excel 导学实验\Excel 图表功能\Excel 导学实验 12-图表应用.

xltx"文件,打开"1-成绩分析",如图 5-94 所示。

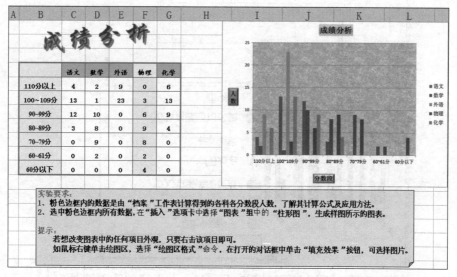

图 5-94　成绩分析图样图和数据源

　　① 选择粉色边框里的数据源,单击"插入"|"柱形图"|"簇状柱形图"命令,生成如图 5-95 所示的图表。

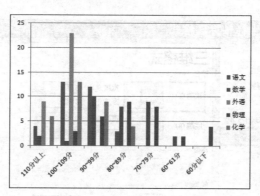

图 5-95　刚形成的簇状柱形图

　　② 按照"图表基本知识实验"所学,添加图表标题,坐标轴标题。

　　③ 右击其中的一个坐标轴标题,在弹出的菜单中可以设置标题文本框中的字体大小、颜色、填充色等简单操作,如图 5-96 所示。如果要详细设置标题格式,则选择设置坐标轴标题格式,在弹出的"设置坐标轴标题格式"对话框中进行设置,如图 5-97 所示。

　　④ 参照成绩分析样图,设置各部分的格式。

　　(2)打开"2-物理成绩分析"工作表,如图 5-98 所示。

　　① 单击"插入"|"饼图"命令,生成一个空的饼图。

　　② 单击"图表工具"|"布局"|"选择数据",见图 5-99,在弹出的"选择数据源"对话框中选择数据源,如图 5-100 所示。单击"确定"按钮,生成一个基本饼图,如图 5-101 所示。

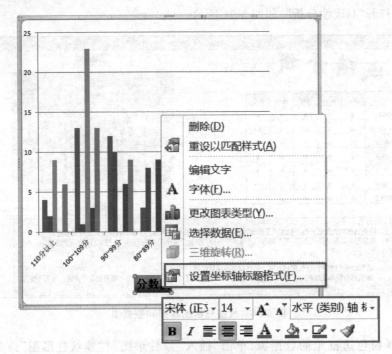

图 5-96 设置格式快捷菜单

图 5-97 "设置坐标轴标题格式"对话框

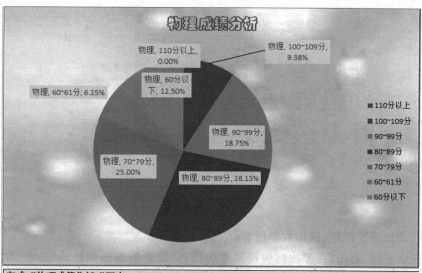

完成"**物理成绩分析**"图表。

实验要求：

选择"插入"|"饼图"命令，生成样图所示的图表。选中"**成绩分析表**"内两列黄色单元格内的
数据。

图 5-98 物理成绩分析样图和任务

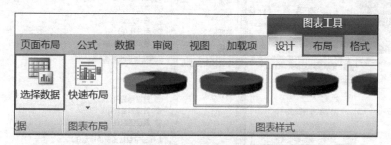

图 5-99 选择数据

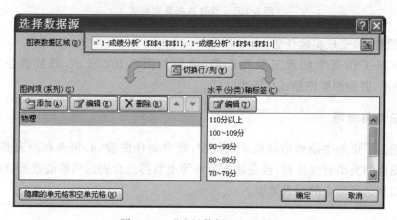

图 5-100 "选择数据源"对话框

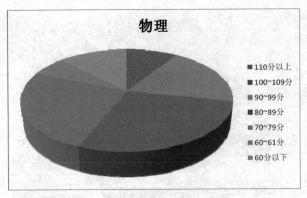

图 5-101　基本饼图

③ 格式化图表标题,添加数据标签。

④ 选中系列,右击,在弹出的快捷菜单中选择"设置数据系列格式"命令,弹出"设置数据标签格式"对话框,如图 5-102 所示。

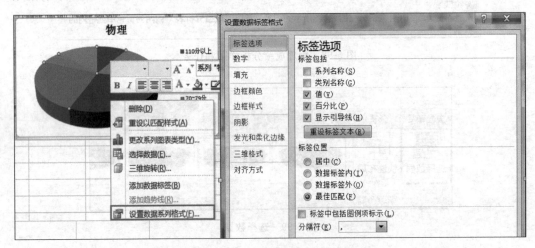

图 5-102　设置数据系列格式

⑤ 参照样图,完成实验任务。

(3) 在新工作表中创建三维柱形图,效果如图 5-103 所示,其放置位置设置如图 5-104 所示,并按照样图格式化图表。

实验总结与反思

图表是为了更加生动和形象地反映数据,想要制作图表,必须有和图表相对应的数据。虽然图表的类型有很多种,但是并不是每种类型都适合表达当前的数据信息,需要结合自己的数据选择适合的图表类型。

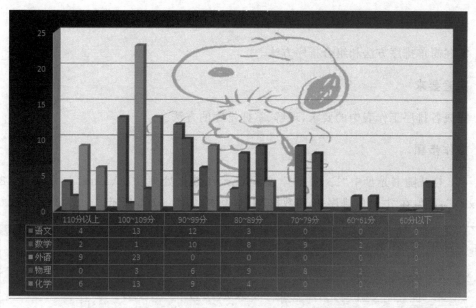

	110分以上	100~109分	90~99分	80~89分	70~79分	60~61分	60分以下
■语文	4	13	12	3	0	0	0
■数学	2	1	10	8	9	2	0
■外语	9	23	0	0	0	0	0
■物理	0	3	6	9	8	2	1
■化学	6	13	9	4	0	0	0

图 5-103 创建三维柱形图

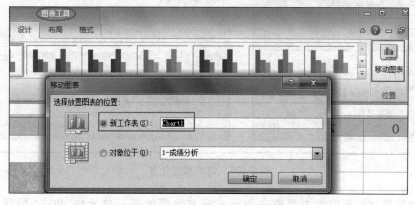

图 5-104 在不同位置创建图表

5.6 Excel 的数据处理功能

Excel 有很强大的数据处理能力,可以方便地实现对大量的数据进行组织和管理,如排序、筛选、分类汇总以及制作数据透视表等。

5.6.1 Excel 导学实验 13——排序

实验文件

随书光盘"Excel 导学实验\Excel 数据处理功能\Excel 导学实验 13-排序.xltx"。

实验目的

掌握简单排序方法和组合排序方法。

实验要求

完成各排序工作表中的要求,理解、掌握排序的方法。

操作步骤

(1) 打开随书光盘中"Excel 导学实验\Excel 数据处理功能\Excel 导学实验 13-排序.xltx",定位在"1-简单排序-单列数据"工作表中,如图 5-105 所示。

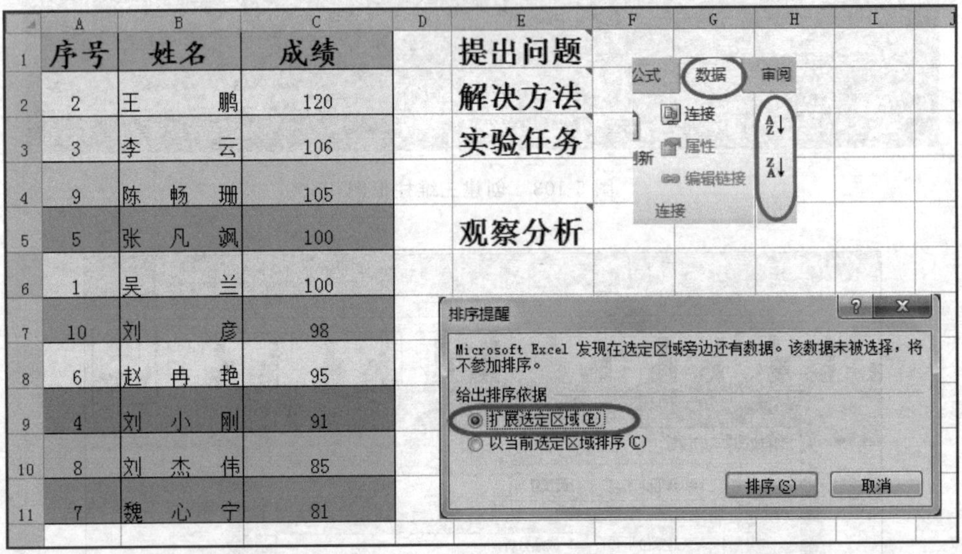

图 5-105　简单排序任务

① 简单排序时可以单击要排序的那一列有数据的任一单元格,单击"数据"选项卡"排序和筛选"组中的"升序"或"降序"按钮(或单击"开始"选项卡"编辑"组"排序和筛选"下的"升序"或"降序"项),那么数据表会按照当前列数据进行升序或降序排列。

② 如果选择了整列数据后再单击简单排序按钮,就会出现如图 5-106 所示"排序提醒"对话框,如果希望其他列的数据和排序列数据一起变化,则选择"扩展选定区域"单选按钮;如果不希望其他数据随着排序列数据而变化,选择"以当前选定区域排序"单选按钮,例如,排序后,对"序号"列重新排列。

(2) 完成"2-简单排序练习"工作表中的实验任务。其中,按字母排序和笔画排序的设置如图 5-107 所示。

(3) 单击"3-简单排序-两列数据"工作表标签,观察其中"提出问题"的批注内容,按照"解决方法"列出的批注上的步骤,在"排序"对话框中选择以"数学"为主要关键字进行升序排列,"语文"为第二关键字进行降序排列,如图 5-108 所示。完成"任务二"单元格批注

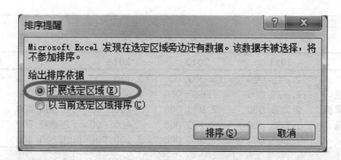

图 5-106 "排序提醒"对话框

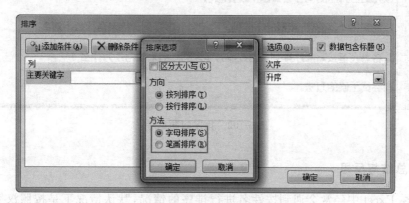

图 5-107 "排序选项"对话框

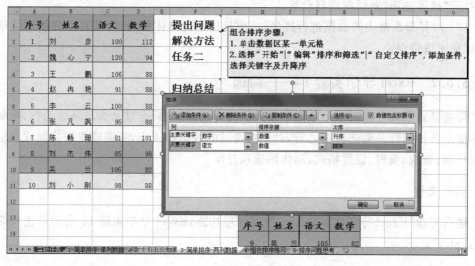

图 5-108 组合排序

中的任务要求。

（4）完成"4-组合排序练习"工作表中的实验任务。

（5）打开"5-排序问题思考"工作表，按照实验任务去做并思考，如图 5-109 所示。

	A	B	C	D	E	F
1			市场分析与预测			
2						
3		2011	2012	2013	2014	增长率
4	音响	12,345,000	13,000,000	13,130,000	13,200,000	6%
5	打印机	6,328,000	7,600,000	4,000,000	5,200,000	10%
6	数码像机	2,768,000	2,900,000	3,200,000	3,500,000	5%
7	摄像机	1,868,000	2,100,000	2,400,000	2,600,000	11%
8	投影仪	1,584,000	1,800,000	2,200,000	2,300,000	8%
9	总计	24,893,000	27,400,000	24,930,000	26,800,000	

做完组合排序的同学尝试做下题并思考:

1.观察将"2013列"按照升序排列,再按照降序排列,结果有什么不对?

2.将增长率按照降序排列,再按照升序排列,结果如何?为什么?

请尝试正确的方法。

图 5-109　排序问题思考

实验总结与反思

(1) 在 Excel 中经常会遇到按姓名进行排序的情况,默认情况下是按照汉字的拼音进行排序的,有的时候要按照姓氏笔画来排序,这时需要在"排序"对话框中单击"选项"按钮,打开"排序选项"对话框进行设置。

(2) 对复杂表格中的数据进行排序时,要具体情况具体处理,但最好不要使用简单排序,以免出现错误。

5.6.2　Excel 导学实验 14——筛选

筛选是查找和处理区域中数据了集的快捷方法,筛选后会显示满足条件的行,隐藏那些不满足条件的行。筛选数据之后,对于筛选过的数据的子集,不需要重新排列或移动就可以复制、查找、编辑、设置格式、制作图表和打印。

实验文件

随书光盘"Excel 导学实验\Excel 数据处理功能\Excel 导学实验 14-自动筛选与高级筛选.xltx"。

实验目的

掌握自动筛选及高级筛选的操作方法。

实验要求

完成各筛选工作表中的要求,理解、掌握高级筛选条件区域建立的原则及方法。

操作步骤

(1) 打开"1-自动筛选"工作表。

自动筛选——按选定内容筛选。其筛选条件可以是该列中任意一个值,也可以是该列中最大几项或最小几项记录,还可以是自定义的某一数值范围内的记录。

① 选出所有男同学。

选中要筛选的数据中的任一单元格,单击"数据"选项卡"排序和筛选"组中的"筛选"按钮,如图 5-110 所示,在各列数据第一行的单元格的右方均显示一个向下的箭头,单击"性别"列的箭头,选择"男",可选出所有男同学,如图 5-111 所示。

图 5-110 "筛选"按钮

	A	B	C	D	E	F	G
1	学号	姓名	身份证号	性别	民族	身高	入学成绩
3	1404333604	张2	110104199411230012	男	满	177	528
8	1404333609	张7	110302199511060013	男	汉	175	499
10	1404333611	张9	112104199903090014	男	汉	183	495
12	1404333613	张11	110105199411160014	男	汉	163	488
13	1404333614	张12	110104199502140012	男	白	178	485
16	1404333617	张15	110102199612030011	男	汉	164	480
17	1404333618	张16	110102199409160016	男	汉	185	476
20	1404333621	张19	112104199503010014	男	汉	170	473
22	1404333623	张21	110105199503150014	男	汉	176	466
23	1404333624	张22	110104199507200012	男	汉	163	466

图 5-111 按"性别"自动筛选男同学

② 选出入学分数前 10 名的同学:执行"筛选"后在"入学成绩"列的下拉菜单中,单击"数字筛选"中的"10 个最大的值"命令,打开"自动筛选前 10 个"对话框进行筛选,如图 5-112 所示,筛选出入学成绩前 10 名的同学。

③ 选出身高大于等于 160cm 且小于 170cm 的同学。执行"筛选"后在"身高"列的下拉菜单中,单击"数字筛选"下的"自定义筛选"命令,打开如图 5-113 所示的"自定义自动筛选方式"对话框,输入条件,单击"确定"按钮。

取消筛选的操作方法:单击已进行筛选的某列的自动筛选箭头,在打开的菜单中单击"全选"按钮,取消该列的筛选,或单击"数据"|"筛选"命令,可取消全部筛选。

图 5-112 筛选入学成绩前 10 名的同学

(2) 打开"2-高级筛选 1"工作表,实验任务和筛选条件样式如图 5-114 所示。

Excel 自动筛选只能实现单列中两个条件的"或"筛选,不支持单列中三个条件及以上的"或"筛选及多列中的"或"筛选。如果对单列中三个及以上条件进行筛选时,可以使用 Excel 的高级筛选功能,具体步骤如下。

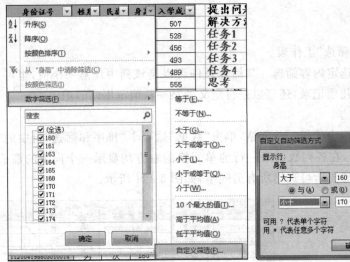

图 5-113　自定义自动筛选

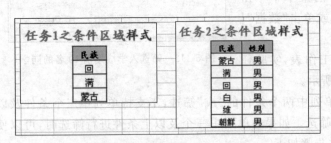

图 5-114　单列中三个条件及以上的"或"筛选

① 设置筛选条件区域,单列中三个及以上条件的"或"筛选条件区域的建立如图 5-115 的任务工作表中所示,即将列标题写于空白单元格中,筛选条件依次列于其下即可。

② 光标放在数据区中,单击"数据"|"筛选"|"高级",打开如图 5-116 所示的"高级筛选"对话框,在该对话框中选择"列表区域"和"条件区域",如果要去除重复记录,可以选中"选择不重复的记录"复选框,单击"确定"按钮,完成筛选。工作表中给出了结果样式图片,可进行比较。

图 5-115　单列中多个或筛选条件区域设置样式　　　　图 5-116　"高级筛选"对话框

③ 取消高级筛选，可单击“数据”|“清除”按钮，清除已进行的筛选，显示全部数据。

(3) 打开“3-高级筛选 2”工作表，实验任务和筛选条件样式如图 5-117 所示。

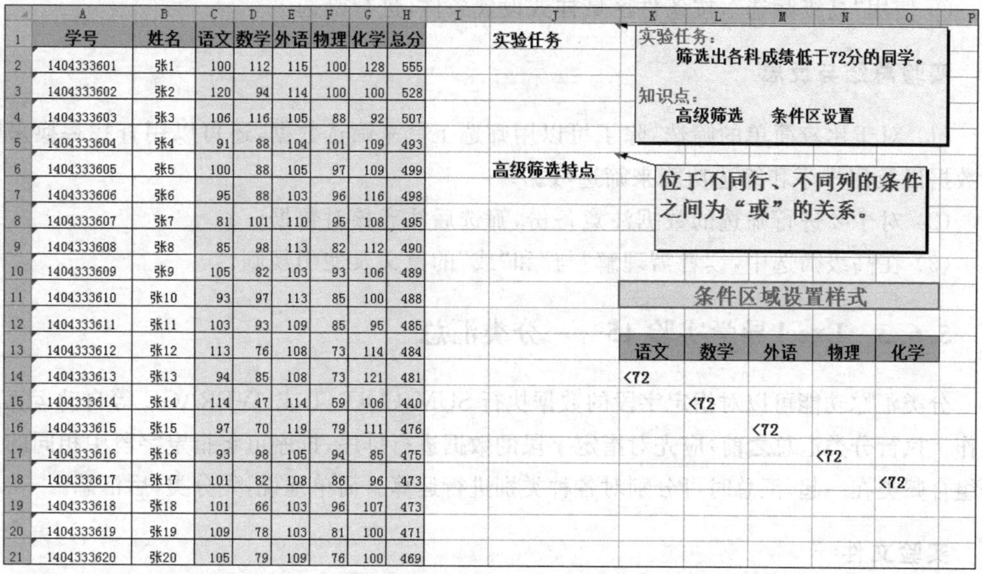

学号	姓名	语文	数学	外语	物理	化学	总分
1404333601	张1	100	112	115	100	128	555
1404333602	张2	120	94	114	100	100	528
1404333603	张3	106	116	105	88	92	507
1404333604	张4	91	88	104	101	109	493
1404333605	张5	100	88	105	97	109	499
1404333606	张6	95	88	103	96	116	498
1404333607	张7	81	101	110	95	108	495
1404333608	张8	85	98	113	82	112	490
1404333609	张9	105	82	103	93	106	489
1404333610	张10	93	97	113	85	100	488
1404333611	张11	103	93	109	85	95	485
1404333612	张12	113	76	108	73	114	484
1404333613	张13	94	85	108	73	121	481
1404333614	张14	114	47	114	59	106	440
1404333615	张15	97	70	119	79	111	476
1404333616	张16	93	98	105	94	85	475
1404333617	张17	101	82	108	86	96	473
1404333618	张18	101	66	103	96	107	473
1404333619	张19	109	78	103	81	100	471
1404333620	张20	105	79	109	76	100	469

语文	数学	外语	物理	化学
<72				
	<72			
		<72		
			<72	
				<72

图 5-117 多列中的“或”筛选

① 多列“或”筛选条件区域的建立：按图 5-117 中条件区域设置样式，设置筛选条件区域，将欲筛选的各列标题相邻写在空白单元格行中，各列的筛选条件写在各自的列标下并位于不同的行中。

② 光标放在数据区中，单击“数据”|“排序和筛选”|“高级”，在“高级筛选”对话框中选择列表区域和条件区域，单击“确定”按钮，完成筛选。

(4) 打开“4-高级筛选 3”工作表，实验任务和筛选条件样式如图 5-118 所示。

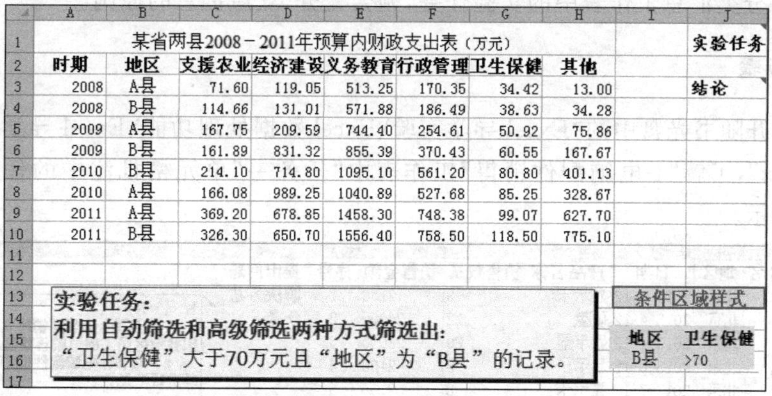

某省两县2008－2011年预算内财政支出表（万元）

时期	地区	支援农业	经济建设	义务教育	行政管理	卫生保健	其他
2008	A县	71.60	119.05	513.25	170.35	34.42	13.00
2008	B县	114.66	131.01	571.88	186.49	38.63	34.28
2009	A县	167.75	209.59	744.40	254.61	50.92	75.86
2009	B县	161.89	831.32	855.39	370.43	60.55	167.67
2010	B县	214.10	714.80	1095.10	561.20	80.80	401.13
2010	A县	166.08	989.25	1040.89	527.68	85.25	328.67
2011	A县	369.20	678.85	1458.30	748.38	99.07	627.70
2011	B县	326.30	650.70	1556.40	758.50	118.50	775.10

地区	卫生保健
B县	>70

图 5-118 “与”条件筛选

“与”条件筛选既可以用“自动筛选”，也可以使用“高级筛选”。

① 使用“自动筛选”的操作方法：在筛选状态下，选择相应的条件，最后结果即为筛选结果，本例中可以先选择“地区”项目中的 B 县，再选择“卫生保健”项目中“数字筛选”

中的"自定义筛选"项,在打开的"自定义自动筛选方式"对话框中设置"大于70万元",确定即可实现筛选。

② 使用"高级筛选",按条件区域样式设置条件,进行筛选。

实验总结与反思

(1) 对于比较简单的筛选,除了可以用筛选工具来筛选数据,还可以用查找替换来筛选数据以及用排序和筛选功能来筛选数据。

(2) 对于要进行筛选的数据注意备份,筛选后注意核对数据。

(3) 在高级筛选中,读者需要理解"与"和"或"的意义及使用规则。

5.6.3　Excel 导学实验 15——分类汇总

分类汇总功能可以对指定字段的数据执行 SUM、COUNT 或 AVERAGE 等自动运算的操作。执行分类汇总之前,应先对指定字段的数据进行排序,排序可将指定字段中相同的数据组合归类在一起,汇总时可分别对各种类别进行运算。简单地说,先分类,后汇总。

实验文件

随书光盘"Excel 导学实验\Excel 数据处理功能\Excel 导学实验 15-分类汇总.xltx"。

实验目的

掌握分类汇总求和、求平均、汇总计数。

实验要求

完成各分类汇总工作表中的实验任务,领会先分类、后汇总的原则。

操作步骤

(1) 打开随书光盘中的"Excel 导学实验\Excel 数据处理功能\Excel 导学实验 15-分类汇总.xltx",了解"1-电脑配件销售"工作表中"任务一"单元格批注中的任务要求,如图 5-119 所示。

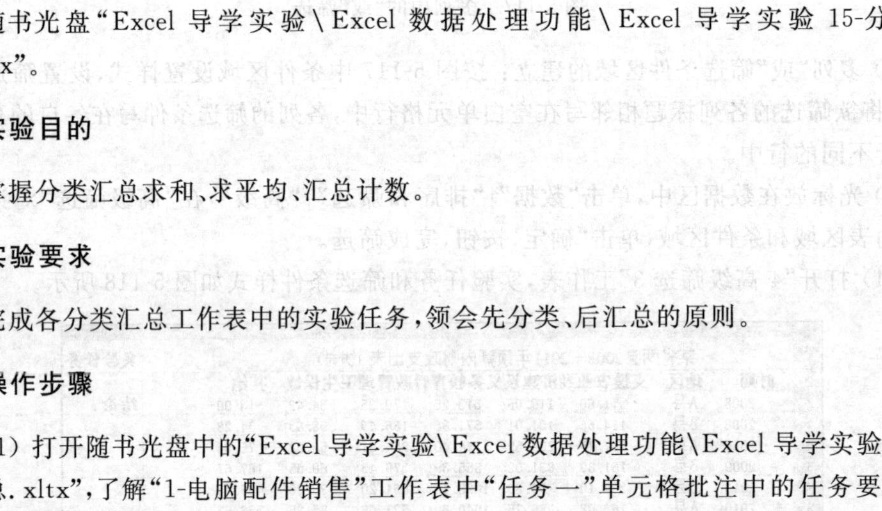

员工姓名	地区	日期	产品名称	销售数量	销售金额	序号	提出问题
李晓光	北京	2013-4-12	显示卡	8	2100	1	解决方法
吴继泽	北京	2013-4-12	硬盘	12	24000	2	任务一
张雁	北京	2013-4-12	显示器	20	28000	3	
李晓光	北京	2013-6-12	显示卡	8	2100	4	
吴继泽	北京	2013-7-12	显示卡	8	2100	5	
张雁	北京	2013-7-12	显示器	20	28000	6	
扬帆	上海	2013-4-13	主板	20	11200	7	
扬帆	上海	2013-7-13	主板	20	11200	8	
张治文	天津	2013-4-11	主板(PII)	17	10400	9	
张治文	天津	2013-6-11	主板(PII)	17	10400	10	

任务一:
　1、根据电脑配件销售表,给出各地区员工的总销售额汇总。
　2、对各种电脑配件的销售金额进行汇总。

图 5-119　分类汇总求和数据与任务

① 选择工作表上任一有数据的单元格,单击"数据"选项卡"分级显示"组中的"分类汇总"按钮,如图 5-120 所示,打开"分类汇总"对话框,选择分类字段为"地区"、汇总方式为"求和"、汇总项为"销售金额",单击"确定"按钮,完成任务一的第 1 项要求,如图 5-121 所示。

图 5-120 "分类汇总"按钮

② 在完成任务一的第二项要求之前,需要先取消分类汇总,方法是单击"数据"选项卡"分级显示"组的"分类汇总",打开"分类汇总"对话框,单击其中的"全部删除"按钮,可以取消分类汇总。

③ 对工作表中的数据以分类字段"产品名称"为主要关键字进行排序,然后执行分类汇总操作,在"分类汇总"对话框中选择分类字段为"产品名称"、汇总方式为"求和"、汇总项为"销售金额",单击"确定"按钮,完成任务一的第二项要求,如图 5-122 所示。

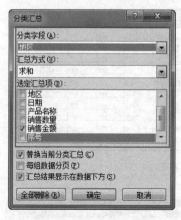

员工姓名	地区	日期	产品名称	销售数量	销售金额	序号
李晓光	北京	2013-4-12	显示卡	8	2100	1
吴继泽	北京	2013-4-12	硬盘	12	24000	2
张雁	北京	2013-4-12	显示器	20	28000	3
李晓光	北京	2013-6-12	显示卡	8	2100	4
吴继泽	北京	2013-7-12	显示卡	8	2100	5
张雁	北京	2013-7-12	显示器	20	28000	6
北京 汇总				0	86300	21
扬帆	上海	2013-4-13	主板	20	11200	7
扬帆	上海	2013-7-13	主板	20	11200	8
上海 汇总				0	22400	15
张治文	天津	2013-4-11	主板(PII)	17	10400	9
张治文	天津	2013-6-11	主板(PII)	17	10400	10
天津 汇总				0	20800	19
总计				0	129500	55

图 5-121 "分类汇总"对话框   图 5-122 分类汇总结果

(2) 打开"2-报价单"工作表,首先以"容量"为主要关键字对数据进行排序操作;执行分类汇总的操作,在打开的如图 5-123 所示的"分类汇总"对话框中,选择分类字段为"容量"、汇总方式为"平均值"、汇总项为"价格",单击"确定"按钮,完成任务二。

(3) 打开"3-分类汇总练习"工作表,了解实验任务和操作提示,如图 5-124 所示。

① 对数据表中的数据以"家庭地址"为主要关键字进行升序排列。

② 对"家庭地址"项分列。首先在"邮政编码"列前插入一列(插入此列,防止执行分列操作后,出现数据列覆盖的情况),选中"家庭地址"列中的数据,单击"数据"选项卡"数据工具"组的"分列",如图 5-125 所示,打开"文本分列向导"对话框,选择"固定列宽",按对话框提示将地址列分成"北京市××区",如图 5-126 所示。为分列后家庭地址后的具体的门牌号添加标题为:详细地址。

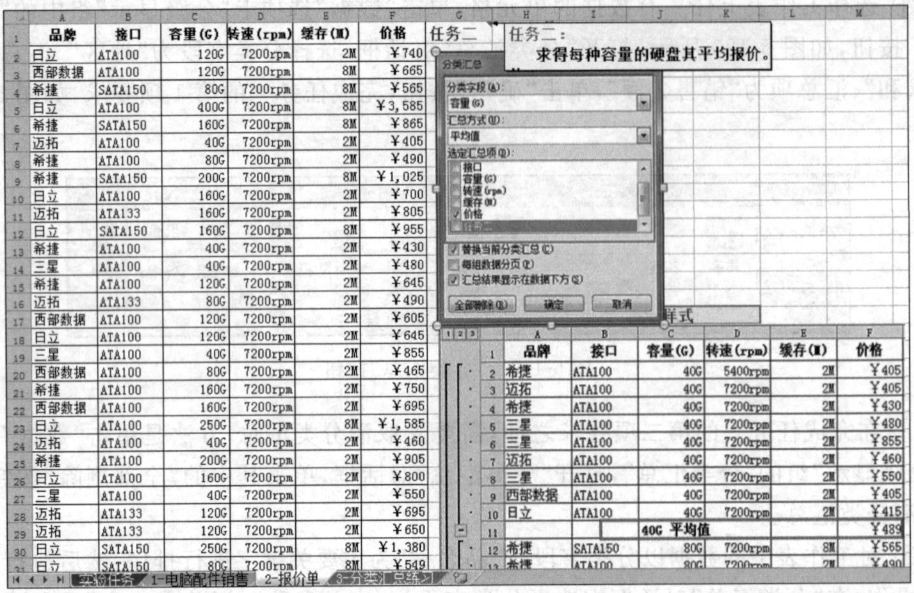

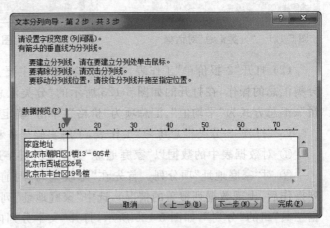

	品牌	接口	容量(G)	转速(rpm)	缓存(M)	价格
2	日立	ATA100	120G	7200rpm	2M	¥740
3	西部数据	ATA100	120G	7200rpm	8M	¥665
4	希捷	SATA150	80G	7200rpm	8M	¥565
5	日立	ATA100	400G	7200rpm	8M	¥3,585
6	希捷	SATA150	160G	7200rpm	8M	¥865
7	迈拓	ATA100	40G	7200rpm	2M	¥405
8	希捷	ATA100	80G	7200rpm	2M	¥490
9	希捷	SATA150	200G	7200rpm	8M	¥1,025
10	日立	ATA100	160G	7200rpm	2M	¥700
11	迈拓	ATA133	160G	7200rpm	2M	¥805
12	日立	SATA150	160G	7200rpm	8M	¥955
13	希捷	ATA100	40G	7200rpm	2M	¥430
14	三星	ATA100	40G	7200rpm	2M	¥480
15	希捷	ATA100	120G	7200rpm	2M	¥645
16	迈拓	ATA133	80G	7200rpm	2M	¥490
17	西部数据	ATA100	120G	7200rpm	2M	¥605
18	日立	ATA100	120G	7200rpm	2M	¥645
19	三星	ATA100	40G	7200rpm	2M	¥855
20	西部数据	ATA100	80G	7200rpm	2M	¥465
21	希捷	ATA100	160G	7200rpm	2M	¥750
22	西部数据	ATA100	160G	7200rpm	2M	¥695
23	日立	ATA100	250G	7200rpm	8M	¥1,585
24	迈拓	ATA100	40G	7200rpm	2M	¥460
25	希捷	ATA100	200G	7200rpm	2M	¥905
26	日立	ATA100	160G	7200rpm	2M	¥800
27	三星	ATA100	40G	7200rpm	2M	¥550
28	迈拓	ATA133	120G	7200rpm	2M	¥695
29	迈拓	ATA133	120G	7200rpm	2M	¥650
30	日立	SATA150	250G	7200rpm	8M	¥1,380
31	日立	SATA150	80G	7200rpm	8M	¥549

	品牌	接口	容量(G)	转速(rpm)	缓存(M)	价格
2	希捷	ATA100	40G	5400rpm	2M	¥405
3	迈拓	ATA100	40G	7200rpm	2M	¥405
4	希捷	ATA100	40G	7200rpm	2M	¥430
5	三星	ATA100	40G	7200rpm	2M	¥480
6	三星	ATA100	40G	7200rpm	2M	¥855
7	迈拓	ATA100	40G	7200rpm	2M	¥460
8	三星	ATA100	40G	7200rpm	2M	¥550
9	西部数据	ATA100	40G	7200rpm	2M	¥405
10	日立	ATA100	40G	7200rpm	2M	¥415
11			40G 平均值			¥489
12	希捷	SATA150	80G	7200rpm	8M	¥565

图 5-123 分类汇总求平均值数据

	学号	姓名	身份证号	家庭地址	邮政编码	科类	成绩	特征成绩	投档成绩	基本成绩	语文
2	1404333603	张1	110105199509011422	北京市朝阳区1楼13－605#	100001	理工	555	555	555	555	100
3	1404333604	张2	110104199411230012	北京市西城区26号	100002	理工	528	538	538	538	120
4	1404333605	张3	110103199502190220	北京市丰台区19号楼	100003	理工	507	507	507	507	106
5	1404333606	张4	1101011995060					503	503	503	91
6	1404333607	张5	1101021994100					499	499	499	100
7	1404333608	张6	1101021994090					498	498	498	95
8	1404333609	张7	1103021995110					495	495	495	81
9	1404333610	张8	1101051994020					490	490	490	85
10	1404333611	张9	1121041999030					489	489	489	105

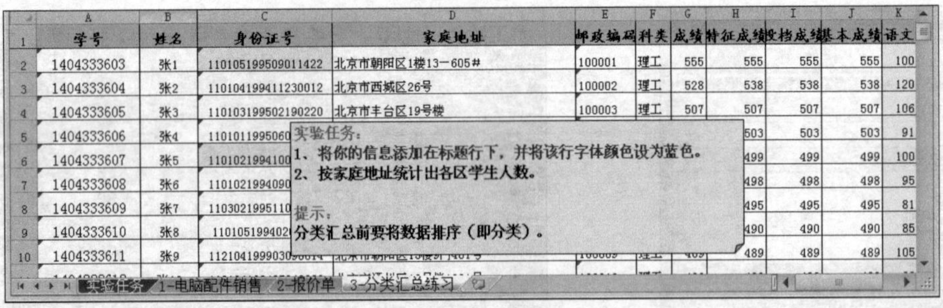

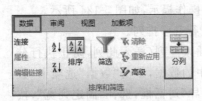

图 5-124 分类汇总对某项计数及任务

图 5-125 分列

图 5-126 文本分列向导

③ 对分列后的地址首先排序(升序和降序均可,注意使用"排序"按钮,选择数据包含标题),然后进行分类汇总,按图 5-127 中的"分类汇总"对话框进行选择即可。

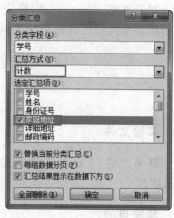

实验总结与反思

分类汇总之前,必须对数据按照分类字段进行排序的操作,即将同类的数据集中在一起。

5.6.4 Excel 导学实验 16——条件格式

使用条件格式,可设定某个条件成立后才呈现所设定的单元格格式(字体颜色、底纹样式、粗体等)。

图 5-127 "分类汇总"对话框

相关知识

(1) ROW 函数:返回引用的行号。

语法:

```
ROW(reference)
```

reference——需要得到其行号的单元格或单元格区域。

如果省略 reference,则假定是对函数 ROW 所在单元格的引用。如果 reference 为一个单元格区域,并且函数 ROW 作为垂直数组输入,则函数 ROW 将 reference 的行号以垂直数组的形式返回。reference 不能引用多个区域。具体用法举例如下。

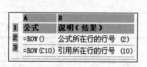

(2) MOD 函数:返回两数相除的余数。结果的正负号与除数相同。

语法:

```
MOD(number, divisor)
```

number——被除数。

divisor——除数。

说明:如果 divisor 为零,函数 MOD 返回错误值＃DIV/0!。

MOD(3,2)的结果为 1;

MOD(−3,2)的结果为 1;

MOD(3,−2)的结果为−1。

(3) COLUMN 函数:返回给定引用的列标。

语法:

```
COLUMN(reference)
```

reference——为需要得到其列标的单元格或单元格区域。

如果省略 reference,则假定为是对函数 COLUMN 所在单元格的引用。reference 不能引用多个区域。具体用法举例如下。

	A	B
1	公式	说明（结果）
2	=COLUMN ()	公式所在的列（1）
3	=COLUMN (A10)	引用的列（1）

实验文件

随书光盘"Excel 导学实验\Excel 数据处理功能\Excel 导学实验 16-条件格式.xltx"。

实验目的

掌握条件格式的设置方法;学会两个条件不同的格式设置方法;了解三个条件的格式设置方法;查找有条件格式的单元格。

实验要求

完成各条件格式工作表中的实验任务,了解利用公式设置条件格式。

操作步骤

1. 单一条件格式设置

(1) 打开"1-成绩单"工作表,了解实验任务和结果样式如图 5-128 所示。

学院:管理		13043336	课程名称:		《计算机基础》	
学号	姓名	平时成绩	期末成绩	总评成绩	备注	
1304333601	田名雨	88	95	93		
1304333602	魏兵	85	75	78		
13043336U3	高海岩	86	55	64		
1304333604	李海	70	80	77		
1304333605	俞述	85	45	57		
1304333606	张鹏	88	95	93		

实验任务: 将 "成绩单" 数值区域中 <60的单元格格式设置为红色、加粗、斜体。（见样图）

实验步骤:
1、选中数值区域。
2、单击"开始"|"条件格式"。

结果样式	田名雨	88	95	93
	魏兵	85	75	78
	高海岩	86	55	64
	李海	70	80	77
	俞述	85	45	57
	张鹏	88	95	93

图 5-128 单一条件格式任务和结果样式

（2）选择要设置条件格式的数据区域，如果数据区不在一起，可以先选择一部分，按住 Ctrl 键，再选另一处。单击"开始"|"条件格式"|"突出显示单元格规则"|"小于"命令，具体如图 5-129 所示，弹出"小于"对话框，如图 5-130 所示。

图 5-129　条件格式设置

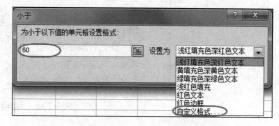

图 5-130　"小于"对话框

（3）选择自定义格式选项，弹出"设置单元格格式"对话框，如图 5-131 所示，在此对话框中设置要求的格式。

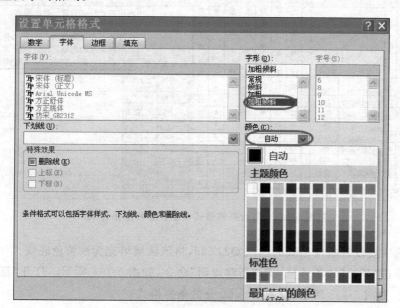

图 5-131　"设置单元格格式"对话框

（4）如果对设定的条件格式不满意，可以单击"开始"|"条件格式"|"清除规则"命令选择要清除的区域，如图 5-132 所示。

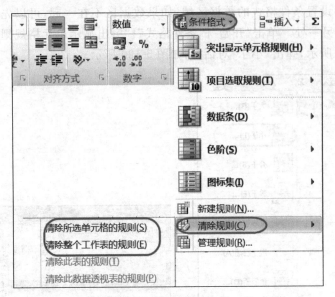

图 5-132　清除条件格式

2. 多个条件格式的实现

（1）打开"2-多个条件格式的实现"工作表，实验任务和完成样式如图 5-133 所示。

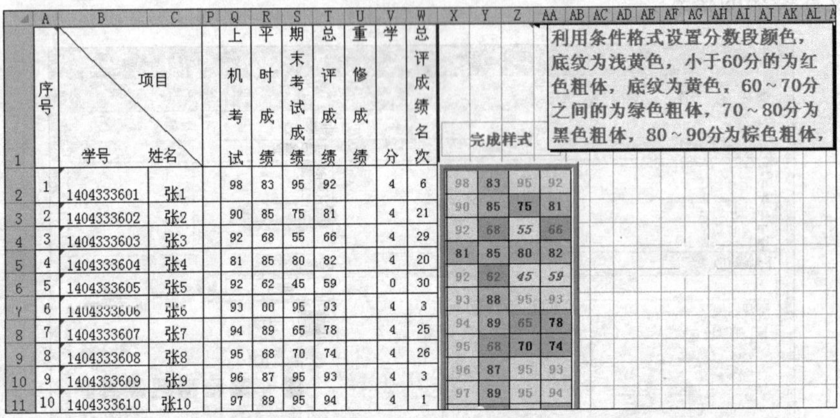

图 5-133　多行条件格式实验任务和结果样式

（2）选中要设置条件格式的区域 Q2：T33，将该区域填充为浅黄色底纹。

（3）单击"开始"|"条件格式"|"新建规则"命令，如图 5-134 所示。打开"新建格式规则"对话框，如图 5-135 所示，设置小于 60 分的条件格式。

（4）管理规则，选择图 5-134 中的"管理规则"选项，弹出"条件格式规则管理器"对话框，如图 5-136 所示。

（5）保留已建的规则，单击"新建规则"按钮，弹出如图 5-137 所示"新建格式规则"对话框，在该对话框中设置 60～70 分之间的条件格式。

（6）按照以上方法，创建其余的条件格式，如图 5-138 所示。

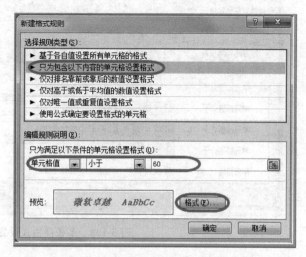

图 5-134 新建规则操作步骤

图 5-135 "新建格式规则"对话框中小于 60 分的条件格式设置

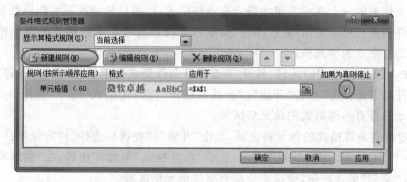

图 5-136 "条件格式规则管理器"对话框

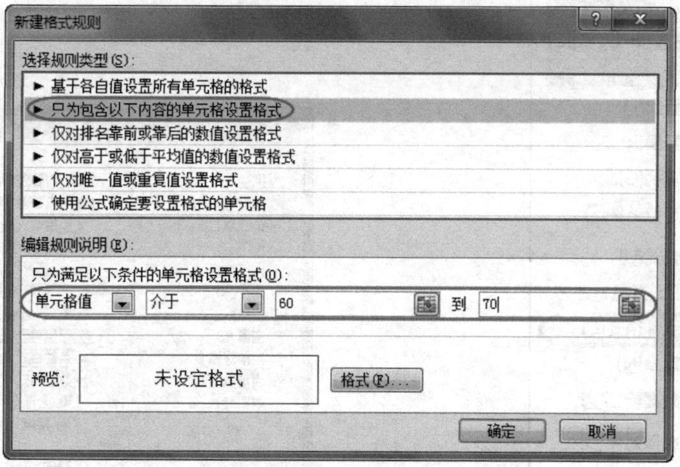

图 5-137 创建 60～70 分之间的条件格式

图 5-138   多条件格式设置

3. 查找有条件格式的单元格

如果工作表的一个或多个单元格具有条件格式,则可以快速找到它们以便复制、更改或删除条件格式。可以使用"定位条件"命令只查找具有特定条件格式的单元格,或查找所有具有条件格式的单元格。

(1) 查找有条件格式的区域,打开"3-查找有条件格式的单元格"工作表,将鼠标放在工作表的任意单元格上,单击"开始"|"查找与选择"|"条件格式"命令,如图 5-139 所示,则系统自动选择有条件格式的单元格区域。

(2) 定位有条件格式的单元格区域,单击"开始"|"查找和选择"|"定位条件"命令,打开"定位条件"对话框,如图 5-140 所示,选中"条件格式"单选按钮后,在"数据有效性"选项中,选择"全部"单选按钮,就选定全部有条件单元格区域。

图 5-139   查找有条件格式的区域

图 5-140   "定位条件"对话框

（3）清除有条件格式的区域，单击"开始"|"条件格式"|"清除规则"命令，如图 5-141
所示，按需要清除格式。

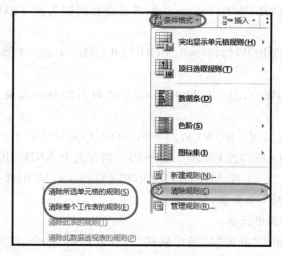

图 5-141　清除条件格式

4. 双色相间立体单元格

打开"4-双色立体单元格"工作表，如图 5-142 所示。查看任务和实验结果。

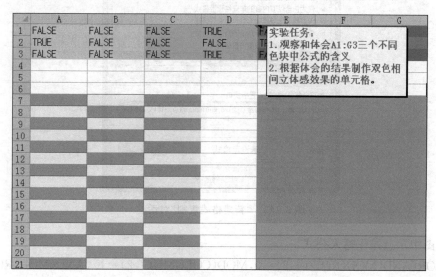

图 5-142　双色相间立体单元格实验任务

（1）体会公式的含义。

MOD(ROW( ),2)，根据行号对 2 取余，有 0 和 1 两种结果，即 TRUE 和 FALSE。

公式：＝(MOD(ROW( ),2)＝0，如果是偶数行则为真 TRUE，是奇数行则为假
FALSE。

同理，公式：＝(MOD(ROW( ),2)＝1，如果是奇数行则为真 TRUE，是偶数行则为

假 FALSE。

对列操作也相同。

公式：＝MOD(COLUMN(),2)＝1,如果是奇数列则为真 TRUE,是偶数列则为假
FALSE。

所以 AND(MOD(ROW(),2)＝0,MOD(COLUMN(),2)＝1 如果是偶数行,奇数列
则为真。

AND(MOD(ROW(),2)＝1,MOD(COLUMN(),2)＝0)如果是奇数行,偶数列则
为真。

公式 OR(AND(MOD(ROW(),2)＝0,MOD(COLUMN(),2)＝1),AND(MOD
(ROW(),2)＝1, MOD (COLUMN(),2)＝0)),的含义为 AND(MOD(ROW(),2)＝0,
MOD(COLUMN(),2)＝1 或 AND(MOD(ROW(),2)＝1,MOD(COLUMN(),2)＝0)
有一个为真则为真,两个全为假,则为假。

(2) 填充双色相间单元格。

选择灰色区域,单击"开始"|"条件格式"|"新建规则"命令,打开如图 5-143 所示对
话框。

图 5-143　"新建格式规则"对话框

按图中示意操作输入公式：

＝OR(AND(MOD(ROW(),2)＝0,MOD(COLUMN(),2)＝1),AND(MOD(ROW(),
2)＝1,MOD(COLUMN(),2)＝0)),单击"格式"按钮,进入"设置单元格格式"对话框,如
图 5-144 所示。

按图中所示设置填充色和边框,单击"确定"按钮,完成双色交叉填充。

实验总结与反思

(1) Excel"条件格式"功能可以根据单元格内容有选择地自动应用格式,它既能为
Excel 带来增色,还为用户带来很多方便。如果将"条件格式"和公式结合使用,则可以发

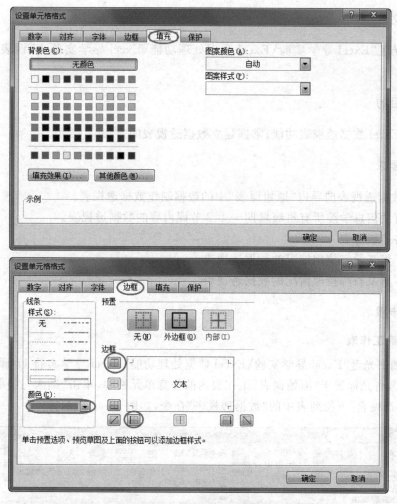

图 5-144　操作示意图

挥更大的威力。

（2）读者可以设计一个条件格式，确定输入的数据是否为 18 位文本（如身份证号码等）。

5.6.5　Excel 导学实验 17——课表数据透视表

数据透视表是交互式报表，可快速合并和比较大量数据。对于汇总、分析、浏览和呈现汇总数据非常有用。

对于某学校，可用 Excel 工作表制作一个含有全校"学院"、"班级"、"课程"、"教师"、"星期"、"节次"、"地点"等信息（字段）的课表，利用 Excel 数据透视表功能，可按班级索引得到各班级的课表，按教师索引得到各教师的课表，按课程索引得到有关学习该课程的班级、任课教师、上课时间、地点等信息的课表，还可按教室索引、按星期（工作日）索引、按节次索引，得到各种所需的表格。

实验文件

随书光盘"Excel 导学实验\Excel 数据处理功能\Excel 导学实验 17-课表数据透视表.xltx"。

实验目的

了解 Excel 数据透视表功能;掌握建立数据透视表的方法。

实验要求

利用数据透视表向导以"原始课表"中的数据制作数据透视表。

（1）有关信息学院所有班级星期一 1、2 节课内容的数据透视表。

（2）各班级课表。

（3）了解某教室使用情况的数据透视表。

（4）了解某教师授课情况的数据透视表。

操作步骤

1. 创建工作表

打开随书光盘"Excel 导学实验\Excel 数据处理功能\Excel 导学实验 17-课表数据透视表.xltx",将光标置于"原始课表"工作表内的任意单元格中,单击"插入"选项卡"表格"组的"数据透视表"下拉列表中的"数据透视表"命令,如图 5-145 所示。

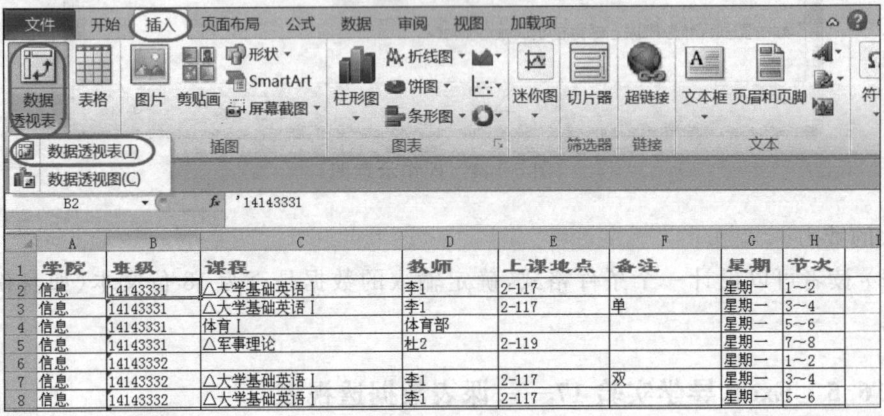

图 5-145　创建数据透视表

2. 根据数据透视表向导在新建工作表中生成数据透视表

在"创建数据透视表"对话框中,确保已选中"选择一个表或区域"单选按钮,然后在"表/区域"框中验证单元格区域。选择放置数据透视表的位置,若要将数据透视表放置在新工作表中,并以单元格 A1 为起始位置,则选中"新工作表"单选按钮,若要将数据透视表放在现有工作表中的特定位置,则选择"现有工作表"单选按钮,然后在"位置"框中指定放置数据透视表的单元格区域的第一个单元格,如图 5-146 所示。

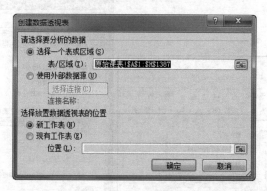

图 5-146 "创建数据透视表"对话框

单击"确定"按钮,打开添加数据透视表字段的默认界面,如图 5-147 所示。

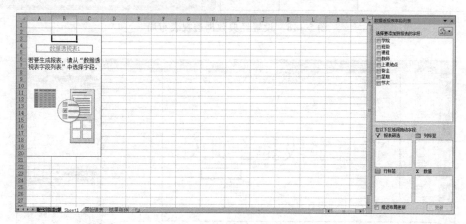

图 5-147 数据透视表

经典数据透视表的布局可以用直接拖动字段的方法去实现,因此需将默认的透视表改为经典透视表布局,方法是:右键单击数据透视表区域,执行"数据透视表选项"命令,在打开的"数据透视表选项"对话框的"显示"选项卡中,选中"经典数据透视表布局"复选框,如图 5-148 所示,单击"确定"按钮后,得到如图 5-149 所示的经典数据透视表布局。

3. 添加列字段、行字段

在经典数据透视表布局中,将"数据透视表字段列表"对话框中的"学院"拖动到"报表筛选"字段,将"班级"、"星期"、"节次"、"课程"、"上课地点"、"教师"等字段依次添加到透视表中的行字段(可随意拖动字段名按需要重新排列),如图 5-150 所示。

默认情况下,非数值字段会添加到"行标签"区域,数值字段会添加到"值"区域,日期和时间层级则会添加到"列标签"区域。

依次双击(或右击选择字段设置)数据透视表中行字段名,在打开的"字段设置"对话框中选中"无"单选按钮,如图 5-151 所示,单击"确定"选钮(目的为取消透视表中的汇总项),使数据透视表成为没有汇总项的数据透视表,如图 5-152 所示。

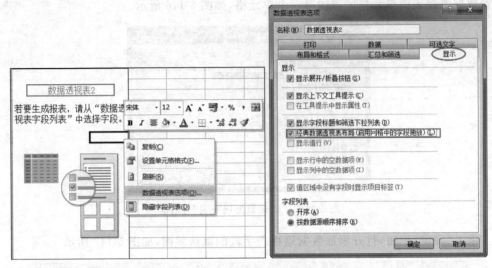

图 5-148　设置经典数据透视表布局

图 5-149　经典数据透视表布局

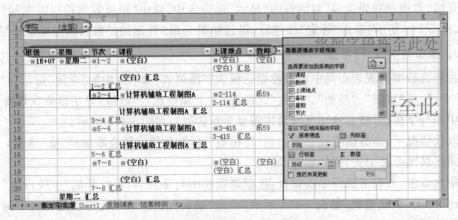

图 5-150　设置数据表透视表字段

图 5-151 "字段设置"对话框

	A	B	C	D	E	F
1	学院	(全部)				
2						
3						
4	班级	星期	节次	课程	上课地点	教师
5	14143331	星期二	1~2	(空白)	(空白)	(空白)
6			3~4	计算机辅助工程制图A	2-114	乐59
7			5~6	计算机辅助工程制图A	3-415	乐59
8			7~8	(空白)	(空白)	(空白)
9		星期三	1~2	△高等数学A(一)	2-314	高97
10			3~4	三节		
11			5~6	△计算机基础A	2-212	鞠98
12			7~8	△计算机基础A 上机	3-315	鞠98
13		星期四	1~2	专业导论	2-312	王118
14			3~4	△大学基础英语Ⅰ	2-118	李1
15			5~6	△毛泽东思想概论	2-312	孙22
16			7~8	思想道德修养	2-212	刘28
17		星期五	1~2	△高等数学A(一)	2-312	高97
18			3~4	三节	(空白)	(空白)
19			5~6	(空白)	(空白)	(空白)
20			7~8	(空白)	(空白)	(空白)
21	14143331	星期一	1~2	△大学基础英语Ⅰ	2-117	李1
22			3~4	△大学基础英语Ⅰ	2-117	李1
23			5~6	体育Ⅰ	(空白)	体育部
24			7~8	△军事理论	2-119	杜2
25	14143332	星期一	1~2	(空白)	(空白)	(空白)
26			3~4	△大学基础英语Ⅰ	2-117	李1
27			5~6	△大学基础英语Ⅰ	2-117	李1
28			7~8	△计算机基础A 上机	3-417	李3

图 5-152 无汇总项的数据透视表

4. 根据各字段中不同的选项生成不同内容的数据透视表

在数据透视表中单击各字段名旁的下拉箭头,选择某一项,可得到相应内容的数据透视表。如督导组想在星期一 1、2 节检查信息学院的课堂教学情况,听课前想了解这个时段都有哪些课程,即可按图 5-153 设置,其结果如图 5-154 所示。

5. 筛选字段选项影响数据透视表

将某字段名由行字段处拖至透视表上方的筛选字段处,如"班级"字段,此时所有页字

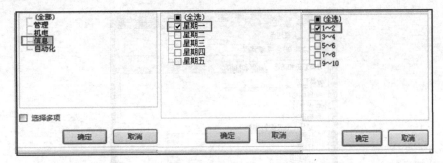

图 5-153   选择数据透视表中某字段的一项或几项

学院	信息 ▼					
班级 ▼	星期 ▼	节次 ▼	课程		上课地点 ▼	教师 ▼
⊟14143331	⊟星期一	⊟1~2	⊟△大学基础英语Ⅰ		⊟2-117	李1
⊟14143332	⊟星期一	⊟1~2	⊟(空白)		⊟(空白)	(空白)
⊟14143333	⊟星期一	⊟1~2	⊟△毛泽东思想概论		⊟2-215	张4
⊟14143334	⊟星期一	⊟1~2	⊟△大学基础英语Ⅰ		⊟2-211	赵6
⊟14143341	⊟星期一	⊟1~2	⊟△高等数学A(一)		⊟2-312	曹7
⊟14143342	⊟星期一	⊟1~2	⊟△高等数学A(一)		⊟2-312	曹7
⊟14143343	⊟星期一	⊟1~2	⊟(空白)		⊟(空白)	(空白)
⊟14143344	⊟星期一	⊟1~2	⊟△大学基础英语Ⅰ		⊟2-217	王11
⊟14143351	⊟星期一	⊟1~2	⊟△高等数学A(一)		⊟1-211	常11
⊟14143352	⊟星期一	⊟1~2	⊟△高等数学A(一)		⊟1-211	常11
⊟14143353	⊟星期一	⊟1~2	⊟(空白)		⊟(空白)	(空白)
⊟14143354	⊟星期一	⊟1~2	⊟△大学基础英语Ⅰ		⊟2-211	马12
⊟14143355	⊟星期一	⊟1~2	⊟△大学基础英语Ⅰ		⊟2-411	刘13
⊟14143356	⊟星期一	⊟1~2	⊟△毛泽东思想概论		⊟2-215	张4
⊟14144321	⊟星期一	⊟1~2	⊟△高职高专英语Ⅰ		⊟2-213	王14
⊟14144331	⊟星期一	⊟1~2	⊟(空白)		⊟(空白)	(空白)
⊟14144341	⊟星期一	⊟1~2	⊟Internet与计算机基础导论		⊟3-315	张15
⊟14144342	⊟星期一	⊟1~2	⊟Internet与计算机基础导论		⊟3-315	张15
⊟14144351	⊟星期一	⊟1~2	⊟(空白)		⊟(空白)	(空白)
⊟14144361	⊟星期一	⊟1~2	⊟专业导论		⊟2-314	李8
⊟14144362	⊟星期一	⊟1~2	⊟专业导论		⊟2-314	李8
⊟14144371	⊟星期一	⊟1~2	⊟(空白)		⊟(空白)	(空白)

图 5-154   信息学院所有班级星期一1、2节课内容的课表

段名中的选项组合起来影响数据透视表,如图 5-155 所示若筛选字段"学院"选了"自动化",而"班级"字段选了信息学院班级,则数据透视表无内容显示。

	A	B	C	D	E	
1	学院	自动化 ▼				
2	班级	14143333 ▼				
3						
4						
5	星期 ▼	节次 ▼	课程 ▼	上课地点	▼	教师 ▼
6	总计					
7						
8						
9						
10						

图 5-155   页字段选项影响数据透视表

6. 分页显示功能——按页字段所有项生成单独的工作表

在"数据透视表工具"中的"选项"选项卡中,单击"数据透视表",在打开的下拉列表中单击"选项"后的三角形按钮,在随后打开的下拉菜单中,单击"显示报表筛选页"命令,打开"显示报表筛选页"对话框,如图 5-156 所示,选择"班级"选项,可以按每个班级生成一张工作表,如图 5-157 所示,也可生成某教师授课情况的数据透视表,如图 5-158所示。

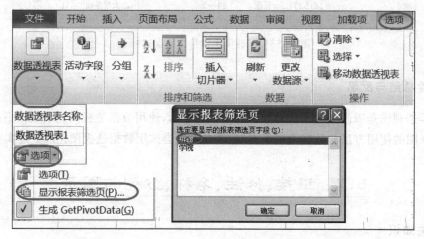

图 5-156　分页显示操作图

图 5-157　按"班级"显示课表

	A	B	C	D	E	F
3	教师	白27				
4						
5						
6	星期 ▾	班级 ▾	学院 ▾	节次 ▾	课程 ▾	上课地点 ▾
7	⊟星期一	⊟14153342	⊟管理	⊟5~6	⊟△大学基础	2-118
8				⊟7~8	⊟△大学基础	2-118
9		⊟14153343	⊟管理	⊟1~2	⊟△大学基础	2-417
10	⊟星期二	⊟14153341	⊟管理	⊟1~2	⊟△大学基础	2-111
11		⊟14153343	⊟管理	⊟3~4	⊟△大学基础	2-111
12				⊟5~6	⊟△大学基础	2-111
13	⊟星期四	⊟14153341	⊟管理	⊟5~6	⊟△大学基础	2-111
14		⊟14153342	⊟管理	⊟1~2	⊟△大学基础	2-111
15	总计					

图 5-158   某教师上课情况数据透视表

实验总结与反思

数据透视图是以图表的形式对数据进行汇总显示,使用数据透视图显示数据更加直观,数据透视图的使用方法与数据透视表类似,读者可以尝试用数据透视图完成上述实验。

5.7   链接、批注、名称、分列与图示

相关知识

(1) 链接:为了快速访问另一个文件中或网页上的相关信息,可以在工作表单元格中插入超链接,超链接本身可以是文本或图片。

(2) 批注:批注是附加在单元格中、与单元格内容分开的注释。批注是十分有用的提醒方式,如图 5-159 所示。

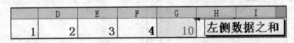

图 5-159   右上角带有红三角的单元格中有批注

(3) 名称:在 Excel 中,单元格的默认名称为列标行号,如 A1、F5 等。用户还可以自行定义单元格的名称,单元格的名称由字母、数字、句号和下划线组成,并且第一个字符必须是字母或下划线。

(4) 分列:将工作表中的某一列数据分为多列。

(5) 图示:图示可用来说明各种概念性的材料并使文档更加生动(图示不是基于数字的)。如图 5-160 所示为组织结构图示例图。

图 5-160   组织结构图

5.7.1 Excel 导学实验 18——链接、批注、名称、分列与图示

实验文件

随书光盘"Excel 导学实验\Excel 链接、批注、名称、分列、SmartArt 图\Excel 导学实验 18-链接、批注、名称、分列、SmartArt 图.xltx"。

实验目的

掌握建立超链接的方法;掌握添加、编辑、删除、复制、移动标注的方法;了解名称的意义,掌握名称的定义和使用方法;学会分列的操作方法和应用;掌握图示的添加方法。

实验要求

完成各工作表中的实验任务。理解、掌握各功能的使用场合和操作方法。

操作步骤

1. 建立超链接

打开随书光盘"Excel 导学实验\Excel 链接、批注、名称、分列、SmartArt 图\Excel 导学实验 18-链接、批注、名称、分列、SmartArt 图.xltx",在"实验任务"工作表中完成标题与工作表之间的超链接,如图 5-161 所示。

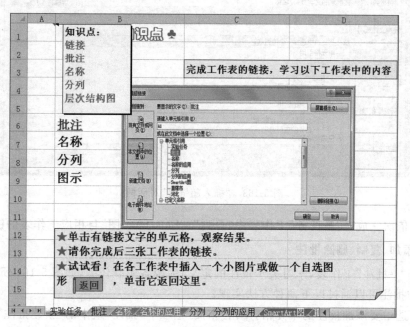

图 5-161 超链接标题界面

(1) 在"实验任务"工作表中选中"名称"单元格,单击"插入"|"链接"|"超链接"命令,或右击"名称",在弹出的快捷菜单中,单击"超链接"命令,如图 5-162 所示,打开"插入超

链接"对话框,选择"本文档中的位置"|"单元格引用"|"2-名称",如图 5-163 所示,单击"确定"按钮,完成与"名称"工作表的链接。

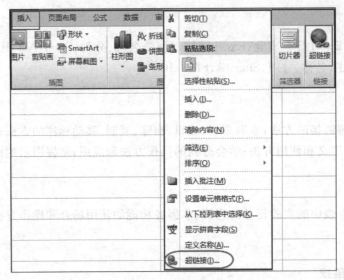

图 5-162　插入超链接

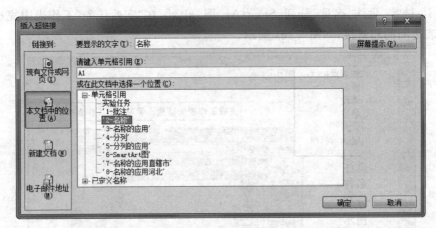

图 5-163　"插入超链接"对话框

(2) 依次完成"实验任务"工作表中"分列"、"SmartArt 图"与相应工作表的链接。

2. 添加、复制、删除批注

打开"1-批注"工作表,学习关于批注的定义,完成各实验任务,如图 5-164 所示。

添加批注可以通过以下两种方法实现。

(1) 选中要添加批注的单元格,单击"审阅"选项卡"批注"组中的"新建批注"按钮。

(2) 右击单元格,在弹出的快捷菜单中单击"插入批注"菜单项。

通过上述两种方法都可以打开批注编辑状态,在其中输入批注的内容即可。

编辑与删除批注的方法如下。

(1) 选中已添加批注的单元格,单击鼠标右键,在弹出的快捷菜单中单击"编辑批注"

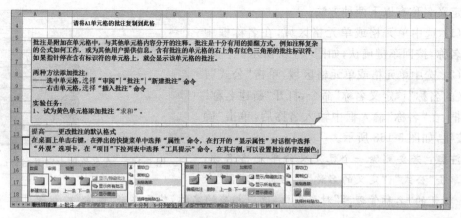

图 5-164　批注操作工作表

项,可以进入批注编辑状态,重新编辑批注内容。单击"删除批注"命令,可以删除已添加的批注。

（2）选中已添加批注的单元格,单击"审阅"选项卡"批注"组中的相应项,对批注进行编辑、删除等操作,如图 5-165 所示。

图 5-165　插入、编辑、删除批注

3. 定义名称

使用名称可使公式更加容易理解和维护,在 Excel 中可为单元格区域、函数、常量或表格定义名称。名称在其适用范围内必须始终唯一。默认情况下,名称使用绝对单元格引用。

打开"2-名称"工作表,查看其中的实验任务,如图 5-166 所示。

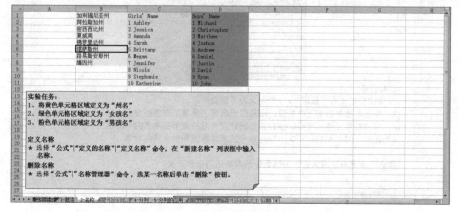

图 5-166　名称实验工作表

定义名称有以下两种方法。

（1）选中单元格或单元格区域，在名称框中输入名称，按回车键确认，如图 5-167 所示。

（2）选中单元格或单元格区域，单击"公式"|"定义的名称"|"定义名称"命令，打开"新建名称"对话框，在"名称"输入框中输入名称后，单击"确定"按钮，如图 5-168 所示。

注意：若要删除一个已定义的单元格名称，需要单击"公式"|"定义的名称"|"名称管理器"命令，在打开的"名称管理器"对话框中，选中相应的名称，然后单击"删除"按钮即可。

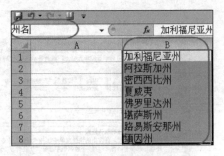

图 5-167　在名称框中定义名称

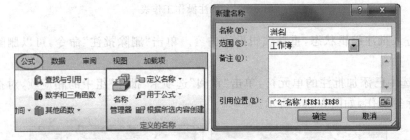

图 5-168　使用对话框定义名称

4. 在公式中使用名称

打开"3-名称的应用"工作表，如图 5-169 所示，完成工作表中的实验任务，体会名称的使用意义。

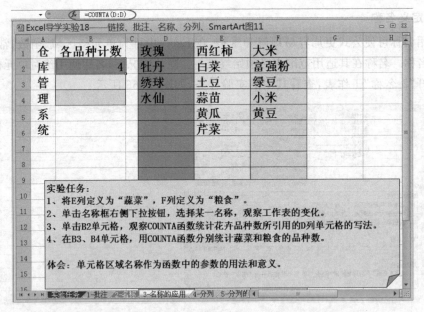

图 5-169　名称使用实验工作表

定义"蔬菜"名称后，在 B3 单元格中输入"＝COUNTA(蔬菜)"，体会名称的使用。

5．将数据按分隔符或按固定列宽分列

打开"4-分列"工作表，实验任务和原始数据如图 5-170 所示，选中 A1：A11 单元格区域，单击"数据"|"数据工具"|"分列"命令，按照"文本分列向导"对话框的提示完成实验任务。注意在要分的列之后预留一空列，以免覆盖数据。

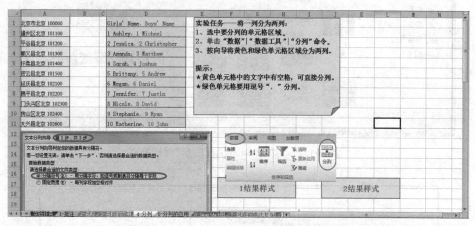

图 5-170 "分列"实验任务和原始数据工作表

6．插入图示

打开"6-SmartArt 图"工作表，该工作表如图 5-171 所示。

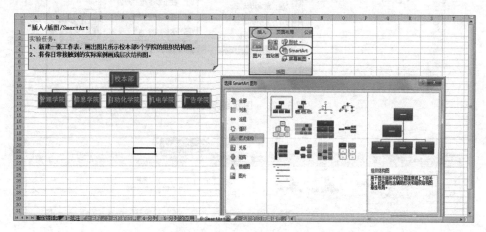

图 5-171 图示实验任务工作表

（1）单击"插入"选项卡"插图"组中的 SmartArt，打开"选择 SmartArt 图形"对话框，如图 5-172 所示，在其中选择图形类型，单击"确定"按钮，进入图形编辑视图，如图 5-173 所示。

（2）在编辑状态下，用户可以输入文本，进行形状、版式和级别连接选择，也可以利用 SmartArt 工具对图示进行编辑，如图 5-174 所示。

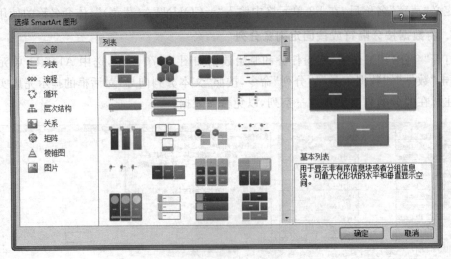

图 5-172　"选择 SmartArt 图形"对话框

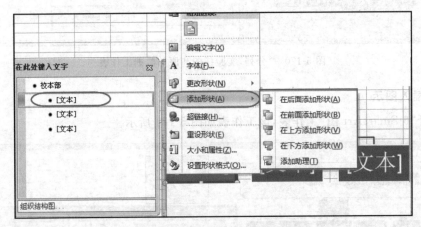

图 5-173　图示编辑状态

图 5-174　SmartArt 工具栏

实验总结与反思

(1) 编辑批注时,可以改变批注的字体格式和填充格式,可以通过"显示/隐藏批注"设置批注的显示与否。

(2) 在对数据进行分列操作时,在分列向导中可以对分列后的各列设置数字格式(如文本、时间格式等),先行设置格式能减少分列后的很多操作。

5.8　工作表与工作簿的保护及数据有效性

5.8.1　Excel 导学实验 19——工作表及工作簿的保护

为了防止他人偶然或恶意更改、移动或删除重要数据，Excel 提供了许多保护功能，可以为工作簿、工作表及单元格等分别设定保护。在对工作表或工作簿设置保护时，既可使用也可不使用密码。

工作表保护有以下几种方式。

（1）可全部保护工作表中的单元格，使它们不被选中，也不能输入数据。

（2）可全部保护工作表中的单元格，使它们能被选中（其内容可复制到其他地方），但不能输入数据。

（3）可部分保护工作表中的单元格，使它们不被选中，也不能输入数据。

（4）可在保护工作表的同时加密码。

通过工作簿保护可对工作簿中的各元素应用保护，还可保护工作簿文件不被查看和更改。如果工作簿已共享，可以防止其恢复为独占使用，并防止删除修订记录。

实验文件

随书光盘"Excel 导学实验\Excel 工作簿保护和数据有效性\Excel 导学实验 19-工作表及工作簿的保护.xltx"。

实验目的

掌握单元格、工作表及工作簿保护的设置方法。

操作步骤

（1）打开随书光盘"Excel 导学实验\Excel 工作簿保护和数据有效性\Excel 导学实验 19-工作表及工作簿的保护.xltx"，阅读"1-请保护我"工作表中的知识点和实验任务，根据表中批注，完成工作表中数据保护。样式要求为全部单元格均不能输入数据。

① 将表中数据复制到新的工作表。

② 单击"审阅"选项卡"更改"组中的"保护工作表"，打开"保护工作表"对话框，如图 5-175 所示，将前两个复选框的选中状态取消，单击"确定"按钮即可。这样工作表内的全部单元格均不能选定与输入数据，如果双击工作表，就会出现警告提示对话框，如图 5-176 所示。

（2）打开"3-毕业典礼倒计时"工作表，设置工作表保护。操作步骤如下。

① 选中整个工作表，单击"开始"|"单元格"|"格式"命令，在打开的下拉列表中单击"设置单元格格式"命令，打开对话框，在其中的"保护"选项卡中，将"锁定"复选框的选中状态取消，单击"确定"按钮，如图 5-177 所示。

这样当保护工作表时，双击工作表，就不会出现如图 5-176 所示对话框。

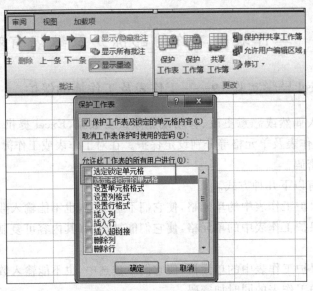

图 5-175 整个工作表保护实验任务

图 5-176 提示对话框

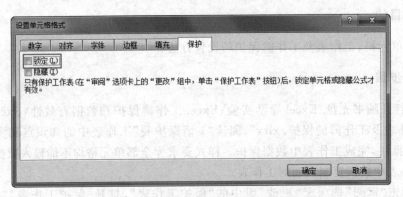

图 5-177 "设置单元格格式"对话框去除锁定

② 单击"审阅"|"保护工作表"命令,在弹出的"保护工作表"对话框中,可以设置保护密码,如图 5-178 所示。

③ 单击"页面布局"|"网格线"|"查看"去除网格线,单击"标题"|"查看"去除标尺,如图 5-179 所示,完成工作表保护。

(3) 工作表部分单元格被保护,部分可编辑。

① 打开"5-十进制数转换为二进制数"工作表,使十进制部分可以输入数据,二进制部分被保护,如图 5-180 所示。

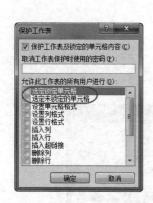

图 5-178 "保护工作表"对话框

图 5-179 毕业典礼倒计时工作表及任务

图 5-180 保护部分区域工作表实验任务和操作方法步骤

② 选中允许输入的单元格,按如图 5-181 所示设置,取消单元格的锁定。

③ 单击"审阅"|"允许用户编辑区域"命令,在弹出的"允许用户编辑区域"对话框中,设定编辑区域,如图 5-182 所示,单击"保护工作表"按钮。

图 5-181 允许用户编辑操作

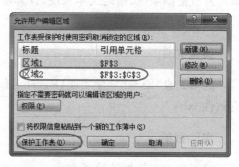

图 5-182 "允许用户编辑区域"对话框

④ 在弹出的"保护工作表"对话框中勾选"选定未锁定的单元格"复选框,单击"确定"按钮完成实验任务,如图 5-183 所示。

(4) 保护工作簿。

单击"审阅"|"保护工作簿"命令,打开如图 5-184 所示的"保护结构和窗口"对话框,在"密码"后的文本框中可以设置打开工作簿时所用的密码。

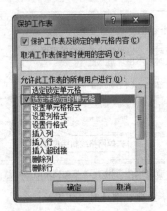

图 5-183　"保护工作表"对话框

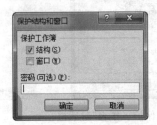

图 5-184　保护工作簿

实验总结与反思

(1) 保护 Excel 工作表可以使整个工作表变成只读模式;保护整个工作表,也可以实现部分区域编辑、部分区域锁定的效果,让特定的人完成特定区域的特定操作。

(2) 保护工作簿是保护工作簿的窗口或者结构,默认情况下一个工作簿中有三个工作表,设置了工作簿保护后不能在其中插入或删除工作表,只有在解除工作簿保护之后才可以增加或者删除工作表,但对已经存在的工作表,可以进行编辑。保护工作表是保护工作簿中的某一个工作表,这种保护仅对某个工作表生效,用户可以删除工作表,也可以增加工作表。

5.8.2　Excel 导学实验 20——数据有效性

Excel 允许用户指定有效的单元格输入项,如有序列的数值、数字有范围限制、日期或时间有范围限制、指定文本长度、计算基于其他单元格内容的有效性数据、使用公式计算有效性数据等。

实验文件

随书光盘"Excel 导学实验\Excel 工作簿保护和数据有效性\Excel 导学实验 20-数据有效性.xltx"。

实验目的

掌握数据有效性的设置方法。

实验要求

通过实验理解数据有效性的含义。掌握数据有效性的设置方法。

操作步骤

（1）打开随书光盘"Excel 导学实验\Excel 工作簿保护和数据有效性\Excel 导学实验 20-数据有效性.xltx"，定位在"1-二进制数转换为十进制数"工作表中，如图 5-185 所示。

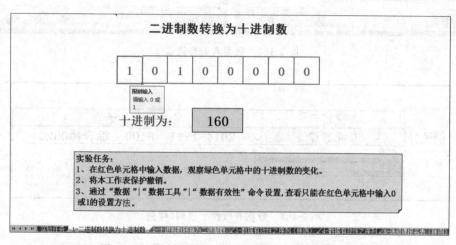

图 5-185 限制红色单元格只能输入二进制数 0 或 1

① 撤销工作表保护。

② 选中任一红色单元格。

③ 单击"数据"|"数据有效性"按钮，如图 5-186 所示，打开"数据有效性"对话框，如图 5-187 所示，观察学习其中的设置输入数据范围，在"输入信息"选项中卡中输入提示信息，以及出错警告信息设置方法。

图 5-186 数据有效性操作步骤

（2）打开"2-十进制数转换为二进制数"工作表，仿照步骤（1）中的操作方法，完成该工作表中的任务。

（3）打开"3-数据有效性之序列（样例）"工作表，如图 5-188 所示，单击考试科目，观察考试时间、地点单元格的变化情况。

（4）打开"4-数据有效性之序列"工作表，实验任务如图 5-189 所示。

① 选择绿色单元格，单击"数据"|"数据有效性"命令，打开"数据有效性"对话框，按

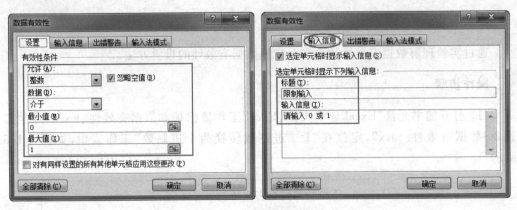

图 5-187　数据有效性设置

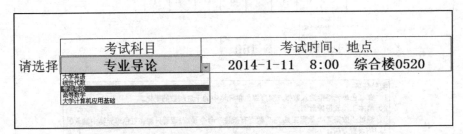

图 5-188　数据有效性之序列(样例)

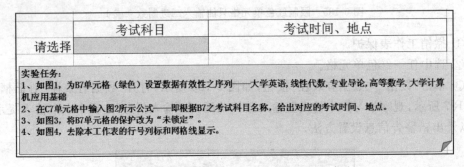

图 5-189　数据有效性序列实验任务和设置方法

如图 5-190 所示的内容进行设置。

　　② 在考试时间、地点下方的单元格(C7)中输入下面的公式,完成实验任务。

　　=IF(B7="大学英语","2014-1-10　8:00 教学楼 0214",IF(B7="线性代数","2014-1-10 13:00　教学楼 0310",IF(B7="专业导论", "2014-1-11　8:00　综合楼 0520",IF(B7="高等数学","2014-1-12　9:00　综合楼 0312", "2014-1-13　8:30　实验楼 0610"))))

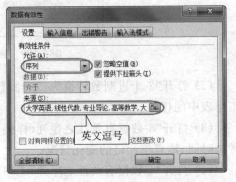

图 5-190　"数据有效性"对话框

③ 单击"页面布局"菜单,按照如图 5-191 所示的设置项目去掉本工作表的行号列标和网格线显示。

图 5-191 去除网格线和行号列标

④ 选中 B7 单元格,按照 5.8.1 节中 3."工作表部分单元格被保护,部分可编辑"部分的操作方法,对工作表进行保护。

(5) 打开"5-选修课报名表(样例)",按要求观察各单元格的内容,如图 5-192 所示。

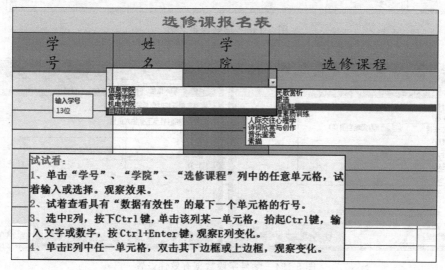

图 5-192 选修课报名表(样例)

(6) 打开"6-选修课报名表",如图 5-193 所示。

实验步骤:

① 选中学号下面的黄色单元格,为该单元格设置数据有效性,如图 5-194 所示。

② 选择学院下面的粉红色单元格,为该单元格设置数据有效性,如图 5-195 所示,数据来源为学院区域。

③ 为选修课设置数据有效性,方法同②。

④ 将设置好数据有效性的三个单元格分别向下填充,则填充到的单元格都具有其源单元格相同的数据有效性。

实验总结与反思

数据有效性不能检查已输入的数据,因此数据有效性在输入数据之前进行预先设置,以保证输入数据的正确性。

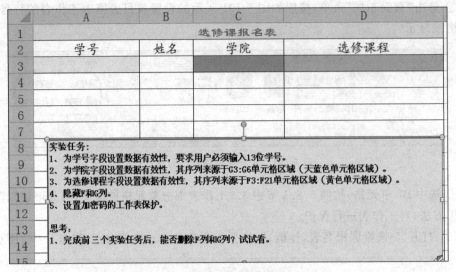

图 5-193　选修课报名表

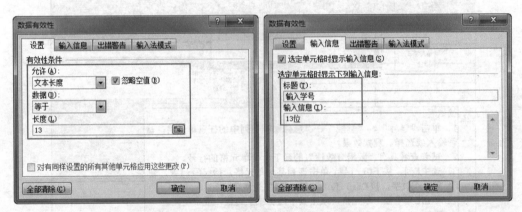

图 5-194　学号字段数据有效性设置

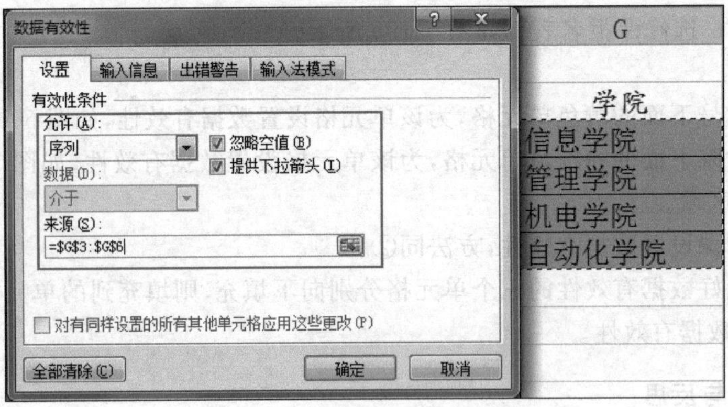

图 5-195　学院字段数据有效性设置

小　　结

Excel 的功能非常强大,由于篇幅的问题未能在本章一一详述,读者可以查阅相关的资料。还有许多软件与 Excel 的功能类似,如 WPS Office、华表、易表、Lotus1-2-3 等,这些软件的操作方法与 Excel 的操作方法也类似,读者在掌握 Excel 的基础上能很快掌握同类软件的使用。

第 6 章 图形的绘制

本章学习目标

理解 Visio 中的基本概念；掌握 Visio 中绘制图表的工作流程；掌握利用 Visio 软件绘制基本流程图、组织结构图、标注图、基本网络图、甘特图的操作方法；能根据实际应用需求，选择合适的模板绘制图表。

6.1 Visio 概述

无论是办公人员处理日常工作，还是专业人员撰写项目论文，常常用模块图和流程图对工作的整体情况及解决问题的方法、思路进行图示说明，办公绘图软件 Microsoft Office Visio 提供了众多的图表，利用它可以将难以理解的复杂文本和表格转换为一目了然的 Visio 图表，便于 IT 和商务专业人员轻松实现可视化、分析和交流复杂信息。

使用 Visio 能快速制作诸如业务流程图、数据流程图、组织结构图、办公室布局图、家居规划图、网络图、数据库实体关系图、项目管理图、营销图表、灵感触发图、跨职能流程图和因果图等实用图表，有助于人们达到高质、高效的工作目标。

6.1.1 基本概念

1. 模板

如果要创建某图表，需使用相应的图表类型（若没有完全匹配的类型，则选择最接近的类型）的模板创建此图表。Visio 提供的图表模板种类包括常规框图、地图和平面布置图、工程、流程图、日程安排、软件和数据库、商务和网络等。

Visio 模板可帮助用户使用正确的设置创建图表，单击"文件"选项卡中的"新建"命令，可以看到各种模板类别，用户根据需要选择对应的模板制作图表，如图 6-1 所示。

2. 模具

模具是形状的集合。每个模具中的形状都有一些共同点。每个模板打开时都会显示一些模具，这些模具是创建特定种类的绘图所需的，例如，当单击模板类别中的"地图和平面布置图"，选择"家具规划"后，单击"创建"按钮，界面左侧"形状"窗口中会打开对应的家具、墙壁等，如图 6-2 所示。

除了模板中默认的模具外，用户可以根据需要随时打开其他模具，方法是在左侧"形状"窗口中单击"更多形状"，指向所需的类别，然后单击要使用的模具的名称。

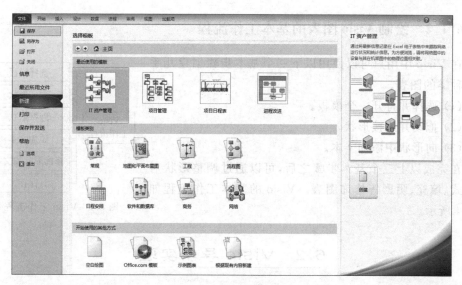

图 6-1 Visio 新建窗口

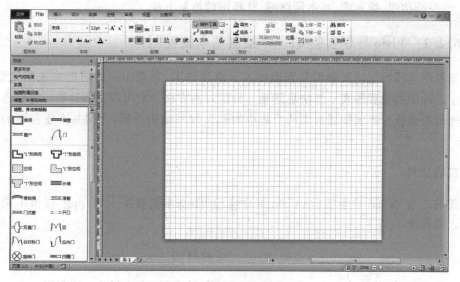

图 6-2 选择家具规划模具

3. 形状

Visio 形状是指用户拖至绘图页上的现成图像,它们是图表的构建基块。添加形状时选中形状直接拖到绘图编辑区即完成添加,选中添加的形状,周围自动出现控制点,如图 6-3 所示,可以通过旋转手柄来旋转形状,并用四周的控制点调整形状的大小。当进行形状连接时,会通过四周的控制点实现自动粘接。

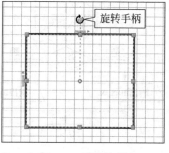

图 6-3 形状控制

6.1.2 绘制 Visio 图表的基本工作流程

在 Visio 中用户可以使用以下三个基本步骤创建几乎全部种类的图表。

(1) 选择并打开一个模板。

(2) 拖动并连接形状。

(3) 向形状中添加文本。

在完成以上三个基本步骤之后,可以通过调整形状对齐格式、填充、阴影等修饰图表。Visio 的基本工作流程如图 6-4 所示。

图 6-4　Visio 工作流程

6.2　Visio 导学实验

根据计算机基础课程的特点及各专业需求,本节通过 5 个导学实验分别介绍基本流程图、组织结构图、标示图、基本网路图、甘特图的绘制方法。

6.2.1　Visio 导学实验 01——绘制基本流程图

流程图是用特定的图形符号和说明表示算法的图,通常由一些图框和流程线组成。在程序设计中用流程图表示算法思路是一种很好的方法。它可以直观地展示算法思想及输入输出的流程。本实验通过求两个数中的最大数并输出为例,介绍基本流程图的绘制过程。

实验文件

随书光盘"Visio 导学实验\Visio 导学实验 01-基本流程图示例. png"提供了绘制好的基本流程图示例。

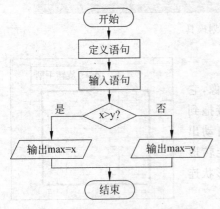

图 6-5　"输出最大数"流程图示例

实验目的

学会利用 Visio 绘制基本流程图。

实验要求

参照示例图片,绘制"输出最大数"的流程图,如图 6-5 所示。

解决思路

新建 Visio 绘图文件,选择流程图模板,添加相应的形状,添加文字,连接形状,设置形状格式,组合形状,保存 Visio 绘图文件。

操作步骤

（1）选择模板。单击"文件"选项卡中的"新建"命令，在模板中选择流程图下的"基本流程图"，单击右侧的"创建"按钮，如图 6-6 所示。

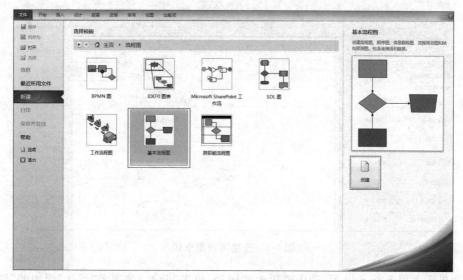

图 6-6 选择"基本流程图"模板

（2）从"基本流程图形状"模板中选择所需形状，添加对应的流程图形状。添加形状后，双击该形状在形状内输入文字，如图 6-7 所示。

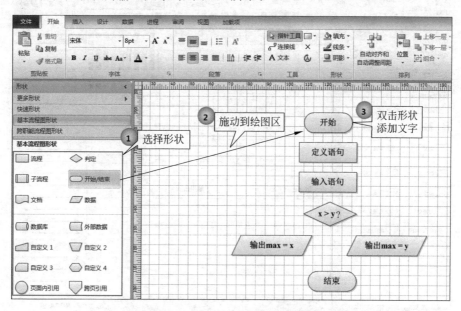

图 6-7 添加流程图形状和文字

（3）连接形状。在"开始"选项卡的"工具"组中单击"连接线"，将鼠标移到形状的控制点上拖动，鼠标移动到形状上时会自动将线条粘附到连接点，如图 6-8 所示，参照示例图连接各个形状。

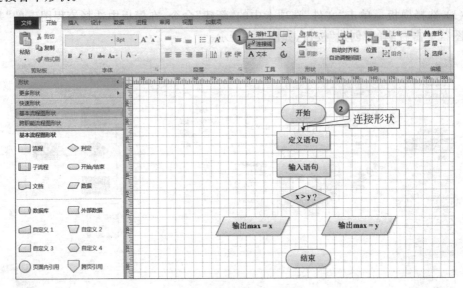

图 6-8　连接流程图形状

如果需要更改线条设置，选中要更改的线条，单击"开始"选项卡"形状"组中的"线条"按钮，如图 6-9 所示，更改箭头类型、方向或线条粗细、颜色等。

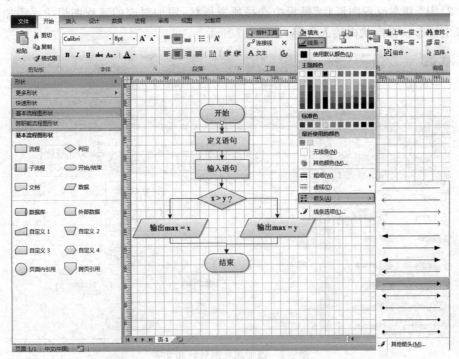

图 6-9　更改线条格式

对于条件判定的"是否"标记,可以直接双击对应的连接线输入,然后更改其字体大小等,如图 6-10 所示。

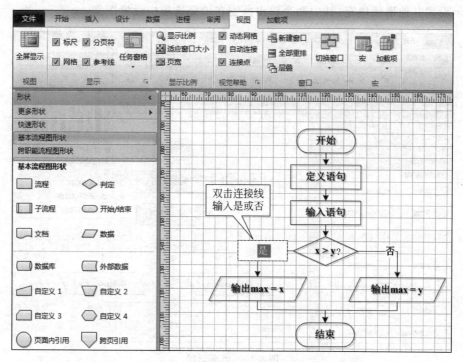

图 6-10 输入条件标记"是"或"否"

(4)对齐形状。连接形状后,单击"开始"选项卡"工具"组中的"指针工具",使鼠标回到指针状态,然后拖动鼠标框选中需对齐的多个形状,在"开始"选项卡的"排列"组中单击"位置"按钮,选择对齐方式即可,如图 6-11 所示。

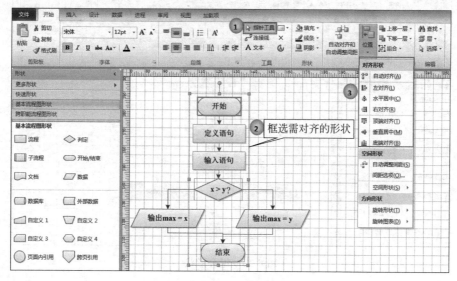

图 6-11 对齐形状

（5）设置形状填充。选择要设置填充的形状，在"开始"选项卡"形状"组中单击"填充"按钮，如图 6-12 所示，设置填充颜色，还可以通过填充选项做进一步的设置。如示例图所示设置其他形状填充，其中两个输出框需在填充选项中设置图案。

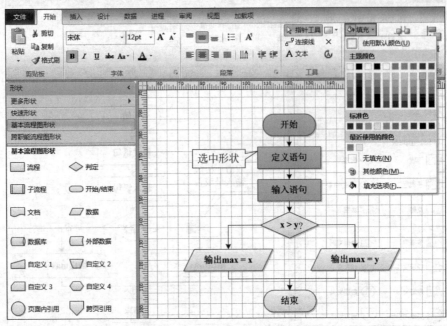

图 6-12　填充形状

流程图绘制完成后，可以把形状组合为一个整体，以便于移动或复制到其他文档中，方法是选中所有形状，然后单击"开始"选项卡"排列"组中的"组合"按钮，如图 6-13 所示。

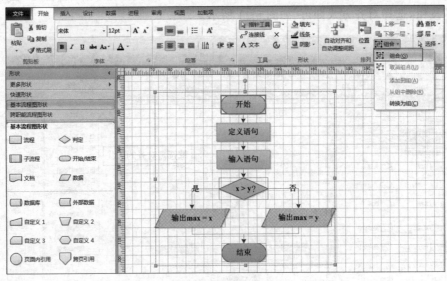

图 6-13　组合形状

（6）保存 Visio 文件。单击"快速访问工具栏"或"文件"选项卡中的"保存"按钮，即可完成保存，默认的保存类型为"绘图(＊.vsd)"，如图 6-14 所示。

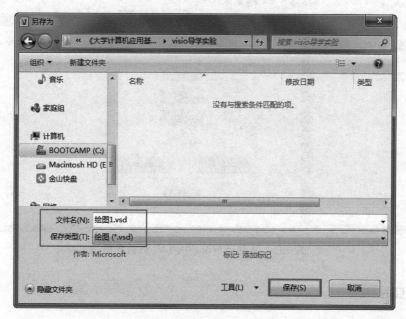

图 6-14 保存 Visio 文件

实验总结与反思

（1）Visio 作为专业的图表绘制软件，用其制作的图表，连接线与被连接的形状是通过形状上的控制点粘接在一起的。在移动形状或改变形状大小的时候，连接线会随之移动并自动调整长度，而 Word 中的形状与连接线无法建立联系，如果需编辑修改，则只能逐个调整其位置和长度。

（2）Visio 绘制的流程图可以直接复制到 Word 文档中，只要选中 Visio 文件中的形状（如果已进行组合，则只需单击选中流程图），然后复制，打开 Word 文档，直接粘贴即可。复制到 Word 中的 Visio 图表，双击可以进行简单的编辑，如图 6-15 所示。

6.2.2　Visio 导学实验 02——绘制组织结构图

组织结构图是表示企业内部组成、职权功能关系、职能规划等的结构图。可以采用等级式、直线职能式、功能式等多种结构形式，通过组织结构图有助于明确人员角色和职责，建立控制机制，规范决策程序等。本实验以小型企业的组织结构为例，介绍用 Visio 绘制组织结构图的过程。

实验文件

随书光盘"Visio 导学实验\Visio 导学实验 02-组织结构图示例.png"提供了绘制好的基本组织结构图示例图。

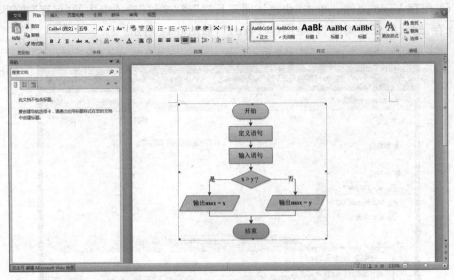

图 6-15　复制到 Word 中的 Visio 流程图

实验目的

学会利用 Visio 绘制组织结构图。

实验要求

参考示例图,绘制如图 6-16 所示的组织结构图。

图 6-16　组织结构图示例

解决思路

新建 Visio 绘图文件,选择组织机构图模板,添加形状,添加文字,设置形状格式,添加图片,保存 Visio 绘图文件。

操作步骤

(1) 选择模板。执行"文件"选项卡中的"新建"命令,选择"商务"类型中的"组织结构图",然后单击右侧的"创建"按钮,如图 6-17 所示。

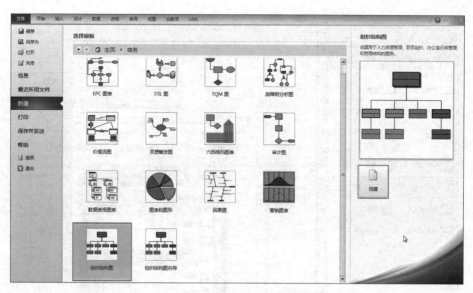

图 6-17 选择"组织结构图"模板

　　（2）添加形状。选择顶层形状"经理"，将其拖动到右侧的绘图编辑区，如图 6-18 所示。系统自动弹出"连接形状"对话框，提示绘制下层形状时自动连接的方法是拖动下一个形状到已经添加的形状上。注意，要生成链接，需要将下属形状拖动至上级形状的中心。

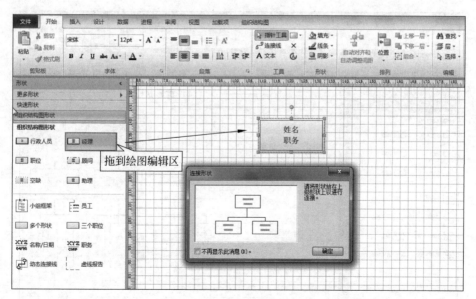

图 6-18 添加组织结构图形状

　　在上述形状中输入姓名和职务，然后添加"助理"形状，依次按照示例图添加其他形状，并输入对应的文字。选择"形状"区域的"多个形状"可以同时添加多个形状到绘图区，如图 6-19 所示。

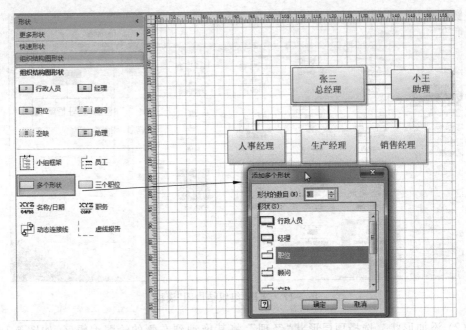

图 6-19　同时添加多个形状

　　(3) 修饰形状和文本。通过"开始"选项卡中的命令设置组织结构图中的形状填充、对齐和文字方向等格式,如图 6-20 所示。

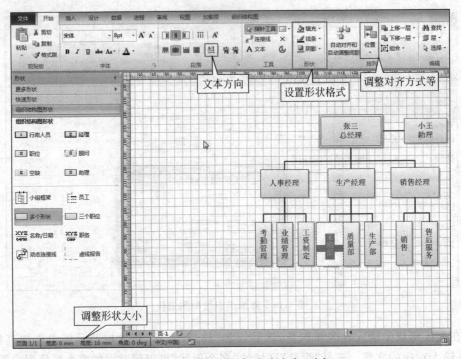

图 6-20　调整形状格式、文字方向、对齐

（4）为总经理形状插入照片。选中总经理形状，打开"组织结构图"选项卡，单击"图片"组中的"插入"按钮，打开"插入图片"对话框，从中选择图片文件，单击"打开"按钮，如图 6-21 所示，可以将图片插入到形状中。

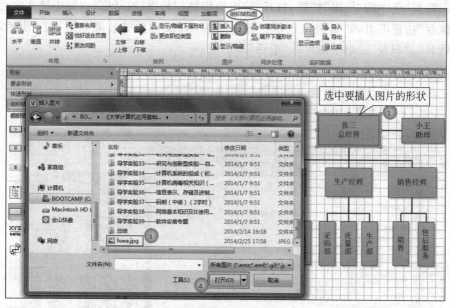

图 6-21　在形状中插入照片

（5）插入图片后的效果如图 6-22 所示。选中形状后，可以通过"组织结构图"选项卡"图片"组中的"显示/隐藏"按钮来显示或隐藏图片，还可以删除图片。

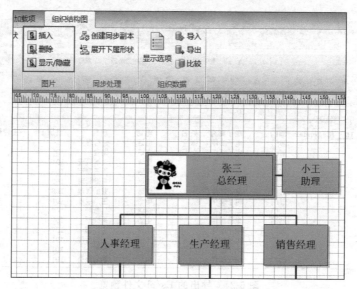

图 6-22　插入图片后的组织结构图

（6）保存 Visio 文件。

实验总结与反思

绘制好的组织结构图可以导出为 Excel 文件,方法是:打开"组织结构图"选项卡,单击"组织数据"组中的"导出"按钮,打开"导出组织结构数据"对话框,在其中输入文件名后单击"保存"按钮即可,如图 6-23 所示。导出的 Excel 文件预览效果如图 6-24 所示,其中包含"姓名"、"职务"、"电子邮件"、"电话"等信息。

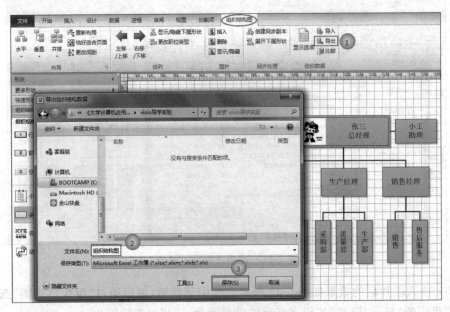

图 6-23　导出 Excel 文件的方法

	唯一 ID	Calendar	部门	电子邮件	姓名	电话	职务	隶属于	主控形状
1	唯一 ID	Calendar	部门	电子邮件	姓名	电话	职务	隶属于	主控形状
2	ID1		部门	电子邮件	张三	电话	总经理		1
3	ID2		部门	电子邮件	小王	电话	助理	ID1	5
4	ID3		部门	电子邮件		电话	人事经理	ID1	2
5	ID4		部门	电子邮件		电话	工资制定	ID3	2
6	ID5		部门	电子邮件		电话	考勤管理	ID3	2
7	ID6		部门	电子邮件		电话	业绩管理	ID3	2
8	ID7		部门	电子邮件		电话	生产经理	ID1	2
9	ID8		部门	电子邮件		电话	质量部	ID7	2
10	ID9		部门	电子邮件		电话	采购部	ID7	2
11	ID10		部门	电子邮件		电话	生产部	ID7	2
12	ID11		部门	电子邮件		电话	销售经理	ID1	2
13	ID12		部门	电子邮件		电话	销售	ID11	2
14	ID13		部门	电子邮件		电话	售后服务	ID11	2

图 6-24　导出的 Excel 文件预览

也可以通过 Excel 文件生成组织结构图,例如,已有的 Excel 文件如图 6-25 所示,可以通过导入的方式由系统自动建立组织结构图,方法是:在 Visio 中新建组织结构图空白绘图文件,打开"组织结构图"选项卡,单击"组织数据"组中的"导入"按钮,打开"组织结构图向导"对话框,如图 6-26 所示,按照向导选择已有的 Excel 文件,并选择要包含到组织结构图中的字段,Visio 自动根据表中"隶属于"字段确定各形状的层次关系,自动生成的组织结构图如图 6-27 所示。

	A	B	C	D	E	F	G	H	I
1	唯一 ID	Calendar	部门	电子邮件	姓名	电话	职务	隶属于	主控形状
2	ID1		部门	zhangsan@hotmail.com	张三	73652222	总经理		1
3	ID2		部门	wang@hotmail.com	小王	23243222	助理	ID1	5
4	ID3		部门	zhao1@hotmail.com	赵1	电话	人事经理	ID1	2
5	ID4		部门	zhao2@hotmail.com	赵2	电话	工资制定	ID3	2
6	ID5		部门	zhao3@hotmail.com	赵3	电话	考勤管理	ID3	2
7	ID6		部门	zhao4@hotmail.com	赵4	电话	业绩管理	ID3	2
8	ID7		部门	zhao5@hotmail.com	赵5	电话	生产经理	ID1	2
9	ID8		部门	zhao6@hotmail.com	赵6	电话	质量部	ID7	2
10	ID9		部门	zhao7@hotmail.com	赵7	电话	采购部	ID7	2
11	ID10		部门	zhao8@hotmail.com	赵8	电话	生产部	ID7	2
12	ID11		部门	zhao9@hotmail.com	赵9	电话	销售经理	ID1	2
13	ID12		部门	zhao10@hotmail.com	赵10	电话	销售	ID11	2
14	ID13		部门	zhao11@hotmail.com	赵11	电话	售后服务	ID11	2
15									
16									

图 6-25 已经存在的 Excel 文件

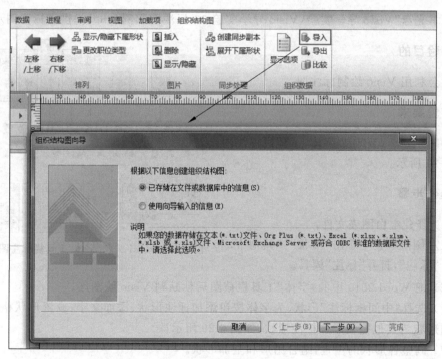

图 6-26 导入 Excel 文件

6.2.3 Visio 导学实验 03——绘制标注图

有时用户需要给一些图片添加标注文字,如果不熟悉图像处理软件的使用,此时可以采用 Visio 中提供的标注模具,轻松完成标注工作。本实验通过对 Word 2010"字体"工具栏对应按钮的标注工作介绍使用 Visio 的标注方法。

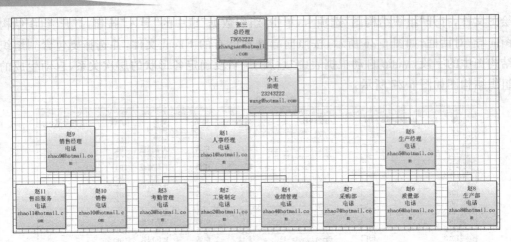

图 6-27　自动生成的组织结构图

实验文件

随书光盘"Visio 导学实验\Visio 导学实验 03-标注图示例. png"提供了标注图示例。

实验目的

学会利用 Visio 绘制标注图。

实验要求

绘制 Word 2010 的"字体"工具栏标注图，如图 6-28 所示。

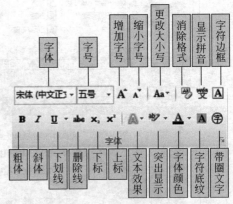

图 6-28　Word 2010"字体"工具栏标注图示例

操作步骤

(1) 新建空白图表文件。

在左侧形状栏中单击"形状"|"其他 Visio 方案"|"标注"，打开"标注"模具。

(2) 把 Word 2010 中的"字体"工具栏截图后粘贴到 Visio 绘图区。

(3) 选择"中间框标注"形状，为字体按钮添加标注形状、添加文字、设置形状格式，通过复制形状为其他按钮添加标注形状，如图 6-29 所示。

(4) 调整各形状的位置，组合图形和全部形状。

(5) 保存 Visio 绘图文件。

实验总结与反思

本实验中只用到"中间框标注"形状，实际上标注图模具中提供了众多标注类型，用户可根据需要选择相应的标注形状。

Visio 形状分类中的"其他 Visio 方案"，还提供了包括标题块、符号、装饰等多种形状，例如，需添加的无障碍残疾人标记图♿，可以从符号中找到。其他 Visio 方案中众多

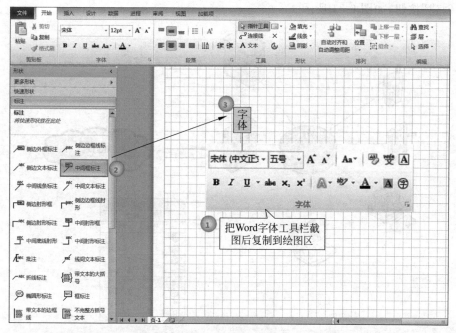

图 6-29　粘贴"字体"工具栏图形、添加"中间框标注"形状

方案可以作为绘制各类图表的有效补充。

6.2.4　Visio 导学实验 04——绘制基本网络图

网络拓扑结构是指用传输媒介互连各种设备的物理布局,结构包括星状、环状、树状等,它可以直观地显示网络的主要部分以及这些部分的连接方式。本实验以基本网络图为例,介绍其绘制方法。

实验文件

随书光盘"Visio 导学实验\Visio 导学实验 03-基本网络图示例. png"提供了基本网络图的示例。

实验目的

学会利用 Visio 绘制基本网络图。

实验要求

绘制基本网络图,如图 6-30 所示。

操作步骤

(1) 选择模板。

在"文件"选项卡中选择"新建"命令,从"网络"模板中选择"基本网络图"模板,单击右侧的"创建"按钮,如图 6-31 所示。

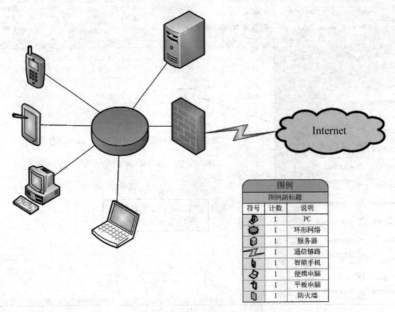

图例		
图例副标题		
符号	计数	说明
	1	PC
	1	环形网络
	1	服务器
	1	通信链路
	1	智能手机
	1	便携电脑
	1	平板电脑
	1	防火墙

图 6-30　基本网络图示例

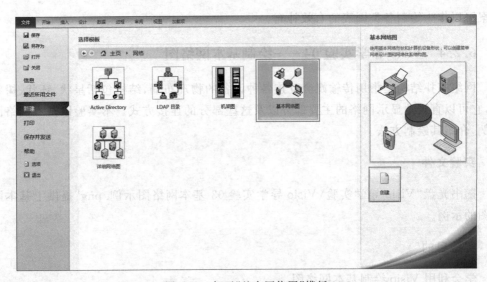

图 6-31　打开"基本网络图"模板

　　(2) 在左侧"形状"栏中,选择"网络和外设"下的"环形网络"形状,添加到绘图区,环形网络周围有多个黄色菱形手柄,添加服务器形状,用鼠标拖动"环形网络"形状周围的控制手柄◇,使其连接到服务器形状,如图 6-32 所示。

　　(3) 用同样的方法添加其他形状。表示 Internet 的"云形"需通过形状栏单击"更多形状"|"软件和数据库"|"Web 图标"|"网站总体设计形状",从中选择对应形状添加。

　　(4) 添加图例。基本网络图绘制完成后,可以为其添加图例,在左侧"网络位置"形状

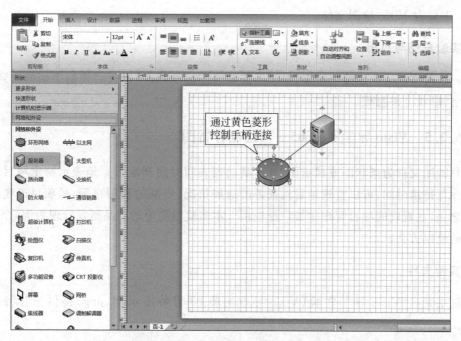

图 6-32 连接环形网络到其他形状

中,添加图例到绘图区,系统自动生成网络图的图例说明,用户可以修改其说明,如图 6-33 所示。

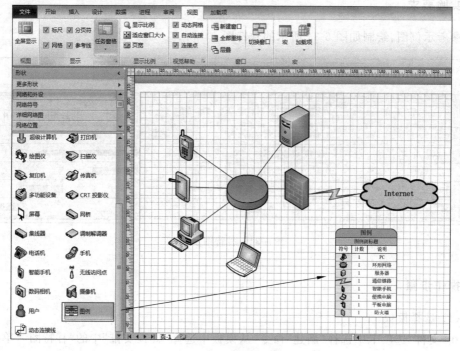

图 6-33 添加图例

(5) 保存 Visio 绘图文件。

实验总结与反思

环状网络默认的连接线较多,对于不需要的连接线,可以通过将控制手柄拖回到“环状网络”形状上来隐藏。

6.2.5 Visio 导学实验 05——绘制甘特图

甘特图又称为条状图或横道图,通过活动列表和时间刻度形象地表示特定项目的活动顺序与持续时间,可以直观地看到任务的进展情况、资源的利用率等,是项目进度规划工具之一,在现代的项目管理中被广泛应用。本实验以简单的产品研发管理为例,介绍甘特图的绘制方法。

实验文件

随书光盘“Visio 导学实验\Visio 导学实验 03-甘特图示例. png”提供了甘特图的示例。

实验目的

学会利用 Visio 绘制甘特图。

实验要求

参考示例图,绘制如图 6-34 所示的甘特图。

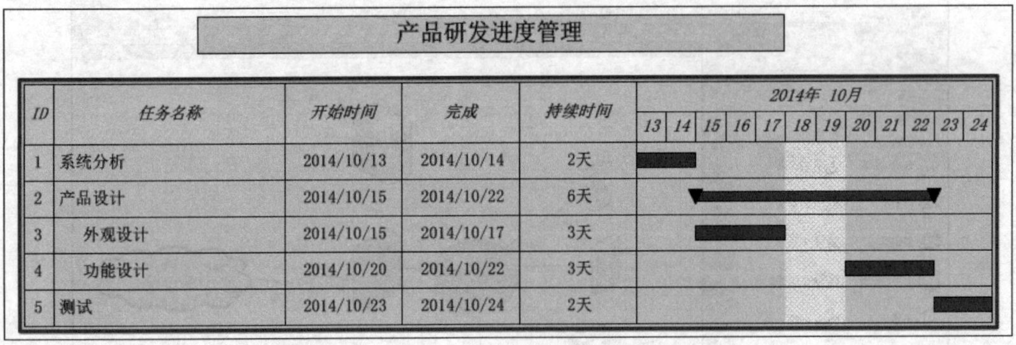
产品研发进度管理
ID
任务名称
开始时间
完成
持续时间
2014年 10月
13 14 15 16 17 18 19 20 21 22 23 24
1 系统分析 2014/10/13 2014/10/14 2天
2 产品设计 2014/10/15 2014/10/22 6天
3 外观设计 2014/10/15 2014/10/17 3天
4 功能设计 2014/10/20 2014/10/22 3天
5 测试 2014/10/23 2014/10/24 2天

图 6-34 甘特图示例

操作步骤

(1) 选择模板。

在“文件”选项卡中选择“新建”命令,从模板中选择“日程安排”中的“甘特图”,单击右侧的“创建”按钮,如图 6-35 所示。

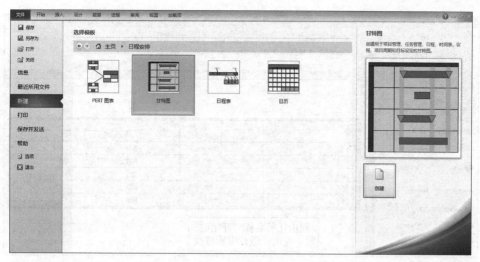

图 6-35 打开"甘特图"模板

（2）系统自动弹出"甘特图选项"对话框，如图 6-36 所示，设置任务数目、开始日期、完成日期等各项后单击"确定"按钮。

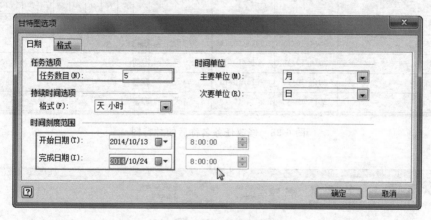

图 6-36 设置甘特图选项

（3）设置完成后，自动生成了包含 5 个任务，设定时间刻度范围的甘特图，如图 6-37 所示，双击任务名称输入设定的任务名称。双击开始时间、完成修改日期，持续时间会自动发生变化。修改任务名称后的甘特图如图 6-38 所示。

（4）由于外观设计和功能设计属于产品设计的子任务，因此，需要调整这两个任务的级别，选中"外观设计"和"功能设计"两个任务标题，单击"甘特图"选项卡"任务"组中的"降级"按钮，此时"产品设计"任务后的进度会自动添加倒三角标志，如图 6-39 所示。

（5）修改各个任务的开始和完成时间，双休日的位置自动以浅黄色底纹填充，默认不算作工作时间。"产品设计"任务的进度由其两个子任务确定，因此"产品设计"任务的时间不可编辑。

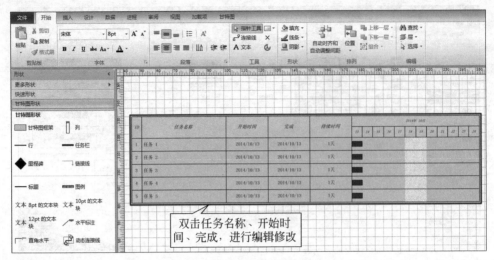

图 6-37　默认添加的甘特图

ID	任务名称	开始时间	完成	持续时间	2014年 10月											
					13	14	15	16	17	18	19	20	21	22	23	24
1	系统分析	2014/10/13	2014/10/13	1天												
2	产品设计	2014/10/13	2014/10/13	1天												
3	外观设计	2014/10/13	2014/10/13	1天												
4	功能设计	2014/10/13	2014/10/13	1天												
5	测试	2014/10/13	2014/10/13	1天												

图 6-38　修改任务名称后的甘特图

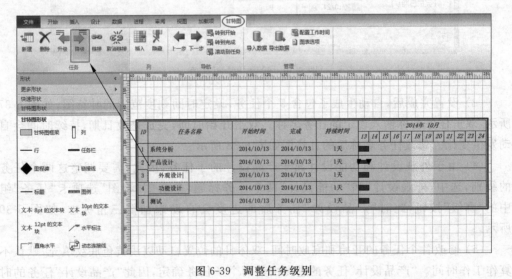

图 6-39　调整任务级别

为该甘特图添加标题,拖动左侧"甘特图形状"中的"标题"形状到甘特图上方,然后输入标题为"产品研发进度管理",如图 6-40 所示。

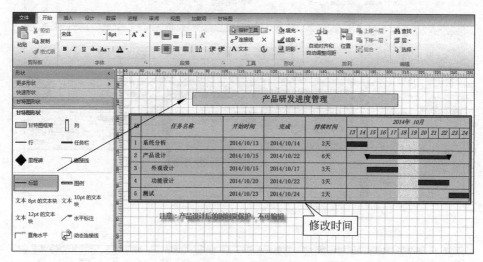

图 6-40 添加标题

(6) 保存 Visio 绘图文件。

实验总结与反思

(1) 对于不是双休日休息的工作进度,可以通过单击"甘特图"选项卡"管理"组中的"配置工作时间"按钮,打开"配置工作时间"对话框,调整工作日安排及工作时间设置,如图 6-41 所示。

图 6-41 配置工作时间

(2) 可以将甘特图导出为 Excel 文件。方法是:打开"甘特图"选项卡,在"管理"组中单击"导出数据"按钮,系统自动选中已有的甘特图,如图 6-42 所示。使用导出向导保存 Excel 文件,导出的 Excel 文件如图 6-43 所示。

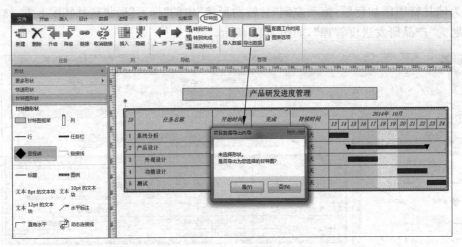

图 6-42　导出甘特图

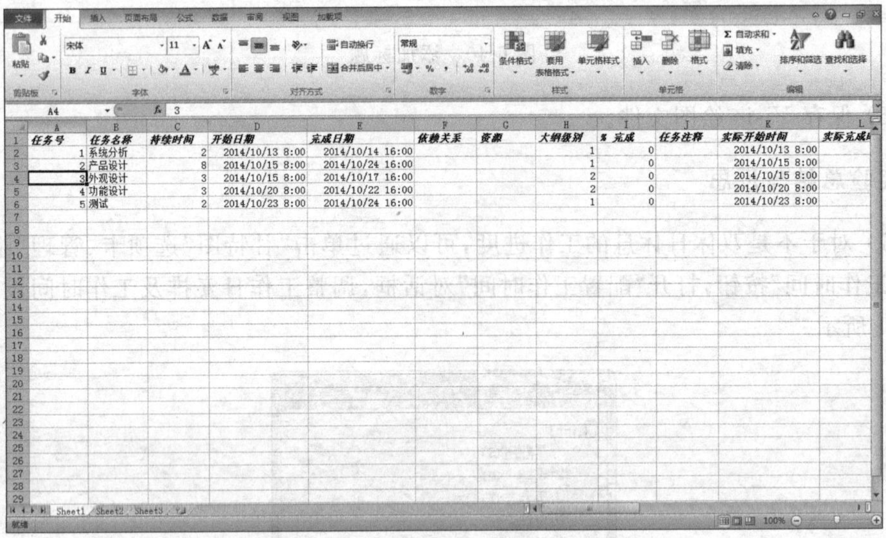

图 6-43　导出的甘特图 Excel 文件

第 7 章 综合与提高

本章学习目标

综合运用前面所学习的知识点、技能和技巧分析并解决实际问题；了解 VBA 的编程知识，在 Office 软件中利用 VBA 提高软件的应用效率。

7.1 VBA 简介

Visual Basic for Applications(VBA)是 Visual Basic 的一种宏语言，主要用来扩展 Windows 中应用程序的功能，特别是 Microsoft Office 软件的功能。Office 的套装软件 Word、Excel、PowerPoint 中都可以使用 VBA，以提高其应用效率。

Microsoft Visual Basic Editor(VBE)是设计和调试代码的编译器，是一种嵌入式的集成开发环境，它是捆绑在 Application(此处指 Office)应用程序中的一个程序。打开 VBE 的步骤如下。

(1) 打开"开发工具"选项卡。在默认情况下，Office 2010 的套装软件中"开发工具"选项卡是隐藏的，打开它的方法如下。

① 在 Office 2010 的套装软件，如 Word 2010 中，单击"文件"菜单中的"选项"命令，打开"Word 选项"对话框。

② 在该对话框中单击"自定义功能区"，然后在右边的"主选项卡"中选中"开发工具"复选框，如图 7-1 所示，单击"确定"按钮即可显示出"开发工具"选项卡。

(2) 打开 VBE。在"开发工具"选项卡的"代码"组中单击 Visual Basic，即可打开 VBE 窗口，如图 7-2 所示，该窗口包括标题栏、菜单栏、工具栏、工程资源管理器和立即窗口。其中，工程资源管理器以树状结构显示文档中的对象等，立即窗口用于检查中间结果的窗口，可以直接在该窗口中输入代码和命令。

图 7-1 "开发工具"选项

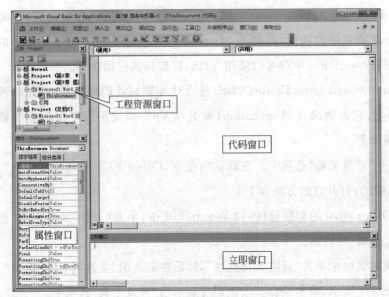

图 7-2 VBE 窗口

7.2 综合与提高导学实验

7.2.1 综合与提高导学实验 01——制作数学试卷答案

实验目的

通过编辑制作"数学试卷答案",学会综合运用文字处理和表格处理软件学过的知识点,生成复杂的、具有一定专业水平的文档。

实验要求

用 Word 软件编辑制作一份三页的"数学试卷标准答案",各页内容分别如图 7-3～图 7-5 所示。

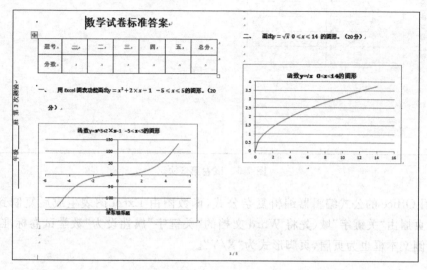

图 7-3 试卷第 1 页

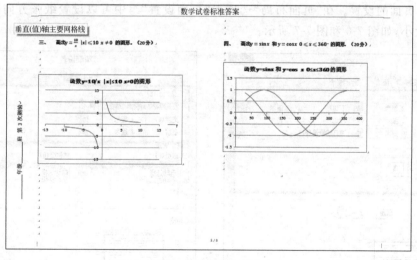

图 7-4 试卷第 2 页

解决思路

纸张方向为横向(宽度为 36.4cm,高度为 25.7cm);分两栏设置考试题目;标题"数学试卷标准答案"用"标题 1"修饰,文字字号为四号、宋体、加粗,其他文字字体、字号自定;题号用项目编号"一、二、三、……"修饰。

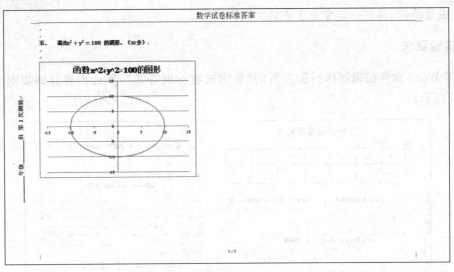

图 7-5　试卷第 3 页

利用 Office 的公式编辑器编辑复杂公式，函数图由 Excel 图表生成后复制到 Word 文档中；页眉由"关键字"域（先将 Word 文档的"关键字"属性设为"数学试卷标准答案"）组成，左侧文本框也为页眉，页脚形式为"X/Y"。

操作步骤

（1）页面的设置。在"页面布局"选项卡"页面设置"组中可以设置纸张方向、页边距及纸张大小，如图 7-6 和图 7-7 所示。

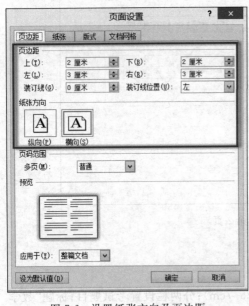

图 7-6　设置纸张方向及页边距　　　　图 7-7　设置纸张大小

（2）分栏。在"页面布局"选项卡"页面设置"组中单击"分栏"后的三角形按钮，在打开的下拉列表中单击"更多分栏",打开"分栏"对话框,进行分栏设置,如图 7-8 所示。

(3) 修改文件属性。

单击"文件"|"信息"下的"属性",在打开的下拉列表中单击"高级属性",打开文件属性对话框,在"摘要"选项卡中设置"关键词"属性为"数学试卷标准答案",如图 7-9 所示。

(4) 添加页眉,该实验中的页眉包括上页眉和左页眉。

① 在"插入"选项卡的"页眉和页脚"组中单击"页眉",在打开的下拉列表中单击"编辑页眉"命令,进入到页眉的编辑状态。

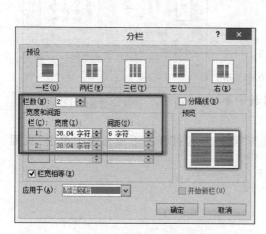

图 7-8 "分栏"对话框

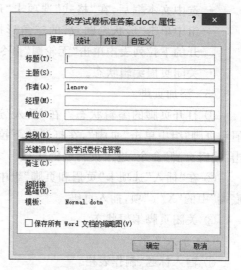

图 7-9 将"关键词"属性设为"数学试卷标准答案"

② 插入上页眉:在"插入"选项卡的"文本"组中单击"文档部件",在打开的下拉列表中单击"域"命令,按照如图 7-10 所示的提示进行设置。

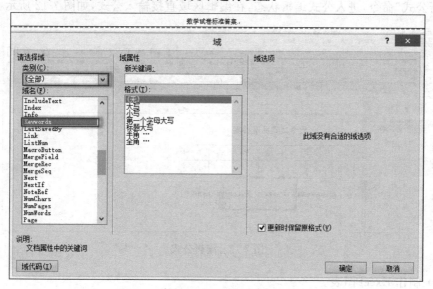

图 7-10 插入"关键词"域作为页眉内容

③ 插入左页眉。

- 在页眉的编辑状态中,单击"插入"选项卡"文本"组中的"文本框",在打开的下拉列表中单击"绘制竖排文本框"命令,添加竖排文本框。

- 选中文本框后,在"格式"选项卡"文本"组中单击"文字方向",在打开的下拉列表中单击"文字方向选项"命令,打开"文字方向"对话框,如图 7-11 所示,设置好文字方向后,输入文字"_____年级____班第 3 次测验"。

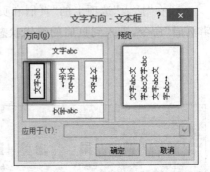

图 7-11　"文字方向"对话框

- 选中文本框后,在"格式"选项卡"形状样式"组中单击"形状轮廓"后的三角形按钮,在打开的下拉列表中单击"无轮廓"命令。

- 关闭页眉编辑状态。

(5) 添加页脚。

① 打开页脚的编辑状态。在"插入"选项卡"页眉和页脚"组中单击"页脚",在打开的下拉列表中单击"编辑页脚"命令,进入页脚编辑状态。

② 在"插入"选项卡"页眉和页脚"组中单击"页码",在打开的下拉列表中单击"页面底端"中的"X/Y"项,插入页码。

③ 关闭页脚编辑状态。

(6) 录入文字。

① 输入标题、制作表格。

② 输入题号,使用"开始"选项卡"段落"组中的"编号",实现自动编号。

(7) 编辑公式。

在"插入"选项卡"符号"组中单击"公式"后的三角形按钮,在打开的下拉列表中单击"插入新公式"命令,进入公式编辑状态,在编辑区域直接输入公式,如图 7-12 所示。

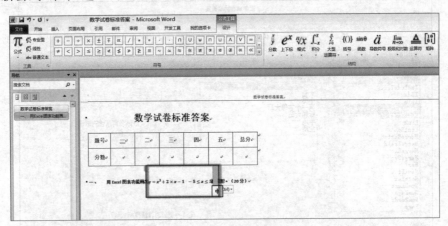

图 7-12　编辑公式

(8) 制作 Excel 图表。

在 Excel 工作表中首先将 x 的取值置为一列,将计算出的函数值放在相邻列中,如

图 7-13 所示。该 Excel 文件存放于随书光盘"综合与提高导学实验\综合与提高导学实验 01-制作数学试卷答案"文件夹中。

	B3	▼	f_x	=SIN(A3*PI()/180)

列出x的值   利用公式计算函数值

	A	B	C
1	x	sin(x)	cos(x)
2	0	0	1
3	30	0.5	0.866025404
4	45	0.707106781	0.707106781
5	60	0.866025404	0.5
6	90	1	6.12574E-17
7	120	0.866025404	-0.5
8	135	0.707106781	-0.707106781
9	150	0.5	-0.866025404
10	180	1.22515E-16	-1
11	210	-0.5	-0.866025404
12	225	-0.707106781	-0.707106781
13	240	-0.866025404	-0.5
14	270	-1	-1.83772E-16
15	300	-0.866025404	0.5
16	315	-0.707106781	0.707106781
17	330	-0.5	0.866025404
18	360	-2.4503E-16	1

图 7-13 数据表

选中 Excel 工作表中的数据,单击"插入"选项卡"图表"组右下角的按钮,打开"插入图表"对话框,在其中选择"XY(散点图)"中的"带平滑线的散点图"后插入图表,如图 7-14 所示。

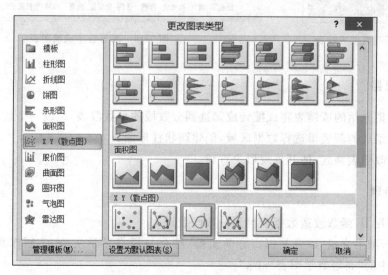

图 7-14 制作 XY(散点图)

（9）将生成的数据图表复制并粘贴到 Word 文件中即可。

实验总结与反思

综合应用 Word 和 Excel 软件,可以制作一些具有专业水平的文档。

7.2.2　综合与提高导学实验 02——制作高等数学图表

实验目的

编辑制作一份高等数学成绩图表,将普通的成绩表通过添加表格内容转换成按分数段分类的图表。学会利用中间转换的形式来制作最终的图表。

实验要求

根据如图 7-15 所示的高等数学成绩表,制作出如图 7-16 所示的按照分数段分系列的高等数学成绩图表。

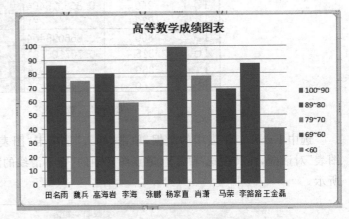

图 7-15　高等数学成绩表　　　　　　　　　　图 7-16　高等数学成绩图表

解决思路

（1）根据原始的成绩表将成绩转成筛选到分数段的分数段表,组成一个新表。

（2）在组成的新表里选择数据区域,创建簇状柱形图。

（3）修改图表格式,使其外观形象直观。

操作步骤

（1）利用 IF 函数改造数据表得到分数段数据。

① 打开随书光盘"综合与提高导学实验\综合与提高导学实验 02-制作高等数学图表"文件夹中的"高等数学图表.xltx"。

② 按如图 7-17 所示在 C1:G1 单元格中输入相应的信息,在 C2 单元格中填入"＝IF(AND(B2＞＝90,B2＜＝100),B2,0)",在 D2 单元格中填入"＝IF(AND(B2＞＝80,

B2<=89),B2,0)”,在 E2 单元格中填入“=IF(AND(B2>=70,B2<=79),B2,0)”,在 F2 单元格中填入“=IF(AND(B2>=60,B2<=69),B2,0)”,在 G2 单元格中填入“=IF(B2<60,B2,0)”。

	A	B	C	D	E	F	G
1	姓　名	高等数学	介于90~100	介于80~89	介于70~79	介于60~69	低于60
2	田名雨	86	0	86	0	0	0
3	魏　兵	75	0	0	75	0	0
4	高海岩	80	0	80	0	0	0
5	李　海	59	0	0	0	0	59
6	张　鹏	32	0	0	0	0	32
7	杨家直	99	99	0	0	0	0
8	肖　潇	78	0	0	78	0	0
9	马　荣	69	0	0	0	69	0
10	李路路	87	0	87	0	0	0
11	王金磊	40	0	0	0	0	40

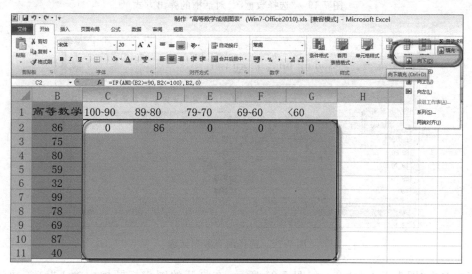

图 7-17　分数段数据表

③ 选中黄色单元格区域 C2:G11,将 C2:G2 单元格区域填充到上述选择的黄色区域,在“开始”选项卡“编辑”组中单击“填充”,在打开的下拉列表中单击“向下”命令,如图 7-18 所示。

图 7-18　填充数据区域

(2) 通过添加的黄色区域数据,制作高等数学成绩图表。

① 选中数据表中的任意空白单元格,单击“插入”选项卡“图表”组中的“柱形图”,在打开的下拉列表中单击“簇状柱形图”命令,弹出空白图表框,如图 7-19 所示。

② 单击空白图表框,激活“图表工具”,单击“设计”选项卡“数据”组中的“选择数据”,打开“选择数据源”对话框。

③ 按如图 7-20 所示,设置图表的数据区域。

④ 单击“图表工具”的“布局”选项卡,单击“标签”组中的“图表标题”,在打开的下拉

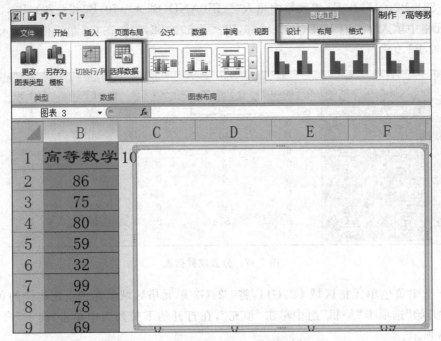

图 7-19 "选择数据源"对话框的弹出方式

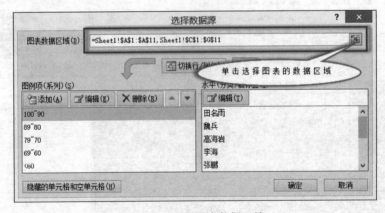

图 7-20 选择图表数据区域

列表中单击"图表上方"命令,如图 7-21 所示,在打开的图表标题框中输入"高等数学成绩图表"。

(3) 修改高等数学成绩图表的格式。

① 选中 Y 轴,单击鼠标右键,弹出快捷菜单,单击"设置坐标轴格式"命令,如图 7-22 所示,打开"设置坐标轴格式"对话框。

② 在"设置坐标轴格式"对话框中修改 Y 轴的数值设置,分数成绩从 0 到 100,所以设置 Y 轴最小值为 0,最大值 100 为,每 10 分为一分数段,数值设置如图 7-23 所示。

③ 在图表中选中某一系列,单击鼠标右键,弹出快捷菜单,单击其中的"设置数据系列格式"命令,如图 7-24 所示,打开"设置数据系列格式"对话框。

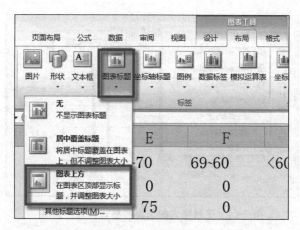

图 7-21 图表标题

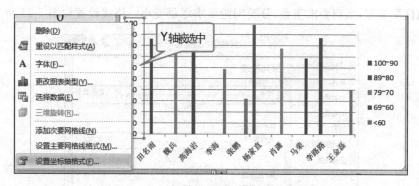

图 7-22 Y 坐标轴的选择和格式设置的弹出

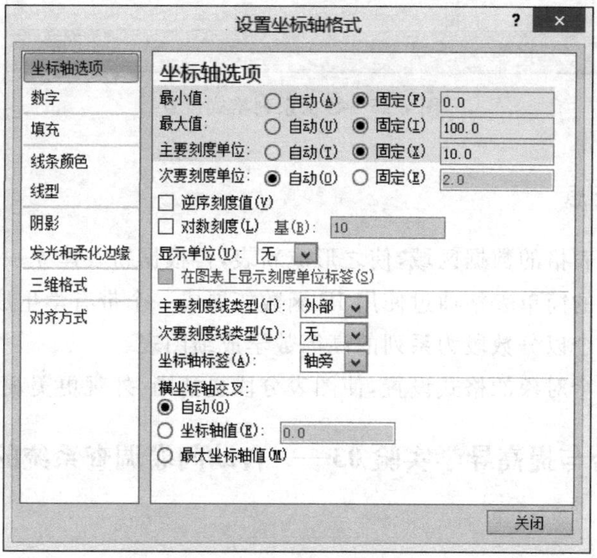

图 7-23 Y 轴数值格式设置

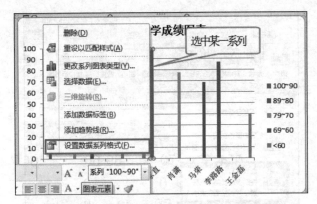

图 7-24   序列格式的选择和格式设置的弹出

④ 在"设置数据系列格式"对话框中修改系列之间的间隔,实现各个系列间隔变小,表示系列的柱形变宽,系列要求重叠,分类间距要求尽量变小。格式设置如图 7-25 所示。

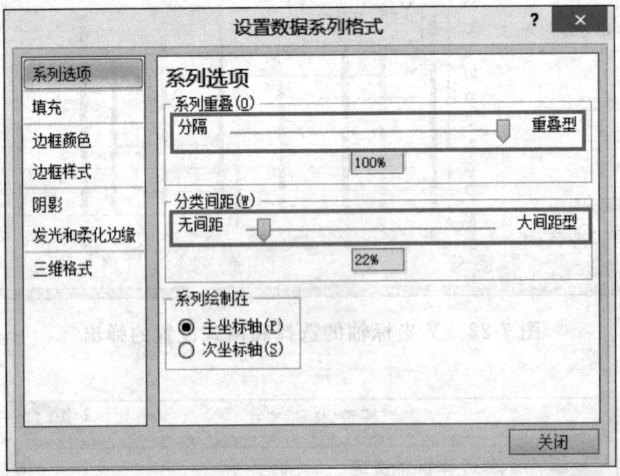

图 7-25   数据系列格式设置

实验总结与反思

通过公式拓展表格的数据区域,使之形成新表,再根据新表建立一个图表。本实验中将只有姓名和成绩的简单表格通过使用 IF 函数拓展成一个带有学生成绩分数段的新表,再根据新表建立一个以分数段为系列的高等数学成绩图表。

修改图表中各个对象的格式设置,使图表分段更清晰,外观更美观。

7.2.3   综合与提高导学实验 03——自动问卷调查系统的制作

实验目的

在 PowerPoint 中运用动画、动作按钮和放映方式的设置等制作一个开始为 Windows 开机界面效果的自动问卷调查系统演示文稿。

实验要求

创建如图 7-26 所示的演示文稿内容。演示文稿放映效果参见随书光盘中的"综合与提高导学实验\综合与提高导学实验 03-自动问卷调查系统的制作"文件夹中的"欢迎使用自动问卷调查系统.ppsx"。

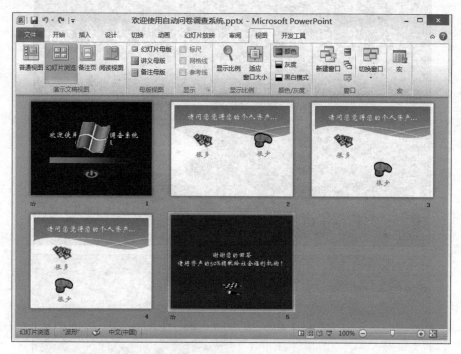

图 7-26 自动问卷调查系统演示文稿内容(5 张幻灯片)

幻灯片播放时,最先显示类似于 Windows XP 的开机界面,如图 7-27 所示。

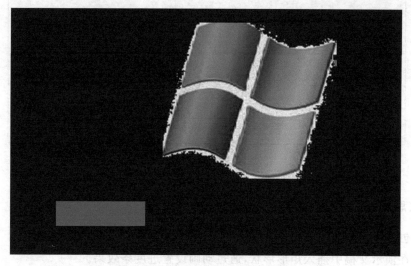

图 7-27 幻灯片播放的第一个界面

幻灯片的切换只能通过动作按钮实现,不能通过单击幻灯片的其他位置实现,也不能通过鼠标的滚轮实现。"很少"的动作按钮不能被选中,鼠标移过此动作按钮时幻灯片在2、3、4页幻灯片中循环放映。单击"很多"的动作按钮时,直接跳转到最后一张幻灯片。结束幻灯片的放映是通过单击最后一张幻灯片的结束按钮来实现的,如图 7-28 所示。

图 7-28　幻灯片的切换方式

解决思路

(1) 创建一个新演示文稿。

(2) 在演示文稿中插入矩形形状,通过动画设置进度条效果。

(3) 在演示文稿中插入动作按钮,通过设置动作按钮的超链接实现幻灯片的切换。

(4) 在演示文稿中,将幻灯片的放映方式设置为"在展台浏览",可以实现幻灯片的切换只能通过设置的动作按钮的超链接实现,而不能通过其他方式实现。

操作步骤

(1) 创建 Windows 开机界面的效果。

① 新建空白演示文稿,单击"插入"选项卡"插图"组中的"形状",在打开的下拉列表中单击"矩形"项,在幻灯片上绘制一个矩形,并复制该矩形,将其中的一个矩形框设置为无填充效果,线条颜色设置为红色实线型并为 80% 的透明度,设置要求如图 7-29 所示。

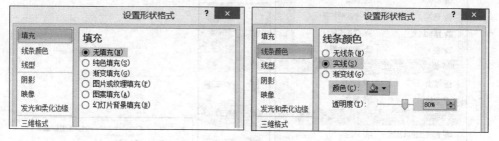

图 7-29 矩形框的格式设置

② 将另一个矩形设置为如图 7-30 所示的渐变色填充效果,并设置为无线条。

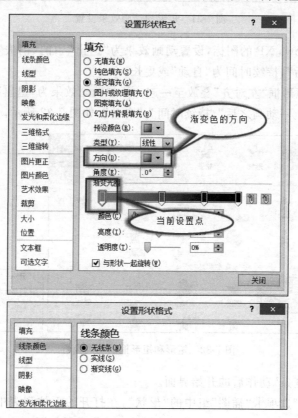

图 7-30 矩形的格式设置

③ 选中矩形,添加进入动画效果为"擦除","效果选项"中的"方向"为"自左侧",设置动画开始时间"与上一动画同时",持续时间为"01.50"或更长,如图7-31所示。

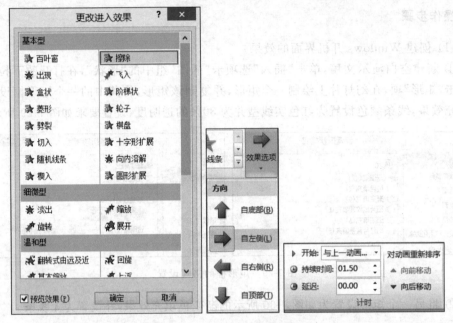

图 7-31　矩形的动画效果设置

④ 插入 Windows XP 的图标,设置动画效果为"退出"中的"消失",设置动画开始时间为"上一动画之后",持续时间为"自动"或更长。

⑤ 将矩形和矩形框"左对齐"叠放至一起。添加动画效果为"退出"中的"消失",设置动画开始时间为"上一动画之后",持续时间为"自动",如图7-32所示。

图 7-32　矩形和矩形框的动画设置

(2) 创建"进度条"动作后的开始界面。

① 单击"插入"选项卡"插图"组中的"形状",在打开的下拉列表中单击"自定义动作按钮"创建一动作按钮,插入方法如图7-33所示。动作设置如图7-34所示。

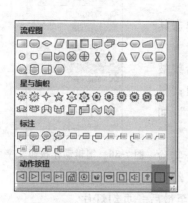

图 7-33　创建动作按钮

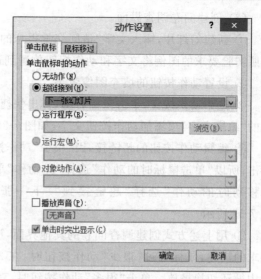

图 7-34　动作按钮的动作设置

② 选中插入的动作按钮,设置动作按钮的填充图片,显示"开始"按钮的形状,方法如图 7-35 所示,并将动作按钮的"线条颜色"设置成无线条。

图 7-35　设置动作按钮的填充图片

③ 为动作按钮添加动画效果为"进入"中的"淡出",设置动画开始时间为"与上个动画同时",持续时间为"自动"或更长。

④ 输入"欢迎使用自动问卷系统 请回答以下问题"文字,添加动画进入,设置动画效果"随机线条",设置动画开始时间为"与上个动画同时",持续时间为"自动"或更长。

（3）创建问卷调查界面。

① 新建幻灯片，输入文字"请问您觉得您的个人资产…"，插入两个自定义动作按钮，按照实验要求的图例将文字和动作按钮放置到适当位置。

② 设置动作按钮的填充图像效果。

③ 选中动作按钮，单击鼠标右键，弹出快捷菜单，单击其中的"编辑文字"项添加动作按钮文字，如图 7-36 所示。

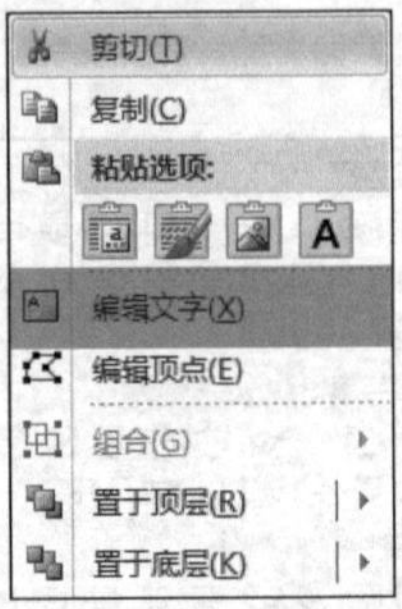

④ 编辑动作按钮的超链接，因"很少"动作按钮不希望被单击，所以"单击鼠标时的动作"选择"无动作"单选按钮；"鼠标移动时的动作"选择"超链接到""下一张幻灯片"，如图 7-37 所示。

⑤ 用上述方式创建调查问卷的其他界面，设置符合实验要求的描述，鼠标移过"很少"动作按钮时，在 2、3、4 页幻灯片中循环切换播放。单击"很多"动作按钮时，直接跳转至最后一页幻灯片。

图 7-36　编辑动作按钮文字

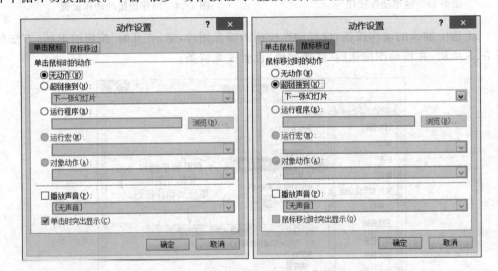

图 7-37　"很少"动作按钮的动作设置

（4）创建结束界面。按照上述方法，创建结束幻灯片。设置符合实验要求的描述。

（5）设置幻灯片的放映方式为"在展台浏览"，实现幻灯片的切换只能通过动作按钮设置的超链接实现，而不能通过其他方式实现幻灯片的切换。

实验总结与反思

通过设置对象的动画效果实现了 Windows 的开机进度条效果。动作按钮的超链接分为单击鼠标和鼠标移过，通过编辑鼠标移动时的超链接，可以实现图片不断移动却无法选中的效果。将幻灯片放映方式设置为"在展台浏览"，可以防止更改演示文稿。

7.3 VBA 宏案例应用

7.3.1 综合与提高导学实验 04——自定义选项卡示例(伊索寓言)

实验文件

实验文件为存放在随书光盘"综合与提高导学实验\综合与提高导学实验 04-自定义选项卡示例(伊索寓言)"文件夹中的"伊索寓言.dotx"。

实验目的

了解在 Word 中利用 VBA 进行简单的编程,学会自定义选项卡,并将编写的宏添加到自定义的选项卡中。

实验要求

对照如图 7-38 所示的样文,通过自定义选项卡中的命令,执行指定的宏代码,完成下列设置。

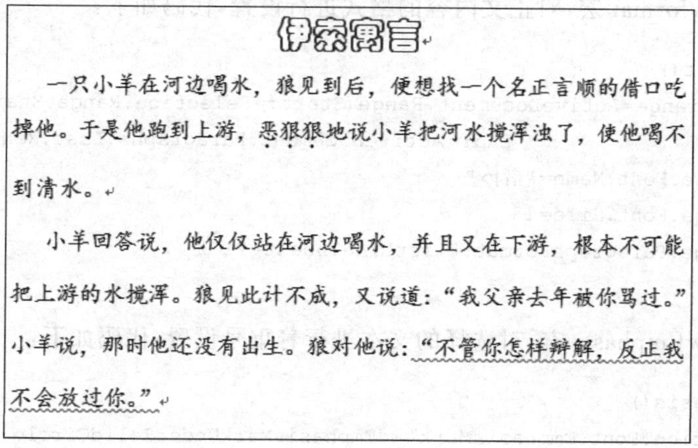

伊索寓言

一只小羊在河边喝水,狼见到后,便想找一个名正言顺的借口吃掉他。于是他跑到上游,恶狠狠地说小羊把河水搅浑浊了,使他喝不到清水。

小羊回答说,他仅仅站在河边喝水,并且又在下游,根本不可能把上游的水搅浑。狼见此计不成,又说道:"我父亲去年被你骂过。"小羊说,那时他还没有出生。狼对他说:"不管你怎样辩解,反正我不会放过你。"

图 7-38 伊索寓言样文

(1) 标题"伊索寓言"的字体为"华文彩云",字号为"22"磅,字体颜色为"蓝色"。正文部分的字体为"楷体",字号为"15"磅。

(2) 标题"伊索寓言"居中显示,正文部分首行缩进两个字符。

(3) 第 1 自然段中的"恶狠狠"加着重号,第 2 自然段中的"不管你怎样辩解,反正我不会放过你。"加红色波浪线。

解题思路

将不同的实验设置要求划分不同的功能模块,创建自己的功能选项卡,主要包括:

(1) 标题格式设置 tformat 宏,选中标题将按标题格式要求对其进行设置。

(2) 正文格式设置 wformat 宏,从光标处至文件结尾按正文格式要求对其进行设置。

(3) 着重号格式设置 wEmphasis 宏,选中内容为其加着重号。

(4) 下划线格式设置 wunderline 宏,选中内容为其加下划线。

(5) 创建自己的选项卡——"我的选项卡"。

(6) 将宏添加到"我的选项卡"中。

操作步骤

(1) 打开 VBE 编辑器,在 Normal 工程的 ThisDocument 中编辑宏。

(2) 编写 tformat 宏,对标题进行设置,代码如下:

```
Sub tformat()
    Selection.Font.ColorIndex=wdBlue
    Selection.Font.Size=22
    Selection.Font.Bold=True
    Selection.Font.Name="华文彩云"
    Selection.Font.Italic=False
    Selection.ParagraphFormat.Alignment=wdAlignParagraphCenter
End Sub
```

(3) 编写 wformat 宏,对正文内容的格式进行设置,代码如下:

```
Sub wformat()
    Set myrange=ActiveDocument.Range(Start:=Selection.Range.Start, _
                    End:=ActiveDocument.Paragraphs.Last.Range.End)
    myrange.Font.Name="楷体"
    myrange.Font.Size=15
    myrange.ParagraphFormat.FirstLineIndent=21
End Sub
```

(4) 编写 wEmphasis 宏,对选择的文本进行着重号设置,代码如下:

```
Sub wEmphasis()
    Selection.Font.EmphasisMark=wdEmphasisMarkUnderSolidCircle
End Sub
```

(5) 编写 wunderline 宏,对选择的文本进行下划线设置,代码如下:

```
Sub wunderline()
    Selection.Font.Underline=wdUnderlineWavy
    Selection.Font.UnderlineColor=wdColorRed
End Sub
```

程序说明:

① Selection 对象代表窗口或窗格中当前所选的内容,如果文档中没有选定任何内容,则代表插入点。每个文档窗格只能有一个 Selection 对象,并且在整个应用程序中只能有一个活动的 Selection 对象。

② Selection. Font 表示应用到当前选定文本或在插入点后输入的文本的字体设置，. ColorIndex，. Size，. Bold，. Name，. Italic 分别代表字体的颜色，大小，加粗，名称，斜体。

③ Rang 对象代表文档中的一个连续区域。每个 Range 像由一个起始字符位置和一个终止字符位置定义。例如：Set myRange＝ActiveDocument. Range(Start：＝0，End：＝10)设置一个范围从第 1 个字符开始到第 10 个字符结束。Range 对象独立于所选内容。可以在文档中定义多个范围，但每个窗格中只能有一个所选内容。

④ 在 VBA 中没有以字符为单位的转换方式，首行缩进"FirstLineIndent"总是进行 CentimetersToPoints 的转换。缩进"0.740 833 3cm"即等同于缩进"2s 字符"，也可直接写成. FirstLineIndent＝21。

（6）创建"我的选项卡"。

① 在 Word 中单击"文件"菜单中的"选项"，打开"Word 选项"对话框，单击其中的"自定义功能区"，打开"自定义功能区"对话框，如图 7-39 所示。

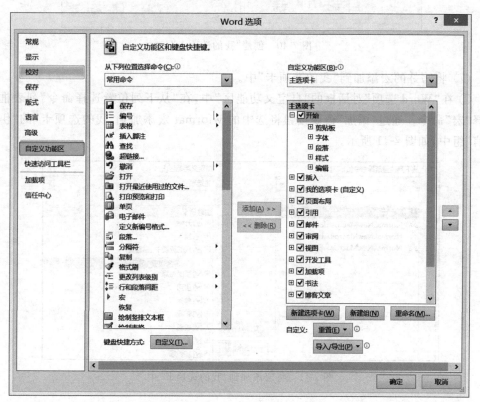

图 7-39 "自定义功能区"对话框

提示：选中任意一选项卡，单击鼠标右键，在弹出的快捷菜单中也可以打开"自定义功能区"对话框。

② 单击"自定义功能区"对话框中的"新建选项卡"按钮，新建一个选项卡，选中新建的选项卡，单击"重命名"按钮将其重命名为"我的选项卡"，将"我的选项卡"下的组重命名为"伊索寓言"，如图 7-40 所示。

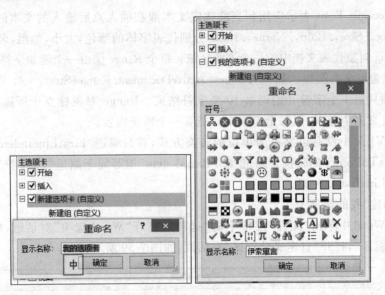

图 7-40　创建"我的选项卡"

(7) 将写好的宏添加到"我的选项卡"中。

① 在"Word 选项"对话框的"自定义功能区"中,在"从下列位置选择命令"列表框中选择"宏"命令。通过"添加"命令按钮将选中的 wformat 宏添加到"我的选项卡"的"伊索寓言"组中,如图 7-41 所示。

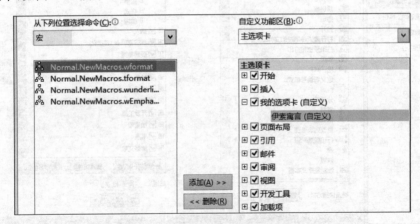

图 7-41　将宏添加到"我的选项卡"中

② 单击"重命名",将宏名更改为"正文格式",操作过程如图 7-42 所示。照此方法,将其他的宏也添加到"我的选项卡"中,添加宏后的效果如图 7-43 所示。

(8) 应用"我的选项卡"。

① 标题格式应用方法:选中标题"伊索寓言",单击"我的选项卡"中的"标题格式",如图 7-44 所示。

② 正文格式应用方法:将光标置于正文的开始位置,单击"我的选项卡"中的"正文格式",如图 7-45 所示。

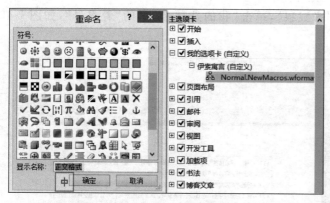

图 7-42 将宏添加到"我的选项卡"

图 7-43 我的选项卡

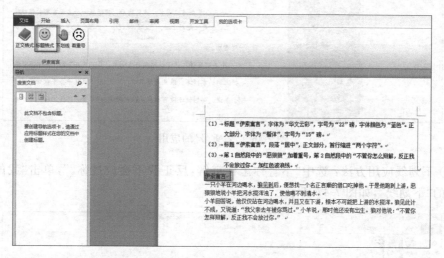

图 7-44 应用"标题格式"

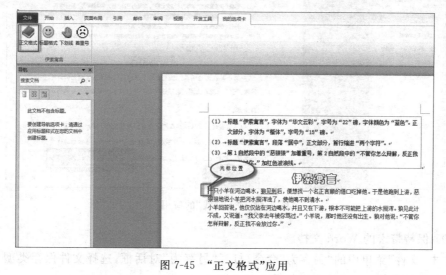

图 7-45 "正文格式"应用

③ 着重号应用方法：选中"恶狠狠"，单击"我的选项卡"中的"着重号"，如图 7-46 所示。

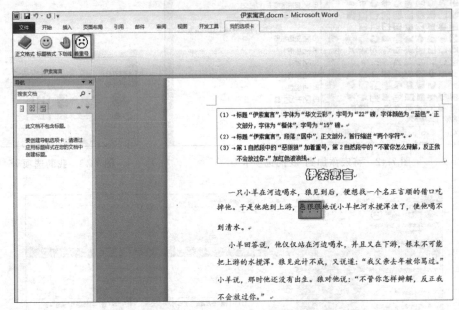

图 7-46　"着重号"的应用

④ 下划线应用方法：选中"不管你怎样辩解，反正我不会放过你。"，单击"我的选项卡"中的"下划线"，如图 7-47 所示。

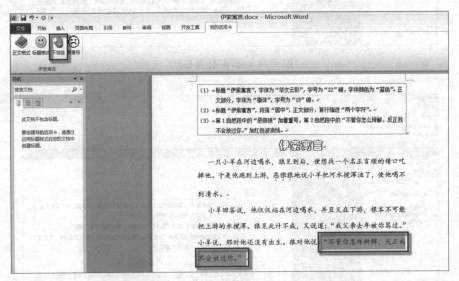

图 7-47　"下划线"的应用

(9) 保持带宏的 Word 文档。

单击"文件"菜单中的"另存为"命令，打开"另存为"对话框，选择文件保存类型为"启用宏的 Word 文档(＊.docm)"，如图 7-48 所示。

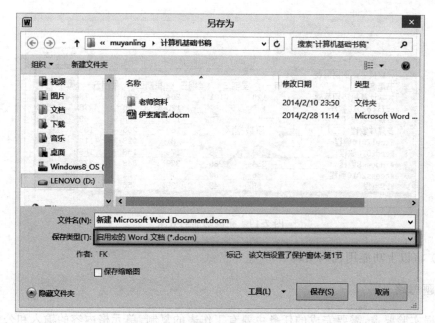

图 7-48 带宏的 Word 文件的保存

提示：如果将文件强制保存成"Word 文档(∗.docx)"，则会删除相应的宏。

实验总结与反思

Word 的 VBA 中有两个重要的对象：Selection 对象和 Range 对象，在文档窗格中只能有一个活动的 Selection 对象，Range 对象代表文档中由起始位置和终止位置定义的一个连续的区域，Range 对象独立于所选的内容，在一个文档中可以定义多个 Range 对象。

7.3.2 综合与提高导学实验 05——自定义选项卡示例(计算机书籍销售表)

实验文件

实验文件为存放在随书光盘"综合与提高导学实验\综合与提高导学实验 05-自定义选项卡示例(计算机书籍销售表)"文件夹中"计算机书籍销售表.xltx"。

实验目的

了解 Excel 中简单的 VBA 编程代码，在代码中实现公式的编写和单元格的填充。

实验要求

对照如图 7-49 所示的效果，完成下列功能。

(1) 将工作表 Sheet1 复制到 Sheet2。

(2) 在 Sheet2 的 G2 单元格中输入"周平均销售"，利用 AVERAGE 函数求出平均值并填入相应的单元格中。

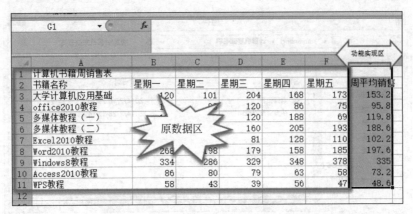

图 7-49　完成功能后效果

(3) 将以上功能用代码实现。

解题思路

根据实验要求,需要完成的任务主要有工作表的复制、单元格内容的输入和公式的应用。根据不同功能划分模块,然后创建自己的选项卡,把各个功能模块与选项卡链接起来。主要功能有以下几个。

(1) 完成复制功能的 copy 宏。

(2) 完成输入功能的 swrite 宏。

(3) 完成计算功能的 calculate 宏。

(4) 完成填充功能的 fill 宏。

(5) 创建自己的选项卡——"我的选项卡"。

(6) 将宏添加到"我的选项卡"中。

操作步骤

(1) 在 Excel 中打开 VBE 编辑器。

(2) 编写 copy 宏,完成将 Sheet1 复制到 Sheet2 中的功能。

```
Sub copy()
    Sheets("Sheet1").Select
    Cells.Select
    Selection.copy
    Sheets("Sheet2").Select
    Range("a1").Select
    ActiveSheet.Paste
End Sub
```

(3) 编写 swrite 宏,完成在 Sheet2 中的 G2 单元格中填入"周平均销售"。

```
Sub swrite()
```

```
    Sheets("Sheet2").Select
    Range("g2").Select
    ActiveCell.Value="周平均销售"
End Sub
```

（4）编写 calculate 宏，利用 AVERAGE 函数计算"大学计算机应用基础"周平均销售值。

```
Sub calculate()
    Sheets("Sheet2").Select
    Range("g3").Select
    ActiveCell.Formula="=AVERAGE(b3:f3)"          '注意公式里面不能有空格
End Sub
```

（5）编写 fill 宏，将 AVERAGE 函数填充到 G 列的有效单元格中。

```
Sub fill()
    Sheets("Sheet2").Select
    Range("G3").Select
    Selection.AutoFill Destination:=Range("G3:G11")
End Sub
```

程序说明：

① Sheets("Sheet1").Select 中的"Sheet1"表示工作表的名称，要求用英文的双引号引起来，表示选中表名为"Sheet1"的工作表。Cells.Select 表示选中当前工作表的所有单元格。Range("a1").Select 中的"a1"表示单元格引用的名称，要求用英文的双引号引起来，表示选中 A1 单元格。

② Selection.copy 表示从活动工作表中复制所选内容。Selection.paste 表示将剪贴板中的内容复制到所选区域。

③ ActiveCell.Formula= "=AVERAGE(b3:f3)"表示在当前活动单元格中填入等号后面的公式"=AVERAGE(b3:f3)"。注意，公式要求用英文的双引号引起来，其中公式里面不能有空格。

④ Selection.AutoFill Destination:=Range("G3:G11")表示将当前所选单元格自动填充到等号后的目标单元格中。

⑤ Excel 2007 以后的版本都采用 Office Open XML 文件格式保存工作簿，使用宏必须保存为.xlsm 格式的文件中，否则会删除相应的宏。当再次打开.xlsm 格式的文件时，运行宏前请先进行宏安全设置，方法是在"开发工具"选项卡的"代码"组中单击"宏安全"，打开"信任中心"对话框，选中"启用所有宏（不推荐；可能会运行有潜在危险的代码）"单选按钮，如图 7-50 所示。

（6）创建自己的选项卡——"我的选项卡"。

用鼠标右键单击任意一个选项卡，在弹出的快捷菜单中单击"自定义功能区"命令，如图 7-51 所示，打开"自定义功能区"对话框。

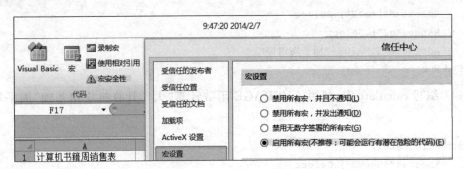

图 7-50   宏安全设置

(7) 将宏添加到"我的选项卡"中。

操作过程参照 7.3.1 节中的操作方法，设置后的效果如图 7-52 所示。

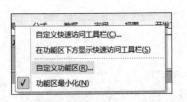

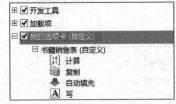

图 7-51   快捷菜单中的"自定义功能区"命令   图 7-52   "我的选项卡"效果图

提示：当将文件复制到其他目录中时，需要重新重复步骤(7)的操作，否则不能运行相应的宏。

(8) 应用"我的选项卡"。

① 此处有容错代码，没有特别限制和要求，需要注意的是应先执行"复制"操作，才能进行计算、写、自动填充的操作。

② 在执行"自动填充"操作前，先执行"计算"操作，否则没有填充的依据，看不到效果。

(9) 保存带宏的 Excel 文档。

单击"文件"菜单中的"另存为"命令，打开"另存为"对话框，选择文件保存类型为"Excel 启用宏的工作簿(＊.xlsm)"，如图 7-53 所示。

提示：如果将文件强制保存成"Excel 工作簿(＊.xlsx)"，则会删除相应的宏。

实验总结与反思

无论是对工作表进行操作还是对单元格进行操作，首先要保证当前活动的工作表或单元格是被操作对象，即在进行动作之前，有该工作表或单元格被选中的代码。在本例中的 copy()宏中，复制 Sheet1 之前有 Cells.Select，表示选中 Sheet1 中所有单元格，否则复制的是当前被选中的单元格，在将 Sheet1 粘贴到 Sheet2 之前有 Range("a1").Select，表示选中 A1 单元格，从而使粘贴从 Sheet2 的 A1 单元格开始。

在创建"我的选项卡"和添加宏时，其操作方法和步骤与 Word 中创建和添加方式相似，可以参阅 7.3.1 节中的说明进行操作。在 Office 软件中有许多设置的操作方法是相似的。

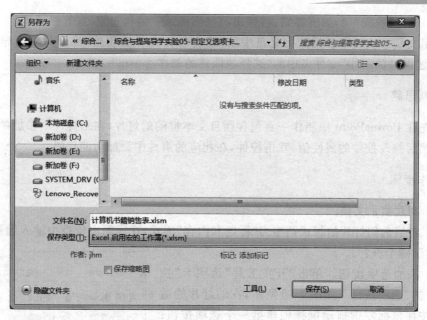

图 7-53 带宏的 Excel 文件的保存

7.3.3 综合与提高导学实验 06——选择题课件的制作

实验目的

了解在 PowerPoint 中用选项按钮制作包含选择题的课件,体会控件的使用。

实验要求

按照如图 7-54 所示的样例,完成下列功能。

图 7-54 选择题课件样例

(1) 放映幻灯片时,没有选项被选中。

(2) 单击"亚洲"项,因答案正确,弹出消息框提示:"恭喜您,您答对了!"。

(3) 单击"欧洲"项,因答案错误,弹出消息框提示:"请再想想,您答错了!"。

演示文稿放映效果参见随书光盘中的"综合与提高导学实验\综合与提高导学实验06-选择题课件的制作"文件夹中的"选择题课件的制作.ppsm"。

解题思路

首先在 PowerPoint 中制作一页包含题目文本框的幻灯片,在幻灯片中添加单选按钮控件。然后修改控件的属性值,双击控件,在相应的事件中添加功能代码。

操作步骤

(1) 新建演示文稿。

(2) 将当前幻灯片的版式调整为"标题和内容"版式,在标题占位符中输入题目内容:"中国位于哪个洲?"。

(3) 添加选项按钮。单击"开发工具"选项卡"控件"组中的"选项按钮",如图 7-55 所示,在幻灯片的适当位置按住鼠标左键拖动鼠标创建第一个选项按钮;按照此方法再添加一个选项按钮。

图 7-55　选项按钮控件

(4) 右击插入的选项按钮,在弹出的快捷菜单中单击"属性"命令,打开"属性"窗口,按如表 7-1 所示的要求设置各个选项按钮的属性。

表 7-1　选项按钮属性设置

属性名称 ＼ 控件名称	OptionButton1	OptionButton2
Caption	亚洲	欧洲
Value	false	false

(5) 编写 VBA 程序。

双击 OptionButton1("亚洲")选项按钮,打开 OptionButton1 的 Click 事件,在其中输入以下代码。因为第一个选项正确,屏幕上显示消息框"恭喜您,您答对了!"。

```
Private Sub OptionButton1_Click()
    MsgBox "恭喜您,您答对了!"
End Sub
```

双击 OptionButton2("欧洲")选项按钮,打开 OptionButton2 的 Click 事件,在其中输入以下代码。因为第二个选项错误,屏幕上显示消息框"请再想想,您答错了!"。

```
Private Sub OptionButton2_Click()
    MsgBox "请再想想,您答错了!"
End Sub
```

在幻灯片开始放映时或在幻灯片放映切换过程中自动运行宏 OnSlideShowPageChange,

为了保证每次放映幻灯片时两个选项都是未被选中的状态,需要在 OnSlideShowPage-Change 宏中输入选项按钮未被选中的代码。

```
Sub OnSlideShowPageChange()
    OptionButton1.Value=False
    OptionButton2.Value=False
End Sub
```

(6) 保存带宏的 PowerPoint 演示文稿。

单击"文件"菜单中的"另存为"命令,打开"另存为"对话框,选择文件保存类型为"启用宏的 PowerPoint 演示文稿(* .pptm)",如图 7-56 所示。

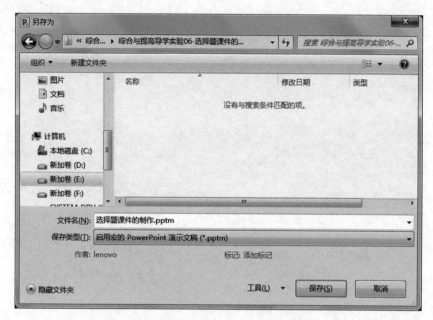

图 7-56　带宏的 PowerPoint 演示文稿的保存

提示:如果将文件强制保存成"PowerPoint 演示文稿(* .pptx)",则会自动删除相应的宏。

实验总结与反思

在 Office 文档中可以添加不同的控件,每个控件都有自己的属性和方法。控件的属性是控件的某一特征,控件的方法是控件的简单可见的方法。事件是指由系统事先设定的、能被对象识别和响应的动作。

本实验中用到了选项按钮的 Value 属性和 Caption 属性,以及选项按钮的 Click 事件。为保证每次放映 PowerPoint 时没有选项被选中,还用到了 OnSlideShowPageChange()宏。